国家自然科学基金青年基金资助项目（51908301）

山东省自然科学基金资助项目（ZR201807110185）

青岛市社会科学规划资助项目（KL1801242）

青岛市双百调研工程2019年度调研课题资助项目（2019-B-50）

养老机构空间评价与优化设计

侯可明　著

东南大学出版社

南京

目　录

绪 论

0.1 选题背景

1 "老年人"或者"老年人口"的年龄起点因研究范围和目的的不同有着不一样的标准，欧美及发达地区常用 65 岁为年龄起点标准。联合国在进行人口统计时，也常以 65 岁为老龄起点，但是在研究老龄问题时，特别是研究发展中国家的老龄问题时，为了便于与发达国家作比较，则以 60 岁作为老龄起点，如联合国 1982 年在维也纳以及 2002 年在马德里召开的老龄问题世纪大会中，便将老年人口的起始年龄定义为 60 岁。我国学术界对于老年人口的起始年龄并没有明确规定，但《中华人民共和国老年人权益保障法》规定 60 周岁以上的公民为老年人。近年来，随着城乡居民健康水平的提高和人口平均寿命的延长，我国相关领域在分析研究老年人口问题时也逐渐采用 65 岁的国际标准。国家统计局在发表老年人口统计数据时，为了兼顾国内问题研究与国外统计数据相匹配的需要，同时公布两种标准，如近几次的全国人口普查数据公报。
2 邬沧萍，1999. 社会老年学 [M]. 北京：中国人民大学出版社.
3 《中华人民共和国 2016 国民经济和社会发展统计公报》
4 《第四次中国城乡老年人生活状况抽样调查》

人口老龄化（Population Aging 或 Aging of Population），是指老年人口[1]在总体年龄结构中的比重逐步提高的过程。[2]目前，国际上通用的标准是将 65 岁及以上老年人口占总人口的比重达到 7% 或 60 岁及以上人口达到 10%，作为进入老龄化社会的标准。20 世纪以来，伴随着人类科学技术的进步和生活水平的提高，人口老龄化逐步成为世界性的问题。

自 2000 年正式进入老龄化社会以来，我国人口老龄化的进程不断加速并走向峰值。据国家统计局提供的数据：2016 年，中国 60 周岁及以上的老年人口已增加到 2.31 亿人，占总人口的 16.7%；65 周岁及以上的老年人口也已达到 1.5 亿人，占总人口的 10.8%。[3]中国城乡老年人生活状况调查数据显示：我国失能、半失能老年人约 4 063 万人，占老年人总数的 18.3%。[4]

与其他国家相比，我国人口老龄化的发展有着自身的显著特点和复杂局面，这主要体现在以下三点：首先，国家不同时期人口政策所造成的人口结构反差使得老年人口洪峰来势迅猛；其次是未富先老，我国是在尚未完成现代化、经济实力还不够强的情况下提前进入老龄社会的，人口老龄化的进程超过了经济实力的发展；最后，人口老龄化水平东部高西部低且差异巨大，农村人口老龄化程度远大于城市，呈现显著的城乡倒置状态。

毫无疑问，我国的人口老龄化形势是十分严峻的，养老也已经成为全社会共同关注的焦点议题。

近年来，一系列与养老问题相关的政策文件相继颁布出台，《中国老龄事业发展"十二五"规划》（国发〔2011〕28 号）明确指出要实现"建立以居家为基础、社区为依托、机构为支撑的养老服务体系"的发展目标；《国务院关于加快发展养老服务业的若干意见》（国发〔2013〕35 号）提出大力加强养老机构建设的同时，还提出了"建立以企业和机构为主体、社区为纽带、满足老年人各种服务需求的居家养老服务网络"的具体任务，并强调"鼓励专业养老机构利用自身优势，培训和指导社区养老服务组织和人员"；《"十三五"国家老龄事业发展和养老体系建设规划》（国发〔2017〕13 号）文件提出了"加强社区养老服务设施建设""建设老年宜居环境"等目标；全国老龄办副主任吴玉韶表示"机构养老对于高龄、失能、'三无'等特殊老人群体应起到托底作用"；政府工作报告曾多次提及"放开养老市场，支持社会力量提供养老服务"。

由此可见，在目前及今后的一段时期内，养老机构将要承担两个方面的重要任务：一是，为特殊老人群体提供托底性质的养老服务。据2016年《中国民政统计年鉴》数据，2015年末城市养老机构为7 656个，床位116.39万张，入住59.62万人，其中：完全自理人员336 998人，占56.5%；半自理人员137 473人，占23%；不能自理12.17万人，占20%。随着社会保障制度的逐步建立和完善，特殊老人机构养老的潜在需求将转化为有效需求，使机构入住率稳步提高，这将对养老机构的完备性与合理性提出更高的要求。二是，机构养老服务将以多元化方式渗透到社区养老和居家养老服务中。目前的社区养老和居家养老服务大都由政府运营管理，效率低下。社会力量的参与将为养老服务注入新的活力，而具备规模化运营、先进管理理念、专业人才队伍的养老机构是社会化服务的中坚力量。有学者建议把专业的养老机构做成"母机构"，将服务逐渐延伸到社区，再延伸到居家，形成"机构—社区—居家"相串联的专业服务体系。

以上这些都说明，养老机构的地位十分重要，它承担着我国养老服务体系物质载体的核心角色。

然而，我国养老机构的总体建设状况不甚理想，存在诸多的问题。其中，养老机构的空间设计是这些问题最为直观和集中的体现。

首先，从过去完成时的角度来看，目前我国的养老机构空间普遍缺失人文关怀。养老机构的总体设计理念保守落后，机构空间环境格局僵化，缺少应有的活力，过于关注机构管理和运营的便利与效率，而忽视了老年人实际使用过程中的感受与体验。

其次，从现在进行时的角度来看，目前我国缺少有效的养老机构空间设计理论方法。在许多新近完成或正在进行的机构建设中，仍然沿袭着与老年人实际需求相悖的总体设计思路，仅在机构空间的指标参数、面子形象等方面片面着力，却不注重真实的空间环境品质，"以人为本"沦为了口号。在社会人口老龄化持续加深与居民养老需求与日俱增的双重推动下，我国养老机构建设即将迎来高峰，如果这样的状况持续下去，那么，在过去的速度与规模至上的城市化建设时代中屡见不鲜的盲目建设及其造成的伤害又将持续上演。

因此，在注重效率与品质的新时代城市建设背景之下，基于我国老年人的实际使用角度，系统深入地梳理我国养老机构空间系统中的各类问题，进而发掘适宜国情的有效的养老机构空间设计策略，不仅十分必要，而且十分迫切。

0.2　研究综述

0.2.1　养老机构空间研究综述

0.2.1.1　国外研究综述

20世纪初，随着人口老龄化的发展，发达国家学者陆续开始关注养老机构空间方面的研究，"二战"以后，相关研究逐步丰富并发展成熟。

在空间设计的理论与概念方面，美国著名建筑理论家刘易斯·芒福德（Lewis Mumford）在《为了老年人——融合而非隔离》（*For Older People：Not Segregation but Integration*）（1956）中以融合的地域主义思想对老年人居住空间的安排形式做出了相应的论证和解释；主要由发达国家学者起草的联合国《世界老龄问题宣言》（1992）中强调"应设法使老年人尽可能地在家庭化的空间环境中生活"，"切不可将老年人生活空间等同于最低物质标准的容身之所，必须充分考虑空间对于老年人心理层面的意义"，点明了包括养老机构空间在内的老年人居住空间设计所应奉行的主旨；美国的保琳·艾伯特（Pauline Abbott）等学者在其编著的《为成功老龄化的社区重建》（2009）中提出，养老机构空间与社区环境的有机融合是成功老龄化的先决条件，主张规划与建筑设计应充分保障养老机构空间的灵活与自由。

在空间设计的方法与策略方面，美国学者雷尼尔（Regnier）在其著作《老年住宅：设计导则与政策研究》（1985）中，通过对洛杉矶12个老年人居住区的调查研究，分析了特定老年人群体的行为类别与模式，提出了一套完整的包括养老机构空间在内的老年人居住空间设计导则；美国学者 J. 戴维·霍格伦（J. David Hoglund）在《养老设施：私密性与独立性》（1985）中，通过对英国、瑞典、丹麦、美国等国家养老机构的调查研究，提出应该充分保障老年人生活空间的私密性与独立性，主张老年人能够在不失去尊严的前提下接受照护并正常生活；日本学者野村欢在其著作《为残疾人及老年人的建筑安全设计》（1990）中，就养老机构室内空间与户外庭院的基本要素及其操作原则做出了总结；日本建筑学会编写的《建筑设计资料集成：福利·医疗篇》（2006）中，详尽总结了日本养老机构的类型，并就独立居住单元的空间组织、集体居住单元的空间组织、保护个人空间私密性、有机融入社区空间环境、与社区中心或日托机构之间的复合设置等诸多方面整理了大量典型设计案例，对养老机构的空间组织与操作非常具有启发性；在由美国学者克莱尔·库珀·马库斯（Clair Cooper Marcus）、卡洛琳·弗朗西斯（Carolyn Francis）编著的《人性场所：城市开发空间设计导则》（2001）的一个章节中，基于老年人的交往和心理需求，提出了包括养老机构户外空间在内的适老化户外空间规划导则建议；美国建筑师学会编著了《老年公寓和养老院设计指南》（2004），书中收录整理了丰富的养老机构案例，并总结了场地布局与空间组织的实施策略；美国学者布拉福德·珀金斯（Bradford Perkins）、J. 戴维·霍格伦（J. David Hoglund）、道格拉斯·金（Douglas King）、埃里克·科恩（Eric Cohen）合著了《老年居住建筑》（2008），书中结合由他们合作创办的珀金斯·伊门斯建筑设计事务所在美国的大量优秀养老机构设计建成案例，为建筑师、业主和顾问提供了养老机构设计实施全过程中的翔实而有效的参考信息，其中包括养老机构空间初步设计、场地空间规划、功能空间配置、空间形式操作等诸多方面的指导原则。

在空间设计的细节与技术方面，日本建筑学会编有《新版简明无障碍建筑设计资料集成》（2006），书中详尽总结了老年人的身体机能特性，及其在生活环境、康复环境、起居环境、休闲环境中的特定要素下的具体适应状况，对养老机构无障碍空间的设计形式、流线组织、构造细部、器具设备、尺度尺寸、材料色彩、标识系统等诸多方面提供了系统扎实的资料参考；日本学者高桥仪平著有《无障碍建筑设计手册：为老年人和残疾人设计建筑》（2003），书中系统总结了适用于老年人的无障碍空间设计原则与操作要点，并提供了丰富的案例参考；日本学者田中直人、保志场国夫著有《无障碍环境设计：刺激五感的设计方法》（2013）一书，提出以刺激感觉器官为目的的养老机构空间统筹设计原则，并系统总结了刺激视觉、听觉、嗅觉、味觉、触觉五大感官的具体空间设计措施；此外，田中直人还与岩田三千子著有《标志环境通用设计：规划设计的 108 个视点》（2004），该书详细总结了养老机构空间环境中的标识系统设计方法；英国学者詹姆斯·霍姆斯 – 西德尔（James Holmes-Siedke）、塞尔温·戈德史密斯（Selwyn Goldsmith）著有《无障碍设计：建筑设计师和建筑经理手册》（2002）一书，基于欧洲各国的综合环境总结了养老机构空间无障碍设计的原则要点与控制环节；德国学者乔布姆·菲希尔（Joachim Fischer）与菲利普·莫伊泽（Philipp Meuser）编著了《无障碍建筑设计手册》（2009），该书图文并茂、内容丰富，收录了一批德国新建或改造的养老机构无障碍空间设计案例，总结了大量具有创新性与启发性的空间细节设计手段与技术。

总体而言，各发达国家在养老机构空间方面的相关研究已经比较深入，在宏观层面早已建立起以老年人实际使用需求为核心的理论共识，并根据各自国情发展出比较完善的空间设计中观层面的方法策略与微观层面的技术细则。此外，各国均已在成熟的研究基础上建设了大量养老机构实例。这些发达国家的研究成果对我们很有借鉴意义，但由于国情不同，并不能直接指导我国的养老机构空间设计。

0.2.1.2　国内研究综述

我国在养老机构空间方面的相关研究始于 20 世纪 80 年代，以 2000 年我国全面进入老龄化社会为标志，可以将其大致分为两个发展阶段。

第一阶段为 1980 年至 2000 年，有关学者开始进行养老机构空间方面的研究，但研究者的人数和研究的总体数量都相对较少。该阶段中，蒋孟厚编著的《无障碍建筑设计》（1994）为我国养老机构空间无障碍设计提供了较早期的参考资料；胡仁禄、马光著有《老年居住环境设计》（1995），书中介绍了国外适老化空间环境设计的理论方法与相关案例，针对我国当时的社会背景和老龄化状况提出了我国适老化空间环境设计的基本思路与理论框架；刘盛璜著有《人体工程学与室内设计》（1997），书中总结了我国老年人各类基本动作的尺寸资料，并提供了适老化的室内空间设计原则与方法；开彦、张伟在《老年人居住建筑设计导则》（1999）中阐述了养老机构空间设计的标准与原则；马素明（1999）阐述了养老机构室内空间设计应满足老年人的生理与心理需求，并结合日本老年人建筑设计实例，将设计要点归纳为机构可及性、标识易辨性、使用便利性、环境居家性 4 个方面。

第二阶段为 2000 年至今，养老问题日益成为社会关注的焦点，研究者的人数和研究的总体数量都大幅增加。以下从空间理念原则、空间前期策划、空间功能配置、空间结构组织、空间形态处理、空间局部与细节等 6 个方面来列举相关代表性研究。

在空间理念方面的研究，常怀生（2000）针对人口老龄化的形式与养老观念的变化，提出养老机构空间设计要紧密贴合老年人体能心态特征以保证其居住质量；周燕珉、陈庆华（2003）通过对我国养老机构的大量调研，就养老机构空间中普遍存在的功能性与安全性问题提出了原则性改进建议；周典、周若祁（2009）针对我国养老机构供给不足及建设中片面追求床位数量"规模化"、规划选址"郊区化"等问题，提出以城市住宅空间为基础，以满足亲情需求为目标的"社区化"养老机构空间设计方法与理念；王笑梦、尹红力、马涛编著有《日本老年人福利设施设计理论与案例精析》（2013），书中通过对日本优秀设计案例与经验的介绍，提出了我国养老机构空间设计的总体理念与原则要点；陈喆、胡惠琴著有《老龄化社会建筑设计规划——社会养老与社区养老》（2014）一书，结合对美国和日本优秀经验的介绍，对我国养老机构空间设计提出了总体性指导原则；李斌、李庆丽（2011）基于养老机构中老年人生活行为的研究，对养老机构空间环境"收容化"现象进行剖析，比较收容化机构环境与居家情景环境的基本理念和构建方式，提出物质环境、社会环境和管理环境一体化的居家情景生活环境的营造原则和方法。

在空间前期策划的研究方面，刘美霞、娄乃琳、李俊峰著有《老年住宅开发和经营模式》（2008）一书，总结了我国养老机构发展所面临的问题，通过对国内典型机构的调研以及对国外经验的借鉴，提出了我国养老机构的开发与经营的总体发展建议；赵晓征编著了《养老设施及老年居住建筑：国内外老年居住建筑设计导论》（2010），书中详细梳理了养老机构的类型及其内外部空间设计要点，借鉴国外经验并总结了相关开发策划与项目管理的策略；周燕珉（2012）通过对国内外养老项目的总结与梳理，基于市场化的角度总结了 15 种适于我国国情的养老机构开发模式；戴靓华在其博士论文《医养理念导向下的城市社区适老化设施营建体系与策略》（2015）中，基于医养结合设施体系营建的角度，提出了养老机构前期策划过程中选址布局、资源配置、功能定位、技术运用等多个方面的策略建议。

在空间功能配置的研究方面，徐怡珊、周典等（2011）基于"在宅养老"模式的城市社区老年健康保证体系构建的角度，提出了安全、方便、舒适、和谐的养老机构功能空间配置建议；周燕珉、陈星（2014）以对北京朝阳区 12 家养老机构的调研为基础，从机构运营管理和老人需求的角度对不同机构在空间设计上的优缺点进行分析，提出了居室空间、卫生间、交通空间、用餐空间、文娱空间和公共浴室空间的配置建议；卫大可、康健（2014）通过对英国日间照料设施的建设模式的分析，归纳了养老机构功能空间配置与布局的模式策略；林婧怡在其硕士论文《老年护理机构的功能空间配置研究》（2011）中讨论了养老机构各功能空间的使用方式、位置关系与尺寸要求，并给出了相应空间的设计要点与面积指标参考。

在空间结构组织的研究方面，周燕珉（2010）提出将养老机构空间分为居住空间、公共活动空间、公共服务空间和交通空间，并以老年人活动方式和生活需求为基础，提出了各类空间的组织原则与通用设计要点；李斌、李庆丽（2011）将养老机构空间分为个人空间、居室共用空间、单元共用空间、机构共用空间、管理服务空间、机构外空间 6 个层次，运用行为调查法对上海市 3 家养老机构空间进行调研，提出了空间结构组织方面的优化建议；周博等（2009）通过对大连养老机构空间的调研，总结了养老机构空间的基本特征，对空间要素与老年人的生活行为进行分类，并从老年人自身属性与生活行为的视角，分析两者在空间使用与建筑设计中的关系，提出了相关空间结构组织策略；陆伟等（2010）通过对大连、沈阳养老机构的实地调研，对机构空间的构成模式进行分类，讨论了空间单元之间的内在关系及其总体组构的均衡性。

在空间形态处理的研究方面，李斌、李庆丽（2010）以上海浦东新区老年人特别护理福利院的方案设计为例，提出了私密生活单元、多样小尺度空间、有意义的游走路径、安全的围合院落、融入自然环境 5 个方面的空间形态处理建议；陆伟等（2011）对养老机构入口空间、活动空间、就餐空间、办公空间等 4 类公共空间的特性进行分析，针对存在的问题提出了有利于提高空间利用率的空间形态处理策略；周博、王洪羿等（2013）以格式塔心理学理论为基础，对养老机构中老年人的空间环境感知度与视知觉体验展开调查分析，针对现状中存在的问题，从空间组构与形态处理的角度提出了设计改进建议；周博、范悦等（2011）通过中日机构式养老设施交往空间形态的对比研究，探讨了提高交往空间有效性的空间形态设计方法；周燕珉、李广龙（2015）分析了张家港市澳洋优居壹佰老年公寓的设计，提出以家庭化的空间形态设计策略提升空间使用性能。

在空间局部与细节的研究方面，高宝真、黄南翼合著有《老龄社会住宅设计》（2006）一书，以支持老年人移动安全为核心，针对我国老年人身心特征与行为习惯，深入总结了老年人日常生活中涉及的各类无障碍设计细节；李志民、宋岭主编的《无障碍建筑环境设计》（2011），系统总结了涉及老年人的无障碍设计理论与知识；周燕珉等著的《住宅精细化设计》（2008）、《老年住宅》（2011）、《老人·家：老年住宅改造设计集锦》（2012）中，就无障碍设施设计、局部空间细节设计、器具设施设置等方面总结了大量针对老年人生理、心理特征的空间设计手法；顾志琦在其硕士论文《养老设施的主入口公共空间设计》（2012）中总结了养老机构主入口公共空间的设计要点；钟琳在其硕士论文《养老设施公共洗浴空间设计研究》（2013）中讨论了养老机构公共洗浴空间的功能位置问题，并对其设计要点做了总结；谢珊在其硕士论文《养老设施建筑外部空间环境精细化设计研究》（2016）中结合实地调研与案例研究提出了养老机构外部空间环境精细化设计策略。

总体而言，我国养老机构空间的相关研究起步较晚，尽管许多学者已经做了大量有价值的研究工作，但仍然存在一些不足。一方面，目前我国养老机构空间的相关研究更多地集中在理念原则、策划运筹等方面的宏观层次研究上，以及器具部品、细节尺度等方面的微观层次研究上，而关于空间结构组织、形式操作等方面的中观层次研究相对偏少；另一方面，在既有中观层次的研究中，面向空间系统局部的研究比较多，而面向空间系统全局的研究比较少，同时，研究所形成的养老机构空间设计策略的系统性、操作性和普适性都有待进一步提高。

0.2.2 使用后评价研究综述

0.2.2.1 国外研究综述

初现期。在建筑史发展过程中一直存在非正式的和主观的建筑评价，而系统的建筑使用后评价则是在当今社会对建筑愈加复杂的要求下产生的。使用后评价（Post Occupancy Evaluation，POE）的初现期大致为20世纪60年代，在这一时期，西方发达国家开始确立以科学理性观念和以人为中心的设计价值取向，使用后评价在完整建设程序中获取了一席之地，对人类行为与建筑评价及其设计方法之间关系的研究不断涌现。比如，英国学者罗伯特·索莫（Robert Sommer）在文章《个人空间：基于行为的设计》（*Personal Space:The Behavioral Basis of Design*，1969）中阐述了建筑设计对使用者健康、安全以及心理等层面的影响，引发了广泛的讨论。

发展期。使用后评价在20世纪70年代迎来快速发展期，成为完整建设程序中不可或缺的重要部分。受系统论和信息论等方面的影响，使用后评价研究在理论上逐步建立起了完善的方法体系，评价范围涵盖多种建筑类型和部分城市公共空间，同时，环境心理学的许多研究成果被吸纳进来，使用后评价开始从较为单一的定性或定量描述转向更为精确复杂的系统研究。比如，美国学者爱德华·霍尔（Edward T. Hall）在其著作《建筑的第四维：人类行为对建筑的影响》（*The Fourth Dimension in Architecture: The Impact of Building on Behavior*，1975）中，通过系统的定性与定量分析，阐述了建筑环境与使用行为的相互影响机制。

成熟期。20世纪80年代以后，西方发达国家的使用后评价研究和实践逐步进入成熟期。一方面，在多元化思潮的影响下，使用后评价研究和实践强调多学科交叉的先进理念与技术的注入；同时，使用后评价研究和实践愈发商业化和专业化，积极寻求应用层面的技术适应性突破。比如，美国学者普赖泽尔（Wolfgang F. E. Preiser）等在其著作《使用后评价》（*Post-Occupancy Evaluation*，1988）中提出了包含技术、功能、行为三要素在内的建筑全面性能使用后评价理论与方法，并利用案例论证了描述性、调查性和诊断性三个层次的使用后评价方法；美国学者怀特（E. T. White）（1988）提出了基于使用者和雇主相互关系的使用后评价理论，他的研究成果在北美的建筑管理领域得到了广泛的应用。另一方面，作为一门综合的学科，使用后评价已发展至一个相当广泛的领域，其范围、内容以及理论方法不断拓展。使用后评价的范围从建筑单体向城市空间乃至城市整体环境进一步扩大，评价的内容也不再单纯局限于结果为导向的建筑完成以后的使用者感受，而是更全面地关注完整建设程序中规划、策划、设计、建造等各个环节，逐步发展成为整体的、以过程为导向的评价体系。这意味着不仅建筑性能本身可以得到评价，同时那些促成建筑性能的组织因素、社会因素、经济因素、政治因素、专业因素等也都被纳入使用后评价的范围。使用后评价的这一发展促生出建筑性能评价（Building Performance Evaluation，BPE），BPE的主要目的在于提高每个建设决策环节的质量，它的提早介入有利于避免信息不足和沟通不畅带来的各类设计建造问题，其理论框架源自美国学者普赖泽尔（Wolfgang F. E. Preiser）的著作《退伍军人医院的激活过程模型和指南》（*Activation Process Model and Guide for Hospitals of the Veterans Administration*，1997）。

总体而言，国外使用后评价研究开展的时间比较早，在理论方法和实践运用方面积累了许多成果和经验，对我国的使用后评价研究有借鉴意义，但我们不能对其完全照搬，而需要结合自身国情探索适宜的使用后评价方法。

0.2.2.2 国内研究综述

我国的使用后评价研究与实践始于20世纪80年代初，是伴随着环境心理学以及环境行为学等领域的研究而展开的，大致上可以分为三个发展阶段。

第一阶段是以质化研究为主要特征的阶段。代表人物有常怀生、饶小军、胡正凡和林玉莲等，这些学者介绍了西方环境评价的基本原理、评价方法与程序，并结合特定类型环境进行了探索性评价实践。常怀生介绍了国外使用后评价的相关理论和方法，并且在 80 年代围绕住宅、医院、办公楼等建筑类型开展了诸多的评价实践，他的研究侧重点偏向于人与微环境的心理互动关系，在他的著作《环境心理学与室内设计》（2000）中，比较系统地介绍了使用后评价的基本原理、操作程序与基本方法；饶小军在《国外环境设计评价实例介评》（1989）一文中介绍了国外 20 世纪 80 年代的建成环境评价实例，并对国外建成环境设计评价方法进行了探讨；胡正凡和林玉莲在其编著的《环境心理学》（2012）中，系统介绍了使用后评价的基本概念、内容和方法，并且在"环境—行为"理论研究的基础上，深入探讨了适老化空间评价的基本要素。

第二阶段是以量化研究为主要特征的阶段。代表人物有徐磊青、杨公侠、庄惟敏、俞国良、王青兰、杨治良、顾朝林和宋国臣等，这些学者多采用数理统计方法加以分析，或建立评价模型，或形成评价因素集。庄惟敏在其著作《建筑策划导论》（2000）中，系统介绍了日本住宅空间的评价方法，同时结合建筑策划理论的研究，发展了以"语义差异法"为中心的使用后评价方法，并强调利用社会学的调查研究方法评价现状环境实态与收集建筑策划基础信息的重要性；俞国良、王青兰、杨治良（2000）等利用层次分析法建立居住区环境综合质量模型，利用社会心理学方法对上海和深圳的 541 户居民进行了调查，在此基础上提出居住区环境质量评价模型；徐磊青、杨公侠在其编著的《环境心理学》（2002）中，详细介绍了使用状况评价方法和案例，并在综合国外使用后评价模型的基础上，建立了上海居住环境评价模型，该模型强调社会、空间、设施等环境变量对使用者的影响。

第三阶段是质与量相交融的研究阶段。代表人物有吴硕贤、朱小雷、郭昊栩等，这些学者以使用者的需求为基础，试图在"结构—人文"的评价方法体系中利用多重手段更精确地指示问题。吴硕贤在 20 世纪 90 年代以人群的主观评价为研究核心，利用量化方法对居住区环境质量进行了评价，并且发展了利用多元统计分析法、层次分析法、模糊数学法进行建筑环境使用后评价的方法；朱小雷在其著作《建成环境主观评价方法研究》（2005）中，全面系统地总结了国内外各种建成环境评价的学派和理论，并倡导一种将结构与人文、量化与质化相结合的综合方法体系，以多视角、多层次、多技术的方式得到更加客观而清晰的使用后评价结果；郭昊栩在其著作《岭南高校教学建筑使用后评价及设计模式研究》（2013）中，从使用者满意度、主观倾向度、环境舒适度、场所环境质量、环境使用方式等角度，对岭南高校的教学建筑进行系统的使用后评价，在推动我国使用后评价理论方法体系的完善方面做出了一定的贡献。

总体而言，使用后评价在我国的发展比较缓慢，使用后评价的价值意义尚未引起足够的重视，其在完整建设程序中的地位也没有得到充分的确立。同时，尽管许多学者对使用后评价的理论方法和实践运用进行了大量的积极探索，但在总体上尚不成熟，现状研究在一定程度上囿于松散单一的指标量化测度，而缺少围绕焦点问题的系统严密的深入剖析，这减损了使用后评价所应发挥的设计引导作用。

0.3　研究目的

本书通过系统深入地剖析养老机构空间环境的物质风貌特征、老年人对养老机构空间环境的主观使用态度和客观使用状况，归纳养老机构空间系统不同层面的核心问题并分析其主要成因，进而提出相应的优化策略建议，特别是发掘有效的养老机构空间设计方法，以期为改善我国养老机构空间环境人文关怀缺失的现状提供一些助力。

0.4　研究意义

0.4.1　理论意义

本书为我国使用后评价研究的发展做出了一些积极的尝试。本书紧密围绕养老机构空间环境问题，建立了结构完整、逻辑严密、可对主要评价结论进行内部检验的使用后评价体系，旨在充分体现使用后评价的设计引导价值，规避经常出现在我国使用后评价研究中的两个方面问题：一是脱离核心问题而过度纠缠于评价自身过程，陷入为了评价而评价的误区；二是评价结构开放性过强，各评价内容之间缺少必要的对照印证关系，难以形成内敛的高信度评价结论。

0.4.2　实践意义

一方面，本书面向养老机构空间系统全局，为空间结构组织、形式操作等中观层次的研究提供了一些积极的思路，有助于理念原则、策划运筹等宏观层次研究的落实，同时有助于器具部品、细节尺度等微观层次研究的开展。

另一方面，本书所归纳的养老机构空间系统不同层面的核心问题，为我国养老机构空间环境的改善提供了明确的着力点，同时，本书所提出的针对性优化策略建议，有助于我国养老机构空间环境的改善。

0.5 研究方法

本书遵循实证主义研究范式,综合运用了多种定量和定性的研究方法,主要包括:

1)文献法

文献法主要运用在三个方面:一是在相关研究现状的综合评述中,以明确研究的目标与边界找到清晰的研究方向和着力点;二是在相关理论知识基础的综合梳理中,以落实研究的总体行动依据和路线方针;三是在相关优化策略建议的综合提出中,保障研究所提出的问题对策的深度和广度。

2)访谈法

本研究采取了开放式访谈法,其主要运用在先导性研究中:通过对养老机构中各类老年人以及管理服务人员的开放式访谈,广泛了解必要的基础性信息,为评价要素系统的确立提供参考。

3)问卷法

问卷法运用在空间满意度、重要度评价研究中:采取判断抽样方法得到养老机构样本,采取分层抽样方法得到各类型老年人样本,同时,采取访谈式问卷调查方式,减少老年人可能存在的生理或认知局限对研究效度所造成的影响,以获得更加准确的调查结果。

4)观察法

本研究采取了无结构式、结构式两种非参与性观察方法。

无结构式非参与性观察法主要运用在先导性研究中:通过对青岛市域范围内各类养老机构空间环境的广泛观察与分析,为评价要素系统的确立奠定基础。

结构式非参与性观察方法主要运用在空间风貌状况、使用状况评价研究中:以空间层域为纵向观察结构,以基本评价要素为横向观察结构,对空间风貌状况评价样本进行观察,以全面掌握养老机构空间现实的总体情态;以空间层域为纵向观察结构,以使用行为类型为横向观察结构,对空间使用状况评价样本进行观察,以充分了解老年人行为活动规律特征及其与空间环境之间的矛盾冲突。

5)分类比较法

分类比较法主要运用在空间风貌状况评价中:通过对基础调研信息的分类整理和内部比较,形成空间环境质量和空间组织模式两个方面的描述性分类评价参照标准,并以此为对比依据,再次结合基础调研信息,做出养老机构空间环境质量和空间组织模式的评价分析。

6)统计分析法

统计分析法主要运用在先导性研究中,以及空间风貌状况、满意度、重要度、使用状况评价研究中:根据不同的研究目标,建立恰当的多元化分析层次和角度，对调研所取得的基础资料信息进行定量统计和对比分析，以获取对相关问题的深入认识。

7）归纳演绎法

归纳演绎法主要运用在使用后综合评价和相关优化策略建议的综合提出中：基于各部分使用后评价研究的主要结论，归纳提炼养老机构空间系统非设计层面和设计层面的核心问题，并分析其主要成因，进而抓住其内在根本性机制，演绎形成针对问题的对策。

0.6 技术路线

0.6.1 研究范围

本书的范围选定在山东省青岛市，主要出于两方面的考虑：

一是出于使用后评价样本代表性的考虑。青岛市养老机构的发展建设相对较早，养老机构的数量和类型也比较丰富，具备较好的样本代表性。

二是出于使用后评价实施可行性的考虑。笔者参与了青岛市老龄化相关的研究工作，从中获得了必要的研究资源，有助于保障使用后评价实施的可行性。

0.6.2 空间视角

本书基于老年人的实际使用视角，根据老年人日常活动范围的不同层次，将养老机构空间系统划分为床位空间、居室空间、建筑空间、场地空间、城市空间五个层域，建立了一种动态化的纵向空间认知方式与研究视角。

0.6.3 评价体系

本书构建了完整的养老机构空间使用后评价体系，该体系分为前期、中期、后期三个阶段：

前期阶段是铺垫，为使用后评价的具体实施提供准备。

后期阶段是总结，对使用后评价的主要结论加以提炼。

中期阶段是整个评价体系的核心与主体，由空间风貌状况评价、空间满意度评价、空间重要度评价、空间使用状况评价四项内容构成，它强调基于客观事实的非介入性评价与基于主观态度的介入性评价之间的互补与平衡。

其中，空间风貌状况评价、空间使用状况评价基于养老机构空间环境的客观事实，实施过程中采取不与老年人直接接触的非介入性评价方法；空间满意度评价、空间重要度评价基于老年人对养老机构空间使用的主观态度，实施过程中采取与老年人直接接触的介入性评价方法。四项评价内容在"对照—印证"的评价机制下构成了一个闭合的回路,以尽量降低单一评价手段可能面临的信度风险——来自评价客体的现实假象与来自评价主体的认知局限。具体来说:

空间风貌状况评价侧重于呈现养老机构空间的环境实态,其可能面临的信度风险在于:不能确定评价所持价值取向与老年人是否一致。因此将其与空间满意度评价进行对照印证。

空间满意度评价侧重于呈现老年人对养老机构空间优劣的主观态度,其可能面临的信度风险在于:不能确定老年人做出评价的判断标准是否一致。因此将其与空间重要度评价进行对照印证。

空间重要度评价侧重于呈现老年人对养老机构空间使用需求的主观态度,其可能面临的信度风险在于:不能确定老年人在"口头"与"行动"表达方式下的评价结果是否一致。因此将其与空间使用状况评价进行对照印证。

空间使用状况评价侧重于呈现老年人行为活动的规律特征,其可能面临的信度风险在于:不能确定老年人在不同环境实态下的行为特征是否一致。因此将其与空间风貌状况评价进行对照印证。

0.6.4 资源支持

笔者参与了青岛市规划设计研究院申请的住房和城乡建设部2015年科学技术项目(2015–R2–040)、2015年山东省住房城乡建设科学技术项目(RK034)"城市建设中老龄化规划对策研究——以青岛市为例"的研究工作,并参与了青岛市关于社会福利设施配套标准及规划导则方面的编制研究工作,从中获得了一定的研究资料、研究经费和公共关系资源支持。

0.7 研究创新

1)在空间认知方面:有别于通常所采取的基于功能空间划分的静态化的横向空间认知与视角,本书为养老机构空间相关研究实践提供了一种基于老年人实际使用的动态化的纵向空间认知视角,有效避免了设计者与使用者视角之间可能出现的偏离及其所造成的问题,从而有助于充分把握养老机构空间系统全局,抓住核心问题,推动养老机构空间设计的人本回归。

2)在空间评价方面:本书通过基于客观事实和主观态度的双重评价聚焦,以及多元化的介入性和非介入性评价方法,构建了结构完整、逻辑严密的养老机构空间使用后评价体系,使各部分使用后评价结论得以通过"对照—印证"的评价机制进行内部检验,有效降低了单一评价手段可能面临的信度风险，从而获得更加准确的评价结论。

3）在空间设计方面：本书所提出的养老机构空间设计模式语言，规避了碎片化的设计策略提出方式，是一套具备较强系统性、操作性、普适性和可发展性的养老机构空间设计策略，能够有效缓解养老机构空间系统设计层面的核心问题——生硬的空间层域连接模式所造成的空间割裂与效能实用性低下。

0.8　研究局限

1）样本局限性：受研究资源条件的限制，本书中的养老机构样本都集中在青岛市，而不包含国内其他城市或地区的机构样本，研究效果难免受到一定的影响。

2）时代局限性：成长于不同时代的人群之间的价值观念与生活方式差异明显，本书以现今的老年人为研究基础，所得出的结论必然存有一定的时代局限性。

0.9　概念辨析

1）养老机构：为老年人提供集中居住、生活照料、康复护理、精神慰藉、文化娱乐等服务的老年人服务组织。包括老年养护院、养老院等，但不包括老年日间照料中心，因为老年日间照料中心并不为老年人提供住宿服务。

2）自理老人：生活行为基本可以独立进行，自己可以照料自己的老年人。

3）介助老人：生活行为须依赖他人和辅助设施帮助的老年人，主要指半失能老年人。

4）介护老人：生活行为须依赖他人护理的老年人，主要指失智和失能老年人。

0.10　研究结构

全书分为四大部分。第一部分是绪论，综述了选题背景与研究现状、研究目的和意义、研究方法和技术路线等；第二部分是研究的理论基础，通过对使用后评价和建筑模式语言的知识梳理，找到了发现和解决养老机构空间问题的理论支撑与方法借鉴；第三部分是养老机构空间使用后评价体系，通过前期、中期、后期三个阶段的深入研究，归纳了养老机构空间系统中的核心问题及其主要成因；第四部分是养老机构空间设计优化策略建议，提出了非设计和设计两个层面的对策，并重点构建了养老机构空间设计模式语言（图0-1）。

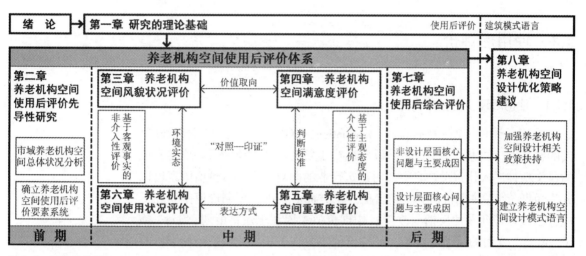

图0-1 研究结构图

第一章　研究的理论基础

1.1　使用后评价

1.1.1　使用后评价的基本内涵

使用后评价（Post Occupancy Evaluation，POE）出现于 20 世纪 60 年代的欧美发达国家，至 20 世纪 80 年代初步发展成熟。使用后评价将实证的科学精神注入建筑设计之中，对建筑行业的影响巨大，其价值因素可以分为短期价值、中期价值和长期价值三个方面。其中，短期价值主要在于现存建成环境问题的反馈与改善；中期价值主要在于建筑策划、设计、施工、运营等方面的反馈与参考；长期价值主要在于相关建设规范标准修改完善的数据支撑。目前，使用后评价在欧美发达国家中已经得到了广泛的运用，在建设全流程中扮演着不可或缺的重要角色。

美国学者普赖泽尔（Wolfgang F. E. Preiser）在其著作《使用后评价》（*Post-Occupancy Evaluation*，1988）中的定义：使用后评价是指"根据人类清晰或含蓄的需求所设计的某一设施，对其满意度和支持度的一种评价"。

美国学者弗莱德曼（A. Friedman）在其著作《环境设计评估的结构——过程方法》中是这样定义的："使用后评价是一个度的评价：建成后环境如何支持和满足人们明确表达或暗含的需求。"

美国学者克莱尔·库珀·马库斯（Clair Cooper Marcus）及卡罗琳·弗朗西斯（Carolyn Francis）在其著作《人性场所：城市开放空间设计导则》中认为：使用后评价是"从使用者的角度出发，对经过设计并正被使用的设施进行系统评价的研究"。

我国学者吴硕贤、朱小雷提出："使用后评价是指在建筑物建成若干时间后，以一种规范化、系统化的程序，收集使用者对环境的评价数据信息，经过科学的分析，了解他们对目标环境的评判；通过与原初设计目标作比较，全面鉴定设计环境在多大程度上满足了使用群体的需求；通过可靠信息的汇总，对以后同类建设提供科学的参考，以便最大限度地提高设计的综合效益和质量。"[1]

1.1.2　使用后评价的实施方式

1.1.2.1　使用后评价的主要范式

在使用后评价的发展过程中，其不断受到相关学科理念和新思潮的

1　朱小雷，吴硕贤，2002.使用后评价对建筑设计的影响及其对我国的意义[J].建筑学报（5）：42-44.

影响，由于在实践应用中目的各不相同，自然地形成了多种研究范式。

1）行为主义范式

这种范式比较注重研究外显行为，认为只有可观察的行为才是客观的，因此研究时大多使用观察法收集人的行为信息。在评价过程中大量运用标准化或开放式的问卷来了解环境使用者的行为方式和规律。研究环境中特定行为的工具有：活动日志、行为地图、行迹分析图、行为活动分类记录表、建筑使用行为核查表等等。

2）认知范式

该研究取向比较重视对使用者心理内驱力的研究，认为主体的内在需求以及他们对环境的态度和心理感受影响着环境取向与行为方式。国外很多评价将重点置于获取使用群体对外部环境的综合感知信息上，以此推论人们的环境价值状态。所谓感知的环境质量评价以这一类居多。认知范式重视研究意象；心理学理论认为认知是形成环境意象的基础，环境感知信息综合起来构成人们对环境的理解和记忆，即意象。研究方法有：认知地图法、模拟法、口语报告法和住宅单元平面游戏法等。

3）绩效评价范式

绩效评价范式是一种带有管理倾向的使用后评价范式，追求建筑产品的综合效益，带有实用主义的色彩，是美国使用后评价研究和实践中颇具影响力的取向之一。该范式将评价当成一种对建筑产品的技术检验过程和运行管理工具来看待，在评价中较重视综合指标的考查，把环境的综合性能作为第一位因素，重点考察客观物质环境和设备运行状况。此范式重视实证主义，重视现场的研究和勘察，操作中注重运用严格的测量方法和物理测量工具检验环境物理指标，有一整套系统的评价程序和方法。

4）社会性范式

这种评价范式的特点是重视社会因素对人群主观环境取向的影响，注重从大范围的社会背景出发去研究环境对象。社会经济地位、私密性、领域性、邻里关系、社会气氛、生活方式、家庭及家庭活力及社区管理等是该类研究的中心议题和评价的主导因素。该范式的研究方法有三种方式：①调查研究法，多用问卷和访问法揭示环境的社会属性和物质品质；②采取人类学研究的田野模式，对场所文化和物质特性进行个案研究，运用文化比较法理解场所的意义和价值；③倡导社会互动的理念和民主化意识，让使用者参与评价过程。

5）现象学整体评价范式

这类评价范式在理论假设上强调使用者在评价中的主观作用，把环境评价看成是主体文化、情趣和生活经验与期望的外在表现，注意研究建成环境对使用者的生活意义，关注人们对环境物质状况的整体知觉，注重探索人们对环境卫生的直觉见解。它重视意义的研究，注重"场所精神"的实现，在评价中重视阐释环境对主体的生活意义。该范式反对从"元素"

出发去推论人们对环境的取向，认为应整体地、自由地、公正地描述人的环境经验；并坚持研究者应从现象直觉地洞悉事物本质的现象学方法。具体方法和技术仍然是实验、调查、观察等基本方法。

1.1.2.2 使用后评价的主要方法

依据分类方式的不同，使用后评价的方法可以被分成多种类别，主要包括：

1）依据方法论来分，可以将其分成定量方法和定性方法两大类。

2）依据是否预设评价因素来分，可以分成确定性的构造型方法和不确定性的非构造型方法两类。

3）依据对评价对象的介入程度来分，可以分成介入性方法和非介入性方法。

4）依据评价技术对语言的依赖程度来分，可以分成语言性方法和非语言性方法。

5）依据数据采集的方式来分，可以分成问卷法、访谈法、观察法、量表法、准实验法、影像分析法、认知地图法、行为痕迹分析法、文献搜集法等9类。其中：

①问卷法是指，利用调查问卷收集使用者的意见、态度和行为等方面数据，它是社会学基本调查方法之一，分为封闭式、半开放式、开放式三种。

②访谈法是指，访问者通过有计划的口头交谈等方式，直接向被调查者了解相关评价意见的一种调查方法。

③观察法是指，调查者有目的、有计划地运用感官或工具，直接考察研究对象，它还可以分成参与性观察法和非参与性观察法两种。

④量表法是指，利用量表测定并收集使用者的态度与评价意见的方法，主要包括"语义差别法"（Semantic Differential）和李克特量表法（Likert Scale）。

⑤准实验法是指，研究不设定自然实验控制组，直接提出假设并通过实验组研究环境对使用者行为心理的影响，比如通过使用者对实验预先设定的环境或影像做出好恶判断，以获取其环境心理态度。

⑥影像分析法是指，利用图解、类比、归纳等一系列方法对调查所取得的影像资料进行综合分析，以获取表层图景背后的深层信息。

⑦认知地图法是指，依靠使用者自身的口述、绘图等方式，以获取他们对环境的主观认知意向及其认知方式。

⑧行为痕迹分析法是指，在使用者不知情或在不干扰使用者正常使用的情况下，有计划地观察并系统地记录下使用过程在环境中产生的痕迹或影响。

⑨文献搜集法是指，对与环境和使用者相关的各类文献资料进行有计划的搜集，并提取与评价目标关联紧密的重点部分。

1.1.2.3 使用后评价的基本层次

根据不同的评价目标与研究深度，使用后评价可以分为三种基本层次。

1）散点式的使用后评价：其评价目标在于简明清晰地显示建成环境总体的成功与失败之处，为建筑师、业主和相关决策者提供快捷的宏观事实判断依据。其研究范畴围绕建成环境中的主要问题散点化展开，研究深度相对较浅，属于短周期的使用后评价行动。

2）平面式的使用后评价：其目标在于对建成环境特定领域或层面所存在的问题进行系统深入的评价，为建筑师、业主和相关决策者提供针对性的改进建议。其研究范畴围绕建成环境特定领域或层面的问题平面化展开，研究深度较深，属于中周期的使用后评价行动。

3）立体式的使用后评价：其评价目标在于对建成环境综合性能进行系统而全面的深入评价，不仅为建筑师、业主和相关机构提供既存问题的全方位改进建议，并且为改进相关的建设规范与标准提供理论与数据支持。其研究范畴围绕建成环境中的各类问题立体化展开，研究深度很深，属于长周期的使用后评价行动。

1.1.2.4 使用后评价的基本程序

使用后评价具有系统完备的实施程序，可分为三个基本阶段。（图1-1）

图 1-1 使用后评价的基本程序

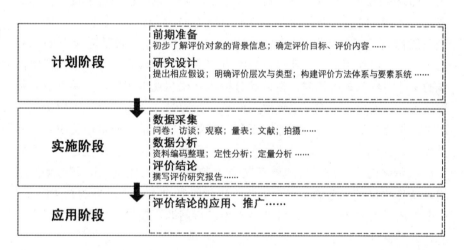

1）计划阶段：主要任务是为使用后评价的具体实施做好准备。针对评价目标与评价对象的特点，尽可能翔实地收集与评价对象相关的信息，并制定可操作性强的合理高效的研究计划。

2）实施阶段：主要任务是对调研数据的收集和分析。依据研究计划对评价对象实施具体调研，对所收集的资料数据进行科学严密的分析，归纳所存在的各类问题，并撰写使用后评价报告。

3）应用阶段：主要任务是对策建议的提出与推广。针对使用后评价报告所提炼的主要问题，提出系统有效的对策建议，为建成环境提供具体的改进办法或者为同类项目的建设决策提供参考依据。

1.1.3　使用后评价的借鉴意义

使用后评价的基本思想是在认识论上将建筑设计归入实证范式，其核心价值在于强调设计的科学化、民主化和社会化。[1] 使用后评价对建筑设计的积极影响主要体现在以下几个方面：

1）使用后评价将实证的科学精神注入建筑设计过程之中。使用后评价代表着一种设计价值观念的变化，它以使用者群体的价值取向作为评价的出发点和归属，强调用科学的方法来评判设计结果的合理性，始终注重所收集数据的严密性和可靠性，以及分析方法的科学性，并强调把可靠的评价结果推广运用到新的环境设计中。它把传统上以少数设计精英的主观判断作为设计评判标准的观念推进到以"合理化"的科学标准来判断设计结果的新高度。也就是说，设计结果的合理性应通过科学的检测，并根据全体使用者的认同，而不是仅凭少数人的主观评判来确定。使用后评价从实证角度出发，将设计分析和决策建立在客观事实的基础上，以实事求是的科学设计方式尽量减少个人主观随意性对评价的影响。

2）使用后评价有助于拓展建筑设计思考的维度。通常的设计思维方式大都只看到设计对象本身，对设计方法的研究也往往偏重于设计主体的创造性思维、建筑形态和图像思维的分析方法、设计经验的挖掘与传承等方面的探索，即设计思考的角度局限于"设计主体—设计对象"的二元范畴之中。而使用后评价让设计思维方式变得更加客观务实，它以使用群体的价值目标为最终指向，将设计分析建立在客观事实数据的调查研究基础之上，从而大大拓展了设计思考的维度。同时，使用后评价不像传统的建筑质量检验那样，仅重视建筑产品的客观物质质量，而是把使用者的社会福利、心理需求和社会文化等都作为主要因素加以考虑。因此，使用后评价所带来的设计思考方式转变实质上是将"人—环境"这个相互作用的系统作为设计思考的基点，借此跳出建筑师个人主观世界的狭小圈子，站在使用者的立场上更为理性和客观地看待问题，使设计成果满足更广泛的社会性需求。

3）使用后评价有助于提高建筑设计管理和决策的有效性。一方面，使用后评价作为一种设计反馈机制，为设计管理提供了有效的监控手段。实施使用后评价的过程必须遵循系统性很强的程序，这使得建筑评价的目标、方法和标准均具有清晰的可比较性与良好的可操作性，这可以有效地减少单凭专家经验进行设计管理的不足，有利于对设计成果加以有效控制，从而提高建筑产品的综合收益。另一方面，使用后评价对克服设计决策中的经验主义和主观主义具有显著效力。以往的设计决策主要凭借建筑师的主观判断，致使设计成果与建筑师个人水平与观念关系极大，而使用后评价方法将设计决策要素建立在调查研究和科学分析的基础上，让使用者加

1　朱小雷，吴硕贤，2002. 使用后评价对建筑设计的影响及其对我国的意义[J].建筑学报（5）：42–44.

入设计决策的过程中来，规避了设计过程中的狭窄性与片面性，从而提高了设计决策的有效性。

4）使用后评价有助于提高建筑设计程序的合理性。使用后评价将建筑设计项目的使用运营与前期策划过程衔接起来，打破了单一线性的建筑设计程序，而形成了"策划—决策—设计—实施—使用—使用后评价"的回路，大大提高了建筑设计程序的科学性与合理性。我们可以将使用后评价理解为一种为了保证设计成果质量的调节与更新机制，它让建筑设计程序变成了一个开放的循环过程，实现了建设全流程信息流的闭合。（图1-2）

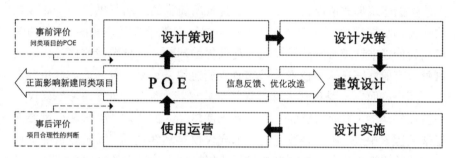

图 1-2 使用后评价在完整设计程序中的价值体现

5）使用后评价有助于提高建筑设计的民主化。所谓建筑设计民主化，即在设计决策过程中广泛接纳社会意见，让使用者参与到设计决策之中并直接影响设计结果的形成，从而体现建筑的社会性价值。建筑设计民主化是现代建筑思潮中发展出的一种非常重要的观念，充分体现了当代社会的民主意识，它可以有效克服建筑师或业主独断的设计所带来的建筑脱离社会需求的弊端。以往，建筑设计或者成为投资方单方面意志的物化，或者成为建筑师的个人表现舞台，缺少来自社会公众的参与，使用后评价让建筑设计过程变成了社会性的设计过程，公众可以对建设全流程进行监控，将他们的生活意志和愿景充分地反映并固化在建成环境之中，从而真正获得主人公的满足感。在这样的过程中，建筑师更多地扮演着组织者的角色，引导并协调着以人为本的建筑环境的塑造过程。

对本书而言，使用后评价所蕴含的实证主义精神及其多元丰富的科学的调查与分析方法，使其成为发现养老机构空间设计各类问题的极为有力的途径。

以老年人这一养老机构空间的核心使用者作为研究立场的基本出发点，本书从基于客观事实的非介入性评价和基于主观态度的介入性评价这两个层面切入，构建了逻辑严密、结构完整、可对主要评价结论进行内部检验的养老机构空间使用后评价体系，对养老机构空间的现实状况进行全面深入的研究。通过这样的研究过程，尽力避免了来自业主或设计师的经验主义的主观臆断，同时有效降低了单一评价手段可能面临的信度风险，让老年人对养老机构空间的真实意见和需求充分体现到使用后评价的结论当中，以期获得对养老机构空间设计各类问题及其成因的客观准确的认识，进而为这些问题的解决夯实基础并指明方向。

1.2 建筑模式语言

1.2.1 建筑模式语言的发展历程

"二战"以后,国际主义建筑风格风靡世界,地方和民族特色逐渐消退,建筑和城市面貌越来越单调刻板,往日具有人情味的建筑形式逐步为缺乏人情味的建筑形式所取代。现代主义建筑所面临的这场危机,是有着深刻的社会历史根源的。科学技术的迅猛发展给人类带来了便利的生活方式,但在我们越来越随心所欲地控制客观世界的同时,自身也被物化了。人类自身丰富的情感在这个技术至上的时代变得越来越无立身之地,这主要表现在两个方面:一是现代主义强调"形式追随功能",而"功能"仅仅只停留在物质的、生理的层面上,而并未渗透到人的心理、情感这个重要而复杂的因素中去,从而导致建筑的形式仅仅是从客观的、现成的条件中进行理性的逻辑推导而直接得到的结果,以这种方式得到的建筑形式忽视了人的心理因素,忽视了丰富多样的个人情感,必然招致人们的不满;二是过分强调设计专家的能力,认为个人的理性能够解决所有的问题,可以应付千变万化的设计要求,这种个人崇拜推广开来,建筑设计最终就会演变成个人"艺术天赋"的表演。

20世纪50年代至70年代,各路建筑学者纷纷对现代主义在发展过程中所出现的问题进行了深刻的反思,对建筑本质和人文关怀等问题进行了广泛而深入的思考。建筑模式语言理论正是在这一时期由著名建筑理论学家克里斯托弗·亚历山大(Christopher Alexander)提出并逐步发展形成的。与同时代的许多建筑理论学家一样,亚历山大深深感到了现代主义建筑存在的弊端,决心重新探索建筑的真正价值,他孜孜不倦地从事理论探索和实践,试图发现一条能够通向美丽城市和建筑的道路,而这条道路就是建筑模式语言。

亚历山大1936年出生于奥地利维也纳,他的父母均为考古学家,1938年纳粹占领奥地利时他们带着幼小的亚历山大迁居英格兰。中学时代的亚历山大对化学有着浓厚的兴趣,但是一次偶然的参观现代建筑展览的机会使他立志成为一名建筑师。20世纪50年代,亚历山大在英国剑桥大学获得了建筑学学士学位和数学硕士学位。1958年,亚历山大移民美国并于1959年开始在哈佛大学攻读建筑学博士学位。1963年,亚历山大于加利福尼亚大学伯克利分校(University of California,Berkeley)任教。2001年他作为该校的名誉教授退休,回到英国工作、生活。

亚历山大在建筑理论界享有盛誉,他的著述颇丰,而建筑模式语言始终是其研究的核心和主线。亚历山大的哈佛大学博士论文《论形式的合成》（*Notes on the Synthesis of Form*，1964）可以看作是模式语言的发端和雏形，文中他将历史上的文化现象划分为"无意识文化"和"有意识文化"两种类型。他认为原始的"无意识文化"有一种内在的机制，它会自然地产生出与文脉协调一致的形式；而现代社会的"有意识文化"则破坏了这一机制，于是他试图运用一种数学方法来恢复这种机制，按照这种方法，设计中的文脉被分解成文脉的子系统，每一个子系统都用一个同时包含问题与解答形式的"图式"来进行解决，最后把得到的"图式"进行反向合成，就得到了最终的形式。紧接着，在《城市并非树形》（*A City is not a Tree*，1965）中，亚历山大提出"半网络结构"比"树状结构"更接近于城市的实际组织方式，并将系统论方法直接引入设计领域，为建筑模式语言的形成做了进一步准备。20 世纪 70 年代中后期，亚历山大完成了他的建筑模式语言三部曲——《俄勒冈实验》（*The Oregon Experiment*，1975）、《建筑模式语言：城镇·建筑·构造》（*A Pattern Language*：*Towns·Buildings·Construction*，1977）和《建筑的永恒之道》（*The Timeless Way of Building*，1979），标志着建筑模式语言理论的正式形成。其中，《建筑的永恒之道》为建筑模式语言提供了理论诠释与行动纲领；《建筑模式语言：城镇·建筑·构造》与前者互为渗透，平行发展，是其原始资料集，书中精巧翔实地描述了城镇、邻里、住宅、花园和房间等共 253 个切实可行的模式，并形成了一种语言网络；《俄勒冈实验》描述了俄勒冈大学的规划建设，是对建筑模式语言的实践运用。之后，在《林茨咖啡屋》（*The Linz Café*，1981）、《住宅制造》（*The Production of House*，1985）和《城市设计新理论》（*A New Theory of Urban Design*，1987）中，亚历山大结合设计实践分别从小型公共建筑、住宅、城市设计等领域继续发展着建筑模式语言。2004 年，笔耕不辍的亚历山大完成了《秩序的本性》（*The Nature of Order*：*An Essay on the Art of Building and the Nature of the Universe*），书中提出"中心场"这一更为严密和更为普遍的结构，中心场结构是一种紧密结合功能的几何现象，它是一个从微观到宏观由不同规模的中心所构成的结构网络，在这个网络中不存在元素，因为每个元素都是一个关系网，建筑的整体性需要通过中心场结构来实现，中心场结构的提出是对建筑模式语言结构的进一步完善。

1.2.2　建筑模式语言的核心内容

1.2.2.1 "质"——什么是建筑模式语言

　　想要把握建筑模式语言的概念，首先需要理解亚历山大所提出的"无名特质"（Quality Without a Name）的概念。亚历山大认为无名特质会出现在人们日常生活中的每一个角落，同时，它极其重要，建造的过程就是追求无名特质的过程，建造的终极目标就是要产生无名特质。

　　"存在着一个极其重要的特质，它是人、城市、建筑或荒野的生命与精神的根本准则。这种特质客观明确，却无法命名。"[1] 亚历山大在《建筑的永恒之道》中用"生气"（alive）、"完整"（whole）、"舒适"（comfortable）、"自由"（free）、"准确"（exact）、"无我"（egoless）、"永恒"（eternal）这七个词语含义的交集来向读者传达无名特质的内涵，与此同时，也向读者描述了无名特质不能被精确命名的现象。

　　无名特质不能被命名不是因为其本身含糊不清，恰恰相反，是因为其精确的内涵超出了语言本身的信息承载能力。其实，无名特质的概念在我们的文化语境中并不陌生，比如，在《庄子·秋水》中有"可以言论者，物之粗也；可以意致者，物之精也"的论述，这里的"物之精也"一定程度上对应的就是亚历山大所说的无名特质。亚历山大认为，模式是构成人造世界的基本原子，能够创造无穷的变化，通过构建具有无名特质的模式，就可以产生出具有无名特质的建筑和城市。

　　那么，什么是建筑模式语言中的"模式"？亚历山大认为，在人们的日常生活中，存在着大量的事件，而频繁发生的事件在特征上总是相似的，这就是事件模式。事件模式在复杂的建筑和城市生活现象背后起着支配作用，与此同时，事件模式不能与它们发生的空间相分离：事件总是在空间中发生，而空间又总是具备事件的承载性。因此，模式之中包含了某些恒定的特征，它是一个具有整体性和流动性的"场"，是一个包含三项内容，即关联—作用力系统—图式的规则，而在一个有活力的模式中，作用力系统应处于和谐的状态。模式包含了空间几何要素之间的关系，要素本身也代表了一种关系，建筑和城市空间实际上是一个几何关系网络，空间中的每一个关系模式都同某一个特殊的事件模式相适应。

　　亚历山大把设计过程的特点同生物界的特性进行类比，他认为设计过程应该像有机体产生的过程那样。例如创造一朵花，人们不会试图用镊子一个细胞接一个细胞地制作，而是从种子开始培育，让它长出花朵来。使花的整体产生需要遗传密码来保证，建筑和城市一样需要像遗传密码一样的东西来形成整体，建筑中的遗传密码就是模式语言。建筑模式语言是由模式组成的规则系统，模式在其中既是要素又是规则：作为要素，在模式上面有一个结构，它限定了模式之间的关系；作为规则，模式描述了它本身也是其他模式要素的可能排列。

1.2.2.2 "门"——如何形成建筑模式语言

　　发现有活力的模式是形成建筑模式语言的基础。在传统文化中，人们知道如何建造生机勃勃的房子，这时的模式作为独立的整体存在于人们的心中，人们不必把它们作为独立的原子单元来认识，不必知道它们的名字并说出来，只要可以描述所使用的建造规则就够了，但是现代社会毁掉了人们的这种建造直觉，这就有必要将这些内在的有活力的模式加以明确，使它们能够被人们共同使用和讨论，进而形成活力的建筑模式语言。

　　对模式加以明确的第一步是进行深刻的观察。当我们切身实地地处

[1] 亚历山大，2002. 建筑的永恒之道 [M]. 赵冰，译. 北京：知识产权出版社：8.

于某个场所时，或者当我们通过图片影像等媒介看到某个场所时，假如感受到了"一个东西"即某种模式在发挥作用并使这个场所富有活力，我们需要思考三个问题：这个模式究竟是什么？为什么这个模式让场所变好？这个模式在何时或何地发挥作用？与此同时，我们需要对场所的一些物理特性进行抽象，进而把握模式的功能性基础。

"每个模式是一个有三个部分的规则，它表达一定的关联、一个问题和一个解决方式之间的关系。"[1]

亚历山大用一个亲身经历向我们展示了模式发现的过程。奥思登菲尔卡顿是位于丹麦的一栋漂亮的旧住宅，它建于 1685 年（图 1-3）。亚历山大在参观中发现它的起居室非常宜人，一开始，亚历山大将其归结为起居室所具备的"舒适性"和"开敞性"，但这种描述是含混的，是不能被直接运用在另外一个设计的过程中的。经过进一步的思考与提炼，亚历山大将其描述为起居室中的一个特定的空间关系：主体空间的边缘设置了多个凹入的设有座位的小空间，这些小空间都敞向公共起居室。

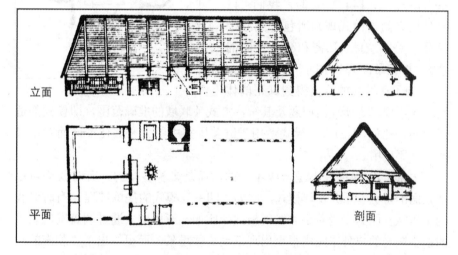

图 1-3 奥思登菲尔卡顿住宅
图片来源：亚历山大，2002. 建筑的永恒之道 [M]. 赵冰，译. 北京：知识产权出版社：197.

这个特定的空间关系厘清了起居室空间"场"中的三个作用力，同时化解了各个作用力之间的冲突：①家庭成员有各自的兴趣爱好，比如缝衣服、木作、模型制作等，而做这些事情时需要将涉及的物品相对长期地放置在一个固定的适宜位置；②为了接待客人，同时避免个人活动干扰整个家庭的舒适和便利，公共起居室需要保持整洁，因此上述物品不能放到起居室，而要分别放在其他房间里；③家庭成员希望聚在一起，边做自己喜欢的事情边和家人交流。

这个特定空间关系的存在使起居室环境系统实现了形态与功能的完整性，从而接近了无名特质。此时，我们可以将这一明确的空间关系运用到设计之中，并且可以把它解释给他人，一个有活力的模式已经浮现，但这并不代表模式发现过程的结束，因为它仍然是取决于其内在关系场的一个虚构存在，为了使其成为一个可以被理解、被制作、被用作设计语言来

1 亚历山大，2002. 建筑的永恒之道 [M]. 赵冰，译. 北京：知识产权出版社：112.

共同使用的实体，我们还必须对模式进行精确的描述与表达，只有这样，模式才能够真正成为"一个"清晰的指令。

关于模式精确的描述和表达，亚历山大说道："一个跳跃、流动但绝不能限定的整体回荡在你的心里之中。它是一种几何意象，它远远超出对问题的认识，伴随着它的还有解决问题的各种几何形象的认识和几何形象所产生的感觉。这种不能用任何精细公式准确陈述而只能粗略暗示的形态感受正是每个模式的核心。"[1] 因此，这种精确并不是指数学意义上的精确，而是对"一种流动的意象，一种形态的感受，一种对于形式的萦绕的直觉"[2] 的明晰而充分的呈现。

亚历山大强调，能够被明确无误地图式化描述和命名是一个模式成立的必不可少的两个条件。[3] 由此，他对在丹麦旧住宅中提取的良好的空间关系进行了图解表达，并将其命名为"凹室"模式（图1-4）。这时，我们可以清楚地看到该模式规则所包含的三个部分：公共空间、私密和公共空间的冲突、凹间敞向公共空间。

"凹室"

图1-4 模式的图式化描述和命名
图片来源：亚历山大，伊希卡娃，西尔佛斯坦，等，2002.建筑模式语言：城镇·建筑·构造[M].王听度，周序鸿，译.北京：知识产权出版社：1677.

为了使模式的价值得到真正的体现，还需要限定所提出问题及其解决方式关联域的准确范围，即模式的适用范畴，比如，"凹室"模式适用于欧美国家中的大家庭住宅，而对单身宿舍并不适用。

模式的发现途径不是一成不变的，而是多种多样的。有时我们可以从正面的事例着手并发现模式，比如"凹室"模式的提炼过程；有时候我们可以从负面的事例着手并发现模式，比如，亚历山大通过调查发现阴暗的缺少阳光的户外空间中很少出现活动交往场景，而提炼出了"朝南的户外空间"模式；此外，亚历山大还特别强调，模式的发现并不总是历史的，因为不能因未找到还未在世界上存在的模式而陷入保守主义，在一些情况中，我们还可以通过纯粹的抽象论证来发现模式，例如，铀在被实际发现之前已经在化学元素特性上被预测存在。[4]

可以看到，模式的发现是一项艰巨的任务，是一个抽丝剥茧层层深入的缓慢过程，它建立在敏锐的观察与思考的基础之上，旨在从具体的建筑现象中感知无名特质，在空间与事件的关联中提炼引发感知的真实原理并将其清晰表达。最后，将所发现的这些好的模式联结编织在一起，便形成了建筑模式语言，它的结构具有网络性质，其中的每一个模式都是与语言整体系统紧密相连的有机部分。

1.2.2.3 "道"——如何使用建筑模式语言

运用建筑模式语言产生建筑的过程类似于胚胎的成长，是一个分化

1 亚历山大，2002.建筑的永恒之道[M].赵冰，译.北京：知识产权出版社：120.

2 亚历山大，2002.建筑的永恒之道[M].赵冰，译.北京：知识产权出版社：122.

3 亚历山大，2002.建筑的永恒之道[M].赵冰，译.北京：知识产权出版社：128.

4 亚历山大，2002.建筑的永恒之道[M].赵冰，译.北京：知识产权出版社：139.

的过程，每一个模式都是一个空间分化的操作符，在空间系统中原本没有差异的地方创造差异，若干个模式叠加在一起，一层又一层地对先前的空间分化结果进行再次的分化。

在建筑模式语言的使用中，需要注意两个方面。

一方面，需要注意厘清模式的层级次序。不同模式之间可能存在层级的差异，或者通俗地说，不同模式之间可能存在尺度"大小"的差异，比如，在《建筑模式语言：城镇·建筑·构造》中，亚历山大所提到的253个模式被归入城镇的模式、建筑的模式、构造的模式这三个大的层级。在模式的使用过程中，需要将它放到相同层级不同模式之间的关系网中去想象和理解，以产生连贯的意向。

另一方面，需要掌握正确的模式启用方式。要注意，存在一种适得其反的模式启用方法：由于担心先前启用的模式会对后来启用的模式造成干扰，堵住后续设计环节的去路，而同时启用多个模式。这样的做法使每一个模式的性能都得不到充分的发挥，关于这一点亚历山大说道："你也许害怕，如果一次一个模式，设计会不能进行。这种狂乱将会扼杀模式，它会强迫你产生人工的'想出来'的生硬和单调的形状，这是最经常妨碍人们充分运用模式的东西。"因为，每种模式实质上是一个转换规则，每一种模式有能力对任何一个注入其中的新的形态进行转换，而不会对先前已经存在的形态的实质产生影响。如同我们说话时的句子一般自然而然，模式按照恰当的方式层层联结并向前推演，最终形成了我们所期待的建筑。所以，模式之间的让步是不必要的，我们只需要"一次一个模式"的启用，一次只专注地思考一个模式如何运用，而不是自我制造瞻前顾后的心理枷锁。

建筑模式语言是一粒种子，是一个发生系统，它给予了微小的活动以形成整体的力量。每个人都可以运用建筑模式语言来实现他们心中的理想建筑，人们还可以在建筑模式语言的指引下进行有效协作，营造社区组团乃至大型公共建筑，最后，在共同使用的建筑模式语言框架内，成千上万的个别建造行为汇聚形成了整体的生机勃勃的城市。

亚历山大认为建筑模式语言是通向建筑的永恒之道的大门，但同时他又强调，必须把大门抛在身后，人们只有完全摆脱它的帮助，才会彻底地产生无名特质，才能建造出富有活力的建筑。

对于这一看似矛盾的结论，王巍从结构主义哲学的角度进行了深入分析：模式只是人类内在需求在物质世界投射的浅层结构，而对"无名特质"的追寻才是人类内在需求在物质世界投射的深层结构。[1]

浅层结构是深层结构的外部表现，因而浅层结构一方面是有意义的，但另一方面它并不代表深层结构的全部，因此，假如研究只停留在浅层结构的话，就会变成僵化的教条。模式是一种帮助我们了解深层结构的工具，当我们通过各种作为同一深层结构的不同浅层结构的模式理解了它们所

1　王巍，2004. 从一个"转向"看亚历山大的建筑思想 [D]. 南京：东南大学：29.

共同对应的深层结构，模式作为工具的意义就消失了。在这个阶段，我们可以自由地把对深层结构的理解转换为各种浅层结构，创造出各种好的模式。

通过模式去接近"无名特质"的过程，就是我们自我剖析、自我了解的过程，模式帮助我们一步一步地"忘掉"自己，到达"无我"的境界，而后随心所欲地建造。《建筑模式语言：城镇·建筑·构造》一书的英文名称是 *A Pattern Language : Towns • Buildings • Construction*，这里的冠词"A"是"一种"的意思，亚历山大是想提醒人们，这本书所提供的建筑模式语言并不是僵死的教条，它只不过是浅层结构的一种，它当然可以被直接用于建筑设计，但是它更为重要的意义在于帮助人们去体会模式背后的深层结构，去体会人类自身的本性，从而建立起一种正确的设计思考方式。

1.2.3 建筑模式语言的借鉴意义

对本书而言，建筑模式语言所强调的图式的"工具化"使用及其抽象提炼的过程，使其成为解决养老机构空间设计各类问题的极为有力的途径。

首先，作为空间现实问题与其应对策略之间的可视化的桥梁，图式是一把有效引导空间设计的利器。这主要体现在两个方面：

一方面，图式为空间设计提供了直接而明确的指向。有别于非设计导向的原则性建议，图式是一种设计导向的抽象与提炼，是一种设计思维之间进行传递和交流的工具。

它可以明确提供有效的、可操作的养老机构空间设计方法。这使养老机构空间设计策略的表达避免了两种尴尬：在笼统的文字式表达中，所传递的信息过于含混而难以被很好地理解；在具象的图片式表达中，所传递的少量有用信息很容易被大量的无用信息掩盖。

另一方面，图式为空间设计提供了深刻而普适的解答。模式是一个清晰的设计操作指令，它是针对问题本质所做出的原理层面的设计方法回应，而非模糊松散的浅层对策。与此同时，尽管模式是一个清晰的指令，但它并不呈现为一个精确的数学公式，而是呈现为几何化的表达，因此，图式所拥有的灵活性使不同模式之间的组合叠加更加容易实现，并使建筑模式语言的网络结构优势得以充分发挥，有利于形成更全面的养老机构空间设计对策。

其次，图式是一个思考与积累的容器。借鉴亚历山大对模式的层层深入的提取与描述过程——如同前文所提及的"凹室"模式那样，针对养老机构空间设计层面的核心问题，并结合其主要成因和具体表现，在大量实地调研和文献资料查阅的基础上，本书提取了若干个养老机构空间设计模式，出于精炼性的考虑，后文将不再对其具体过程加以赘述，仅在本章简要描写两例。（图1-5、图1-6）

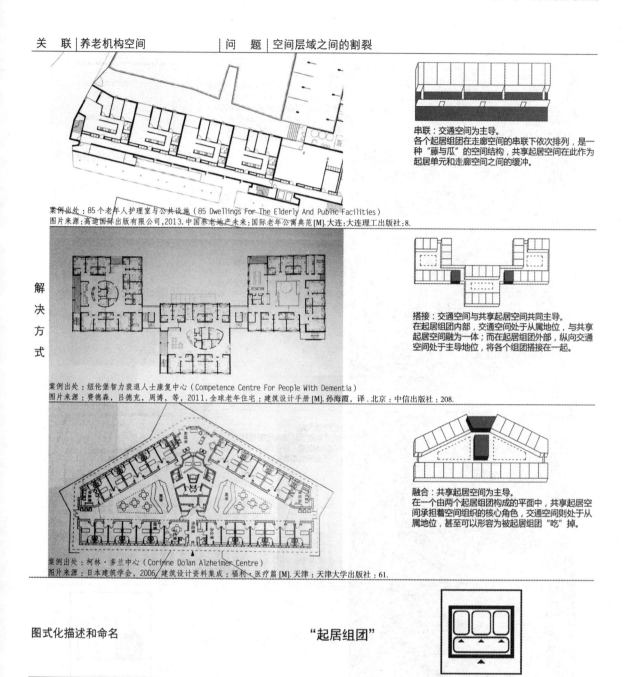

关 联｜养老机构空间　　问 题｜空间层域之间的割裂

串联：交通空间为主导。
各个起居组团在走廊空间的串联下依次排列，是一种"藤与瓜"的空间结构，共享起居空间在此作为起居单元与走廊空间之间的缓冲。

案例出处：85个老年人护理室与公共设施（85 Dwellings For The Elderly And Public Facilities）
图片来源：高迪国际出版有限公司，2013.中国养老地产未来：国际老年公寓典范[M].大连：大连理工出版社:8.

解决方式

搭接：交通空间与共享起居空间共同主导。
在起居组团内部，交通空间处于从属地位，与共享起居空间融为一体；而在起居组团外部，纵向交通空间处于主导地位，将各个组团搭接在一起。

案例出处：纽伦堡智力衰退人士康复中心（Competence Centre For People With Dementia）
图片来源：费德森，吕德克，周博，等，2011.全球老年住宅：建筑设计手册[M].孙海霞，译.北京：中信出版社：208.

融合：共享起居空间为主导。
在一个由两个起居组团构成的平面中，共享起居空间承担着空间组织的核心角色，交通空间则处于从属地位，甚至可以形容为被起居组团"吃"掉。

案例出处：柯林·多兰中心（Corinne Dolan Alzheimer Centre）
图片来源：日本建筑学会，2006.建筑设计资料集成：福利·医疗篇[M].天津：天津大学出版社：61.

图式化描述和命名　　　　　　"起居组团"

图1-5 "起居组团"模式提取简述

　　可以看到，在模式的提取与描述过程中，由于带有明确的目标导向，图式化的抽象思维很好地提高了信息的辨识与筛选效率。图式作为一个"通解"，既是研究的目标，又是研究的辅助工具，有助于积累形成同一框架下的开放性设计策略集合。与此同时，层层深入的提炼与描述过程本身，也是一个对问题本质的循序渐进的理解过程。因此，在很大程度上，图式在本书中充当着养老机构空间设计问题的思考容器。

关　联│养老机构空间　　　问　题│空间层域之间的割裂

解决方式

线状种植园地：
对窗台、阳台或门前走廊护栏的台面留槽覆土，将其打造成为老年人的微型个性景观，以低廉的建造成本换取高效的空间利用。这里我们还可以看到种植园地模式与廊窗模式、功能边界模式、私属介入模式等进行组合的可能性。

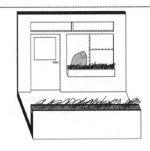

案例出处：De Drie Hoven 老年人之家
图片来源：赫茨伯格，2003.建筑学教程 1：设计原理 [M].仲德崑，译.天津：天津大学出版社.

面状种植园地：
除了开辟地面花园、在墙根种植爬墙类植物这些常规做法以外，还可以与功能边界模式相叠加，在建筑立面设置植草砖。在老年人参与种植的过程中，场地空间与建筑空间之间的割裂消失了。

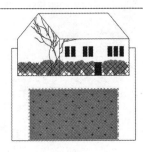

案例出处：退休牧师疗养院（Diocesan Priests House In Plasencia）
图片来源：韩国 C3 出版公社，2011.老年住宅 [M].张杰，赵敏，王思锐，译.大连：大连理工大学出版社：74.

体状种植园地：
在线状和面状种植园地的基础上，进一步与腔体模式、连续路径模式等进行组合，塑造形态丰富的立体绿色空间。

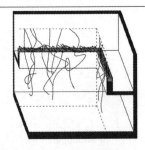

案例出处：养老金领取者之家和看护中心（Home For Pensioners And Nursing Home）
图片来源：费德森，吕德克，周博，等，2011.全球老年住宅：建筑设计手册 [M].孙海霞，译.北京：中信出版社：224.

图式化描述和命名　　"种植园地"

图 1-6 "种植园地"模式提取简述

本章小结

　　本章对使用后评价和建筑模式语言两方面的理论知识进行了梳理，旨在寻求必要的借鉴和支撑，确立研究工作的理论基础。

　　使用后评价所蕴含的实证主义精神及其多元丰富的科学的调查与分析方法，使其成为发现养老机构空间设计问题的有力途径。使用后评价的基本思想是在认识论上将建筑设计归入实证范式，其核心价值在于强调设计的科学化、民主化和社会化，它有助于拓展建筑设计思考的维度，有助于提高建筑设计程序的合理性，有助于提高建筑设计管理和决策的有效性。

建筑模式语言所强调的图式的"工具化"使用及其抽象提炼的过程，使其成为解决养老机构空间设计问题的有力途径。首先，作为空间现实问题与其应对策略之间的可视化的桥梁，图式是一把有效引导空间设计的利器，它为空间设计提供了直接而明确的指向，并为空间设计提供了深刻而普适的解答；其次，图式是一个思考与积累的容器，它是工作的目标，又是工作的辅助，图式的提炼与描述过程本身也是对所涉及问题本质的循序渐进的理解过程。

第二章 养老机构空间使用后评价先导性研究

2.1 市域养老机构总体状况分析

2.1.1 布局分析

以青岛市民政部门提供的养老机构基本信息[1]为基础，对各机构的地址信息进行核对与补充，最后将各机构的准确坐标位置落入地图，形成青岛市域养老机构空间布局图（图2-1）。如图2-1所示，青岛市域养老机构的空间布局存在两个比较明显的规律特征。

首先，机构的空间分布与城市化程度呈正比：在城市化程度最高的中心四区[2]里的机构分布最为密集；在城市化程度稍低的各个城市次中心地区里的机构分布次之；而在城市化程度最低的乡村地区里的机构分布最为稀疏。

其次，机构的数量分布存在量级差别：第一组量级差别存在于城市中心地区与各个城市次中心地区之间，前者的数量大约是后者的十倍；第二组量级差别存在于各个城市次中心地区与乡村地区之间，前者的数量大约是后者的十倍。

2.1.2 类型分析

养老机构存在许多种类型划分方式，比较常见的包括：根据建立时间划分、根据建设规模划分、根据物业产权划分、根据服务对象划分、根据运营方式划分、根据注册性质划分等。下面来分别介绍基于这六种方式的青岛市域养老机构类型划分结果。（表2-1）

1）根据机构建立时间划分

根据机构建立时间的不同，可以分成近生型（2005年至今）、中生型（1995年至2005年）、远生型（1995年以前）三种类型。

1995年以前，我国还没有全面进入老龄化社会，相对来说养老议题还未得到特别的重视，这一时期的机构数量很少，且绝大多数有着公办背景；1995年至2005年期间，我国全面进入了老龄化社会，养老议题逐步引起社会各界的关注，许多新的机构在这一时期逐步建立，民办背景的机构也开始大量涌现；2005年至今，我国人口老龄化的形势日益严峻，养老议题已经成为整个社会的关注热点，在这一时期里的机构建立数量越来越多，且民办背景的机构占据了主体。

1 数据统计时间为2014年。
2 "中心四区"是指市南区、市北区、李沧区和崂山区。

　　从市域全体机构来看，机构的建立数量处于逐步增多的状态，这与人口老龄化发展趋势相一致。其中，近生型机构最多，占比54%；中生型机构次之，占比36%；远生型机构最少，占比10%。

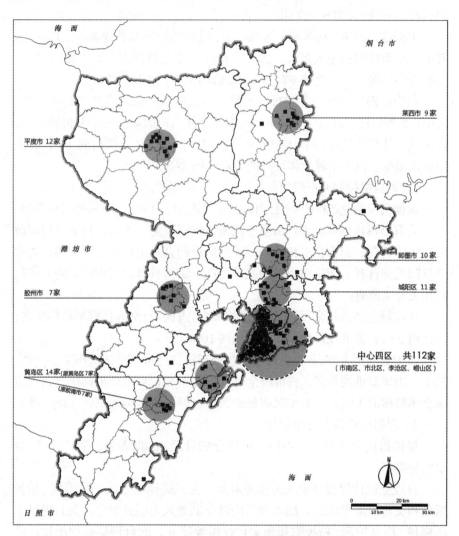

图 2-1　青岛市域养老机构空间布局图

　　从中心四区养老机构来看，各类机构的数量分布特征与市域全体机构相一致。其中，近生型机构最多，占市域全体机构的33%；中生型机构次之，占市域全体机构的23%；远生型机构最少，占市域全体机构的7%。（图2-2）

　　2）根据机构建设规模划分

　　根据机构建设规模的不同，可以分成特大型、大型、中型、小型四种类型。

　　GB 50867—2013《养老设施建筑设计规范》中规定：老年养护院规模等级划分标准为：小型 ≤ 100床、中型101~250床、大型251~350床、特大型 > 350床。养老院规模等级划分标准为：小型 ≤ 150床、中型151~300床、大型301~500床、特大型 > 500床。考虑到目前养老机构的分类管理尚不完善，同时，本小节的研究重点在于把握机构的宏观状况而非精细的数据排查，因此，本文在此对上述两套标准进行综合。将机构的规模等级划分标准统一为：小型 ≤ 125 床、中型 126~275 床、大型 276~425 床、特大型 > 425 床。

根据这一标准，在市域全体机构中，机构的数量与其规模等级成反比。其中，小型机构占绝大多数，占比约 62%；中型机构次之，占比约 22%；大型机构再次之，占比约 9%；特大型机构最少，占比约 6%。

在中心四区方面，各类机构的数量分布特征与市域全体机构相一致。其中，小型机构同样占绝大多数，占市域全体机构的 41%；中型机构次之，占市域全体机构的 15%；大型机构再次之，占市域全体机构的 7%；特大型机构最少，仅占市域全体机构的 1%。（图 2-3）

3）根据机构物业产权划分

根据机构物业产权的不同，可以分成公有型、自有型、租赁型三种类型。

公有型机构的基础硬件由政府或集体出资兴建或购买，物业产权归政府或集体所有；自有型机构的基础硬件由机构自身出资兴建或购买，物业产权归机构自有；租赁型机构的基础硬件由机构自身出资租赁，物业产权归相关业主所有。

从市域全体机构来看，租赁型机构最多，占比约 65%；自有型机构次之，占比约 25%；公有型机构最少，占比约 10%。

在中心四区方面，各类机构的数量分布特征与市域全体机构基本一致。其中，租赁型机构最多，占市域全体机构的 46%；自有型机构次之，占市域全体机构的 13%；公有型机构最少，占市域全体机构的 5%。（图 2-4）

4）根据机构服务对象划分

根据机构服务对象的不同，可以分成自理型、助养型、养护型、综合型四种类型。

自理型机构以自理老人为服务对象，为其提供辅助性生活照料、精神慰藉和文化娱乐等服务；助养型机构以介助老人为服务对象，为其提供生活照料、康复护理、精神慰藉和文化娱乐等服务，同自理型机构相比，助养型机构所提供的生活照料服务级别和比重更高；养护型机构以介护老人为服务对象，主要提供生活照料、康复护理、精神慰藉、文化娱乐和临终关怀等服务，同自理型和助养型机构相比，养护型机构所提供的生活照料服务级别和比重更高；综合型机构同时接收不同身体状况的老年人并提供相应的生活照料服务，兼具前三类机构的特点。

根据服务对象来划分机构，对政府、机构和老年人都有积极意义，这有利于政府对其进行分类管理、分类评估、分类补贴以及分类监管，有利于机构的分类配置、分类服务、分类收费，便于老年人按需选择。但是在现实情况中，许多机构对其所提供的服务内容和接收的老年人类型并不是十分的明确，而是往往同时接收多种类型的老年人。本书根据青岛市民政部门所提供的机构入住情况，若某一机构的入住老年人中某一类型的比例超过 50%，就将其划归为该类老人所对应的机构类型，如果入住老年人中没有任何一种类型比例超过 50%，就将其划归为综合型。

根据这一标准，在市域全体机构中，综合型机构最多，占比 39%；养护型机构次之，占比 31%；自理型机构再次之，占比 17%；助养型机构最少，占比 13%。

在中心四区方面，各类机构的数量分布特征与市域全体机构基本一致。其中，综合型机构最多，占比 25%；养护型机构次之，占比 23%；助养型机构再次之，占比 9%；自理型机构最少，占比 7%。（图 2-5）

5）根据机构运营方式划分

根据机构运营方式的不同，可以分为公办公营型、公办民营型、民办民营型三种类型。

随着社会福利社会化改革的推进，政府包办老年社会福利的局面被打破，社会力量参与到老年服务中来，出现了公办和民办两类机构。传统上，机构的运营主体和投资兴办主体是一致的，即公办公营和民办民营这两种类型。政府在逐渐转变自身职能的过程中，注意到了公办公营型机构效率低下、活力不足等方面的问题，进而探索将其所有权和运营权分离，引入专业社会力量进行管理运营，形成了公办民营型机构。

在公办公营型机构中，政府或集体组织不仅负责机构建设的资金投入和管理，还承担机构的人员经费，按照行政化的方式来运营管理；在公办民营型机构中，政府或集体组织只负责机构建设的资金投入和管理，由社会力量按照市场化的方式进行运营管理；在民办民营型机构中，机构的建设和运营都以社会力量为主体。

从市域全体机构来看，民办民营型机构最多，占比 83%；公办民营型机构次之，占比 10%；公办公营型机构最少，仅占市域全体机构的 7%。（图 2-6）

从中心四区机构来看，各类机构的数量分布特征与市域全体机构相一致。其中，民办民营型机构最多，占市域全体机构的 57%；公办民营型机构次之，占市域全体机构的 5%；公办公营型机构最少，仅占市域全体机构的 3%。

6）根据机构注册性质划分

根据机构注册性质的不同，可以分为事业单位型、民办非营利型、民办营利型三种类型。

事业单位型机构的注册登记部门是事业单位管理登记机关，其提供的服务是政府和集体组织供给的社会福利；民办非营利型机构的注册登记部门是民政部门，按照兼顾公益性和市场化的方式运营，民办非营利型机构并非不能营利，只是其盈利不能用于分红，而只能用于机构的继续发展；民办营利型机构的注册登记部门是工商行政管理部门，主要按照市场化的

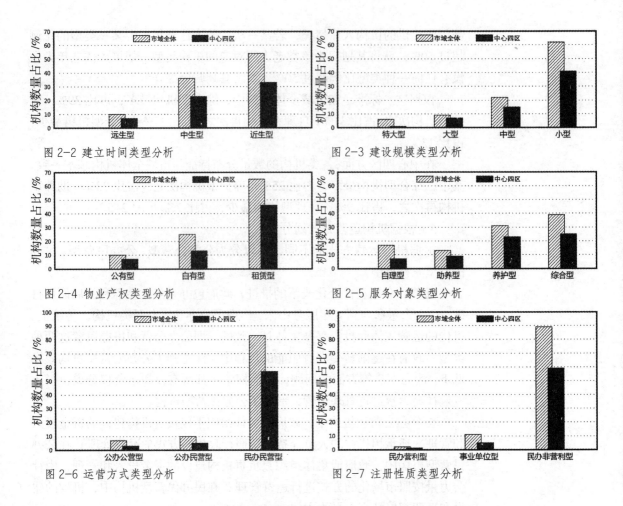

图 2-2 建立时间类型分析

图 2-3 建设规模类型分析

图 2-4 物业产权类型分析

图 2-5 服务对象类型分析

图 2-6 运营方式类型分析

图 2-7 注册性质类型分析

表 2-1 市域养老机构类型分析数据

类型划分		中心四区		市域全体	
		数量/家	比重（占市域全体）/%	数量/家	比重/%
建立时间	远生型	13	7	18	10
	中生型	41	23	63	36
	近生型	58	33	94	54
建设规模	特大型	2	1	11	6
	大型	12	7	16	9
	中型	26	15	39	22
	小型	72	41	109	62
物业产权	租赁型	81	46	114	65
	自有型	22	13	44	25
	公有型	9	5	17	10
注册性质	事业单位	8	5	18	10
	民办非营利型	102	58	153	88
	民办营利型	2	1	4	2
服务对象	自理型	13	7	30	17
	助养型	16	9	23	13
	养护型	40	23	54	31
	综合型	43	25	68	39
运营方式	公办公营型	5	3	12	7
	公营民营型	8	5	17	10
	民办民营型	99	57	146	83

方式运营，具有一般的企业性质，允许获取收益。

由于国家目前对民办机构的土地优惠、财政补贴、税费减免等扶持政策主要面向民办非营利型机构，因此绝大多数的民办机构都通过民政部门进行注册登记。

从市域全体机构来看，民办非营利型机构最多，占比88%；事业单位型机构次之，占比10%；民办营利型机构最少，仅占2%。

从中心四区机构来看，各类机构的数量分布特征与市域全体机构相一致。其中，民办非营利型机构最多，占市域全体机构的58%；事业单位型机构次之，占市域全体机构的5%；民办营利型机构最少，仅占市域全体机构的1%。（图2-7）

总而言之，无论从哪一种类型的划分方式来看，中心四区机构的类型配比特征都与市域全体机构的类型配比特征保持着很高的相似性，因此，中心四区养老机构可以看作是市域全体养老机构的缩影。

2.1.3　数量分析

1）机构数量与床位数量分析

在机构数量方面，青岛市域范围内已经建成投入运营的机构共计175家。其中，中心四区机构共112家，占比64%；其他各区机构共63家，占比36%。中心四区机构数量占据了市域全体机构数量的一大半。（图2-8）

在床位数量方面，市域全体机构内一共拥有30 626张养老床位。其中，中心四区机构共15 988张，占比52%；其他各区机构共14 638张，占比48%。中心四区机构的床位数量超过了市域全体机构数量的半数。（图2-9）

由此可见，中心四区养老机构占据着市域全体养老机构的主体地位，其空间问题很大程度上可以代表市域全体养老机构的空间问题。

2）机构老人数量与入住率分析

在入住老人数量方面，市域全体机构内共有15 164名老年人入住。其中，中心四区机构共10 156人，占比67%；其他各区机构共5 008人，占比33%。中心四区机构的入住老年人数量占据了市域全体机构入住老年人数量的一大半。（图2-10）

在入住率方面，市域全体机构的总体平均入住率为49%。其中，中心四区机构的总体平均入住率尚可，为73%，明显高于市域全体机构的总体平均入住率，且各区机构的平均入住率均明显高于市域全体机构的总体平均入住率；其他各区机构的总体平均入住率不佳，为43%，明显低于市域全体机构的总体平均入住率，且莱西市、胶州市的机构入住率严重低下。（图2-11）

由此可见，中心四区养老机构在总体上处于相对良好的运营状态，具备相对适宜的使用后评价实施外部环境。

3）机构总建筑面积与床均建筑面积分析

在机构总建筑面积方面，市域全体机构的总建筑面积为810 453 m²。

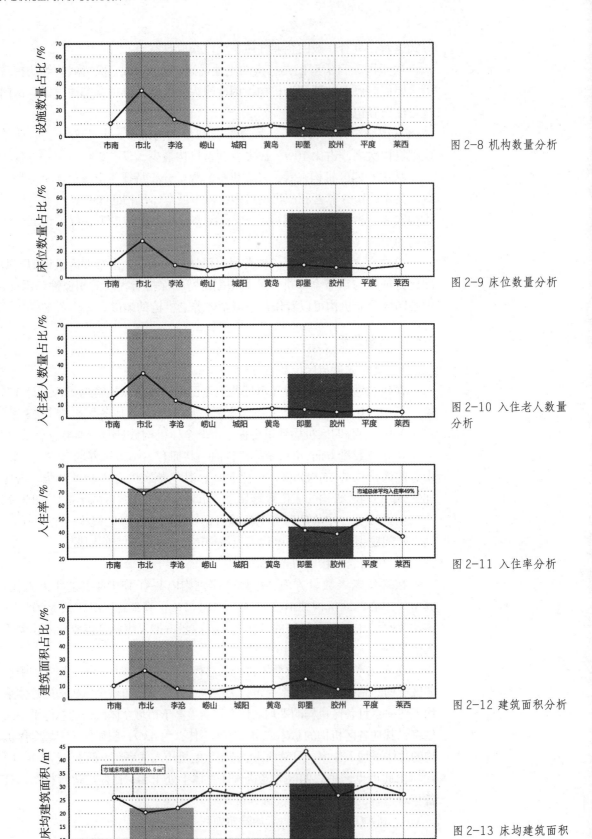

图 2-8 机构数量分析

图 2-9 床位数量分析

图 2-10 入住老人数量分析

图 2-11 入住率分析

图 2-12 建筑面积分析

图 2-13 床均建筑面积分析

表 2-2　市域养老机构数量分析数据

		市南	市北	李沧	崂山	城阳	黄岛	即墨	胶州	平度	莱西
机构数量	各区数量 / 家	18	62	23	9	11	14	10	7	12	9
	比重 /%	10	35	13	5%	6	8	6	4	7	5
	分组合计 / 家	112				63					
	比重 /%	64				36					
	全体合计 / 家	175									
床位数量	各区数量 / 张	3 104	8 711	2 763	1 410	2 856	2 350	2 778	2 142	1 956	2 556
	比重 /%	10	28	9	5	9	8	9	7	6	8
	分组合计 / 张	15 988				14 638					
	比重 /%	52				48					
	全体合计 / 张	30 626									
老人数量	各区数量 / 人	2 231 人	5 115 人	1 994 人	816 人	945 人	1 131 人	858 人	605 人	803 人	666 人
	比重 /%	15	34	13	5	6	7	6	4	5	4
	分组合计 / 人	10 156				5 008					
	比重 /%	67				33					
	全体合计 / 人	15 164									
入住率	各区入住率 /%	81	70	81	69	42	58	41	38	50	36
	分组入住率 /%	72				43					
	全体入住率 /%	49									
建筑面积	各区面积 /m²	77 547	177 133	60 480	40 400	76 309	72 929	120 237	56 424	60 175	68 819
	比重 /%	10	22	7	5	9	9	15	7	7	9
	分组合计 /m²	355 560				454 893					
	比重 /%	44				56					
	全体合计 /m²	810 453									
床均面积	各区平均 /m²	25.0	20.3	21.9	28.7	26.7	31.0	43.3	26.3	30.8	26.9
	与规范要求差 /m²	−2.0	−6.7	−5.1	+1.7	−0.3	+4.0	+16.3	−0.7	+3.8	−0.1
	分组平均 /m²	22.2				31.1					
	与规范要求差 /m²	−4.8				+4.1					
	全体平均 /m²	26.5									

注：计算平均数时以全体机构数据或各分组机构数为分母，故不能单独按表格中平均数基础上再算平均。

1　养老机构的建筑面积标准参考老年养护院。《养老设施建筑设计规范》（GB 50867—2013）规定，老年养护院各类用房最小使用面积指标为：生活用房12.0 m²/床、医疗保健用房3.0 m²/床、公共活动用房4.5 m²/床、管理服务用房7.5 m²/床，合计27.0 m²/床。

其中，中心四区机构的总建筑面积为 355 560 m²，占比 44%；其他各区机构的总建筑面积为 454 893 m²，占比 56%。中心四区机构的总建筑面积未达到市域全体机构总建筑面积的一半，相对其机构数量来说，这一数据明显偏低了。（图 2-12）

在床均建筑面积方面，市域全体机构的总体床均建筑面积为 26.5 m²，这与机构的建筑面积标准[1]比较接近，说明市域全体机构的建筑面积是基本符合规范要求的。其中，其他各区机构的总体床均建筑面积为 31.1 m²，明显高于规范要求，且各区机构的床均建筑面积均未明显低于规范要求；中心四区机构的总体床均建筑面积为 22.2 m²，明显低于规范要求，且市北区和李沧区机构的床均建筑面积明显低于规范要求。（图 2-12）

由此可见，中心四区养老机构的总体建筑规模偏小，建筑面积指标偏低，空间相对紧张局促，机构空间所存在的问题可能更为显著。

2.2 确立养老机构空间使用后评价要素系统

2.2.1 基本评价要素

挑选青岛市域范围内若干家类型各异的养老机构，以无结构式非参与性观察与开放式访谈为主要手段，对其展开实地调研：对机构空间系统构架与环境细节进行深入的观察；对各类入住老年人进行关于机构空间基本价值观念的访谈。基于试探性调研的主要结论，提炼出 7 个最为主要的兼备影响力与普遍性的机构空间基本构成要素——既能显著影响老年人的空间使用感受，同时又普遍存在于空间系统的各个层域。

将这 7 个要素作为养老机构空间使用后评价的基本要素，简称“基本评价要素”，分别命名为：“气候生态”“环卫整理”“无障碍设施”“器具设备”“效能实用”“外观样式”“建设水准”。

这是对养老机构空间系统的横向分解。

2.2.2 一级评价要素

通过对青岛市域范围内大量养老机构的实地调研，可以发现，设计者通常所采取的空间认知视角与老年人通常所采取的空间认知视角之间存在明显的差异。

对设计者来说，机构空间是一个基于静态化功能划分与布置的横向图纸，其空间体验建立在非使用者的间接感知之上，各部分空间的边界是相对明确的。而对老年人来说，机构空间是一个由动态化空间片段纵向构成的有机序列，空间体验建立在使用者全息式的直接感知之上，各部分空间的边界是相对模糊的，是与平面图纸标识的空间边界不尽相同的。比如，机构平面所标识的空间功能边界通常不超过其用地红线，而调研显示，机构用地红线与老年人的空间感知关系并不太大，在他们眼中，通常把机构用地红线外部与养老机构相连或邻近的一部分空间认作养老机构空间。

因此，想要准确把握养老机构各类空间问题的实质，推动养老机构空间环境的人本回归，首先需要尽力避免先入为主、与使用者相分离的空间认知与研究视角，并建立起基于老年人实际使用的动态化纵向空间认知与研究视角。在这样的视角下，根据老年人日常空间使用范围的不同层次，本书将养老机构空间系统划分为床位空间、居室空间、建筑空间、场地空间、城市空间五个不同的空间层域。

这是对养老机构空间系统的纵向分解。

老人 —— 床位空间 — 居室空间 — 建筑空间 — 场地空间 — 城市空间 —— 环境

图 2-14 基于老年人使用视角的机构养老设施空间层域划分。

各个空间层域的具体内涵如下。

1）床位空间：指老年人个人用床做控制的空间。具体来说，它包括床的平面投影范围内房间地面到天花板之间的空间，以及容纳老年人身体与床接触前提下所做的躺、坐、靠等多种行为动作的余地空间。[1]

2）居室空间：指老年人生活房间中除了床位空间以外的部分。

3）建筑空间：指养老机构室内空间中除了居室空间以外的公共部分。

4）场地空间：指养老机构用地范围内的室外空间中的公共部分。

5）城市空间：指养老机构周边城市空间[2]中的室外公共部分。

以此为基础，确立4项养老机构空间使用后评价一级要素，简称"一级评价要素"，分别命名为：K1居室空间（对应床位空间层域和居室空间层域）、K2建筑空间（对应建筑空间层域）、K3场地空间（对应场地空间层域）、K4城市空间（对应城市空间层域）。

2.2.3　二级评价要素

将"基本评价要素"与"一级评价要素"进行交叉，得到28项养老机构空间使用后评价二级要素，简称"二级评价要素"。由此，本书建立了养老机构空间使用后评价要素系统，为后续各项评价研究工作奠定了基础。（表2-3）

本章小结

本章对青岛市域养老机构的总体状况进行了分析，并确立了养老机构空间使用后评价的要素系统，旨在为使用后评价的有效实施打好基础。

一方面，本章从布局、类型和数量三个方面分析了青岛市域养老机构的总体状况，为下一步空间风貌状况评价的样本确定提供了依据。首先，机构的空间分布与城市化程度呈正比，中心四区的机构数量远远大于市域其他地区，并超过市域全体机构数量的一半，同时，中心四区机构的类型配比特征与市域全体机构的类型配比特征十分相似，因此，中心四区机构的空间问题很大程度上可以代表市域全体机构的空间问题；其次，中心四区机构在总体上处于相对良好的运营状态，具备相对适宜的使用后评价实施外部环境；最后，中心四区机构的总体空间资源相对紧张局促，机构空间所存在的问题可能更为显著。

另一方面，本章确立了包含基础评价要素、一级评价要素、二级评价要素的养老机构空间使用后评价要素系统，为后续各项评价研究工作奠定了基础。首先，通过对机构空间系统的横向分解，提炼出7个基本评价要素；接着，通过对机构空间系统的纵向分解，提炼出4个一级评价要素；最后，将基本评价要素与一级评价要素进行交叉，得到28个二级评价要素。（表2-3）

1　由于床位空间与居室空间的边界比较模糊且联系过于紧密，为了研究便利，在通常情况下，将居室空间与床位空间作为整体一并讨论，即在未明确提及"床位空间"时，文中的"居室空间"指的是"居室空间"与"床位空间"的联合。

2　根据与老年人日常生活关联的密切程度，可以将养老机构外部的城市空间划分成周边城市空间、外围城市空间两个部分。王江萍在其著作《老年人居住外环境规划与设计》（2009）中提道："一般情况下，健康老年人的步行疲劳极限是10分钟，步行距离大约450 m。"以此推断，在不疲劳的前提下，老年人进行一次中途不休息的步行来回，所能到达的设施外部最远距离大约为225 m，考虑到设施内部的距离要素，综合考量下，本书将以大致上的设施用地形状几何中心为圆心所做出的半径250 m的圆，作为周边城市空间与外围城市空间之间的边界。

表 2-3　养老机构空间使用后评价要素系统

基本评价要素	一级评价要素	二级评价要素	
气候生态	K1 居室空间	K1-1 居室空间气候生态	居室空间的采光通风条件、环境噪声水平等方面的综合
		K1-2 居室空间环卫整理	居室空间的环境卫生情况、物品收纳情况等方面的综合
		K1-3 居室空间无障碍设施	居室空间的各类无障碍设施的综合
		K1-4 居室空间器具设备	居室空间的各类家具、电器、设备、器械等生活服务用品的综合
环卫整理		K1-5 居室空间效能实用	居室空间功能的合理性、实用性等方面的综合
		K1-6 居室空间外观样式	居室空间的形式尺度、环境装饰、色彩搭配、材料质感等方面的综合
		K1-7 居室空间建设水准	居室空间的材料档次、施工水准、维护现状等方面的综合
	K2 建筑空间	K2-1 建筑空间气候生态	建筑空间的采光通风条件、环境噪声水平等方面的综合
		K2-2 建筑空间环卫整理	建筑空间的环境卫生情况、物品收纳情况等方面的综合
无障碍设施		K2-3 建筑空间无障碍设施	建筑空间的各类无障碍设施的综合
		K2-4 建筑空间器具设备	建筑空间的各类家具、电器、设备、器械等生活服务用品的综合
		K2-5 建筑空间效能实用	建筑空间功能的合理性、实用性等方面的综合
器具设备		K2-6 建筑空间外观样式	建筑空间的形式尺度、环境装饰、色彩搭配、材料质感等方面的综合
		K2-7 建筑空间建设水准	建筑空间的材料档次、施工水准、维护现状等方面的综合
	K3 场地空间	K3-1 场地空间气候生态	场地空间的采光通风条件、环境噪声水平、景观绿化状况等方面的综合
		K3-2 场地空间环卫整理	场地空间的环境卫生情况、物品收纳情况、车辆停放情况等方面的综合
效能实用		K3-3 场地空间无障碍设施	场地空间的各类无障碍设施的综合
		K3-4 场地空间器具设备	场地空间的各类景观廊亭、休闲桌椅、健身器材等方面的综合
		K3-5 场地空间效能实用	场地空间功能的合理性、实用性等方面的综合
		K3-6 场地空间外观样式	场地空间的形式尺度、环境装饰、色彩搭配、材料质感等方面的综合
外观样式		K3-7 场地空间建设水准	场地空间的材料档次、施工水准、维护现状等方面的综合
	K4 城市空间	K4-1 城市空间气候生态	城市空间的采光通风条件、环境噪声水平、景观绿化状况等方面的综合
		K4-2 城市空间环卫整理	城市空间的环境卫生情况、物品收纳情况、车辆停放情况等方面的综合
		K4-3 城市空间无障碍设施	城市空间的各类无障碍设施的综合
建设水准		K4-4 城市空间器具设备	城市空间的各类景观廊亭、休闲桌椅、健身器材等方面的综合
		K4-5 城市空间效能实用	城市空间功能的合理性、实用性等方面的综合
		K4-6 城市空间外观样式	城市空间的形式尺度、环境装饰、色彩搭配、材料质感等方面的综合
		K4-7 城市空间建设水准	城市空间的材料档次、施工水准、维护现状等方面的综合

第三章 养老机构空间风貌状况评价

3.1 前期准备

3.1.1 评价路线设计

3.1.1.1 明确评价内容与目的

本章研究内容属于基于客观事实的非介入性评价研究范畴。运用结构式非参与性观察方法，对青岛市中心四区养老机构空间的总体分布、环境质量与组织模式进行系统深入的调研与评价，以准确掌握养老机构空间的环境实态，探寻养老机构空间系统中存在的核心问题。

3.1.1.2 明确评价主体与样本

空间风貌状况评价的主体为专业建筑设计人员。

基于前文对市域养老机构总体状况的主要分析结论，将空间风貌状况评价的样本机构选定为分布在中心四区的共计112家养老机构。（样本机构基础信息见附录5-1、附录5-2）。

3.1.1.3 明确评价规则与结构

首先，对空间风貌状况评价样本机构的基本信息进行核查整理，作为后续研究工作的基础，随后，以空间层域为纵向观察结构，以基本评价要素为横向观察结构，对样本机构的空间风貌状况进行结构式非参与性观察；然后，通过对基础调研信息的分类整理和相互比较，形成空间环境质量和空间组织模式两个方面的描述性分类评价参照标准（附录1-2、附录1-3）；并以此为对比依据，再次结合基础调研信息，做出空间环境质量和空间组织模式的评价（附录1-4、附录1-5）。空间风貌状况评价的总体结构如图3-1所示。

图 3-1 空间风貌状况评价总体结构

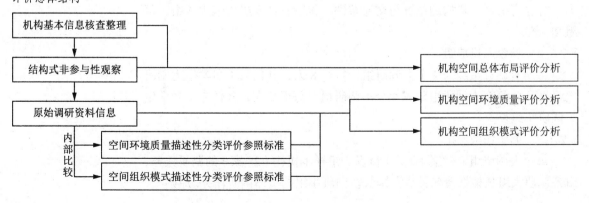

3.1.2 相关事务性准备

3.1.2.1 公关准备

依托青岛市城市规划设计研究院与青岛市民政部门的联系对接，由民政部门开具调研任务介绍信。

3.1.2.2 人员准备

聘请 32 名青岛理工大学建筑设计专业本科生作为调查员。

3.1.2.3 技术准备

就空间使用后评价要素系统、调研任务、调研要点、调研技巧、调研成果模板范例、调研成果要求细则、特殊注意事项等相关内容对调查员进行事先解释与培训。

3.1.2.4 材料准备

由调研总负责人在正式调研实施前落实以下材料：

1）青岛市民政部门开具的调研任务介绍信。

2）调查员的工作证。

3）调查员的文具（写字板、笔）。

4）打印好的样本机构的地址信息与联系方式表若干。

5）拍摄工具（调查员自带手机或数码相机）。

6）发送给调查员的调研成果要求细则及调研成果模板范例电子文档。

7）发送给调查员的样本机构周边现状的 CAD 电子文档。

3.1.2.5 安全准备

针对调研实施期间涉及的相关安全问题，对调查员进行教育叮嘱，并事先为每一名调查员购买调研实施期间的人身安全保险。

3.2 中期实施

3.2.1 数据资料采集

3.2.1.1 样本机构编组

综合考虑样本机构的位置与交通条件，将所有样本机构编为 4 组，每组 28 家。

3.2.1.2 调查人员编组

将所有调查员编为 4 个大调研组，每组 8 人，并任命 1 名学生为调研大组长；将每个大调研组分成 4 个小调研组，每组 2 人，并任命 1 名学生为调研小组长。

3.2.1.3 调研任务安排

每个大调研组（8 名调查员）负责一组样本机构（28 家）的调研任务，由各调研大组长根据情况灵活安排所辖调研小组的具体调研任务。原则上，调研实施过程中以调研小组（2 名调查员）为行动单位。每家样本机构的调研成果内容包括：① 样本机构总体三维模型；② 样本机构总平面示意图；③ 样本机构建筑平面示意图；④ 能够清晰准确地反映样本机构各个空间层域风貌状况的照片（每个空间层域的照片不低于 20 张，内容不可重复）。

3.2.1.4 调研实施过程

2016 年 5 月 21 日至 23 日，调研总负责人带领各调研大组长对 3 家样本机构（SN01 青岛福彩养老院隆德路老年公寓、SN05 市南区乐万家老年公寓金坛路分院、LC01 李沧区社会福利院）进行试调研，并制作形成调研成果模板范例与调研成果要求细则。

2016 年 6 月 4 日至 10 日，由各调研大组长负责，对剩余样本机构进行正式调研，并根据相关要求制作形成调研成果。

3.2.2 数据资料整理

3.2.2.1 集中数据资料

2016 年 6 月 11 日，由调研大组长对各组调研成果进行集中，并将之提交至调研总负责人处。

3.2.2.2 复核数据资料

2016 年 6 月 11 日至 17 日，由调研总负责人召集各调研大组长，对调研成果进行复核，对不符合要求的调研成果进行修改和补充。

3.2.2.3 整理数据资料

2016 年 6 月 18 日至 24 日，由调研总负责人召集各调研大组长，对复核后的调研成果内容进行筛选，并将提取的重点信息按照预先设计好的格式制作形成空间风貌状况评价样本机构调研信息概览（附录 1-1）。

3.3 后期分析

3.3.1 空间总体分布评价分析

3.3.1.1 城市建设发展时序角度

养老机构空间总体分布与城市建设发展时序呈正相关关系。

如图 3-2 所示，我们使用顺应城市空间形态的网格，大致上，自西向东将城市空间分为西部、中部、东部三个部分，自南向北将城市空间分为近海区、中海区、远海区三个部分，共九个区域。其中，青岛市老城区的主体部分就位于最西南部的区域内，青岛市的城市建设伴随着殖民式统治而展开，19 世纪末至 20 世纪中叶的半个多世纪中，德国与日本侵略者基于自身目的逐步开发、建设青岛，在一定程度上，为后期青岛建设打下了基础，使其从一个普通的小渔村迅速发展成为位居前列的国内重要城市。除此之外，较早得以发展的城市区域还有西部和近海区，或者说是靠近南

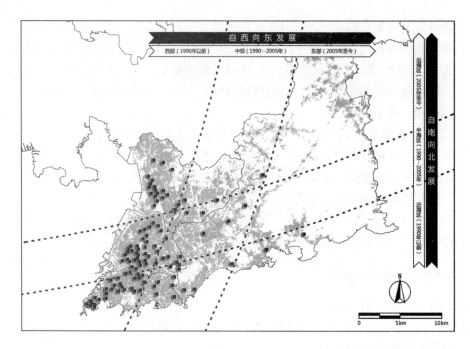

图 3-2 设施总体空间布局与城市建设发展时序

部和西部的海岸线的城市区域，在 20 世纪 90 年代以前，城市建设发展的范围主要集中在这些区域。其中，西部海岸线的主要发展驱动力是工业与运输，青岛港是我国北方拥有重要军事和经济地位的天然良港，围绕港口建立的铁路与工业使这一区域发展起来；南部海岸线的主要发展驱动力是居民生活和旅游，崂山有着"海上名山第一"的美誉，高耸奇秀的花岗岩山体与大海直接相连，南部海岸线背山面海，环境优美、气候舒适，是珍贵稀缺的理想居住地，也吸引着大量游客前来观光。20 世纪 90 年代以来，随着改革开发的深入，我国城市逐步进入快速开发建设时期，近三十年的时间里，除了东部的部分山区不太适宜大规模开发建设以外，青岛市中心四区已基本全面实现城市化。总体上，青岛市中心四区建设发展的空间时序表现为从西南向东北的发展过程，将养老机构分布规律与之进行比对，可以发现，二者表现出十分相似的趋势：养老机构更集中地分布在西部和近海区，其次为中部和中海区，而在东部和远海区的数量较为稀少。

3.3.1.2 老年人口分布密度角度

养老机构空间总体分布与老年人口分布密度呈正相关关系。

根据青岛市 2010 年第六次全国人口普查中的老年人口资料，我们计算出中心四区下属各个街道办事处的老年人口密度，将其分别归入小于 1 000 人 /km²、1 000~2 000 人 /km²、2 000~3 000 人 /km² 三个数值范围，并配以不同的颜色，如图 3-3 所示。可以看到，老年人口分布密度与城市建设发展时序之间也有着紧密的关联，二者的趋势基本上一致：越早发展的城市区域，其老年人口的分布密度也越高，而新近开发建设的城市区域的老年人口分布密度则比较稀少。与此同时，机构分布与老年人

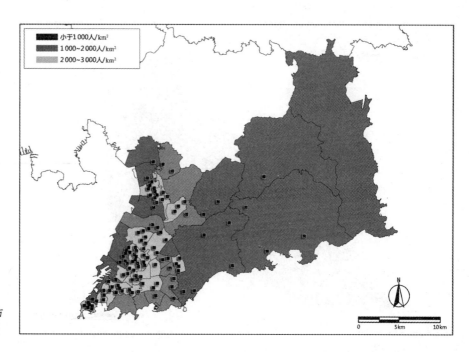

图 3-3 设施总体空间布局与老年人口分布密度

口分布密度二者之间的趋势十分一致：老年人口越密集的区域，机构的数量也越多，反之则越少。其中，老年人口分布密度最高同时也是机构分布最为密集的地段分别为团岛区域、台东区域、老四方区域、老沧口区域，这四个区域都是改革开放初期的中心城市区域和主要人口聚居区，人口主体以普通城市工人为主，他们的经济收入与迁徙能力比较低，随着时代变迁，逐步形成了现今高密度的老年人口。老年人不太希望离开熟悉的社会环境而到偏远地段的养老院里生活，在相同情况下，他们更希望养老院距离他们原先的居住地更近。某种程度上，青岛市中心四区养老机构分布趋势与老年人口分布密度之间的正相关关系体现了这一点。

3.3.1.3 优质自然景观区域角度

养老机构总体空间分布与优质自然景观区域呈负相关关系。

青岛以优质的山海景观闻名于世，如图 3-4 所示，中心四区内的优质自然景观区域可以大致分为"一带"和"一片"。其中，"一带"指的是南部滨海地带与崂山山脉共同构成的背山面海的地段，物以稀为贵，资源稀缺造就的高昂地价让它还有着"金边"的称谓，各类高端住宅、酒店、疗养院、商务办公楼、旅游设施、大型公共设施大量在此聚集，而普通养老机构难以在这些地价或租金高昂的城市地段中立足。"一片"指的是包含诸多著名旅游景点的崂山主体山脉，从图 3-4 中可以看到，分布在此的养老机构也是凤毛麟角，除了经济和运营方面的原因，造成这一局面的原因可能还在于，这里的大部分地段不适合进行大规模城市开发建设，生活配套设施相对不足，同时也与老年人熟悉的城市生活环境距离较远，因此，大多数老年人不愿将其作为晚年生活地点的首选。可以说，中心四区内的

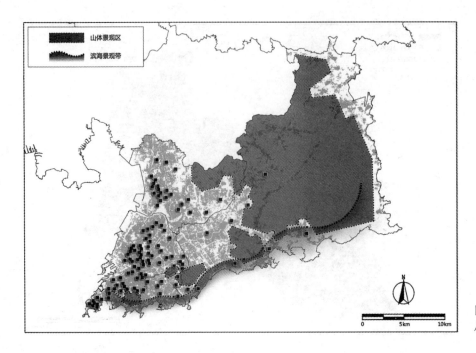

图 3-4 设施总体空间布局与优质自然景观区域

优质自然景观区域基本上与养老机构无缘，或者说，养老机构分布地带的自然景观环境比较一般。

3.3.1.4 主要工业、商业区域角度

养老机构空间总体分布与城市主要工业、商业区域呈负相关关系。

除了上述三条规律以外，养老机构的总体分布还有另外一个显著特征，那就是避开了主要的工业地带与商圈，如图 3-5 所示。一方面，中心四区主要的工业地带呈现一个"T"字形，其中一条边为西部海岸线周边围绕港口与铁路的南北向工业带，另一条边为李沧区与市北区、崂山区接合部的东西向工业带，可以看到，这个"T"字形区域内没有分布任何养老机构。另一方面，在中心四区内的主要商圈中很少有养老机构出现，尽管在机构分布较为稀少的东部地区中似乎看不出养老机构与商业区之间的关联，但这一规律在机构分布较为集中的西部和中部体现得十分明显。比如位于最西侧的台东商圈，作为青岛历史最为悠久的商圈之一，其周边城市地段也在德国殖民式统治时期就已开始建设，目前的老年人口密度与养老机构密度也是四区中最高的，然而养老机构却纷纷绕过商圈，分布在其外围。

综上所述，中心四区养老机构所栖息的总体城市环境很一般。养老机构所栖息的城市环境受到土地价格因素、交通距离因素、设施配套因素等多个方面的综合影响，与建设发展较早的、周边配套较为稳定成熟的住宅区结合十分紧密，养老机构周边环境比较老旧拥挤、自然景观条件与综合空间活力不算太高、各方面建设和配套标准偏低。

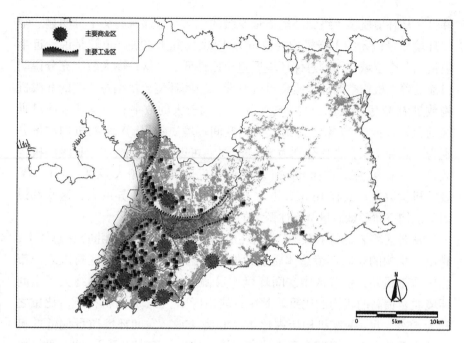

图 3-5 设施总体空间布局与主要工业、商业区域

3.3.2 空间环境质量评价分析

3.3.2.1 空间环境质量等级划归分析（数据统计资料见附录1-6～附录1-8）

根据空间环境质量等级划归规则（表 3-1），得到样本机构的空间环境质量等级划归结果，并对其进行统计分析。

表 3-1 空间环境质量等级划归规则

二级评价要素等级划归	以养老机构空间风貌状况调研照片为基础，根据空间环境质量描述性分类评价参照标准，将各个二级评价要素与对应的"优""良""中""差"参照标准进行对比判断，并将其划归至最为接近的环境质量等级之中
一级评价要素等级划归	根据二级评价要素的等级划归结果，在每个一级评价要素所辖的7项二级评价要素中：若不少于4项为"优"或"良"，则将该一级评价要素划归为"上等"，用"★"表示；若不少于4项为"中"或"差"，则将该一级评价要素划归为"下等"，用"☆"表示
总体等级划归	根据一级评价要素的等级划归结果，在每家机构所辖的4项一级评价要素中：若"★"数量为0，则将其空间环境质量总体等级划归为Ⅰ级；若"★"数量为1，则将其空间环境质量总体等级划归为Ⅱ级；若"★"数量为2，则将其空间环境质量总体等级划归为Ⅲ级；若"★"数量为3，则将其空间环境质量总体等级划归为Ⅳ级；若"★"数量为4，则将其空间环境质量总体等级划归为Ⅴ级

1）总体等级划归分析

从全体机构来看，其总体空间环境质量较为低下。如图 3-6 所示，机构数量与其空间环境质量总体等级呈负相关关系，空间环境质量总体等级越低，其机构数量越多，空间环境质量总体等级越高，其机构数量越少，并且，从环境质量Ⅰ级到环境质量Ⅴ级的机构数量递减趋势十分明显。空间环境质量最差的Ⅰ级机构的数量为47家，占比42%，也就是说，近半数机构各个层域空间的总体环境质量全面性低下，这一庞大数字充分说明目前的养老机构空间环境质量亟待改善；空间环境质量稍好一些的Ⅱ级机构数量为32家，占比29%，这也是一个比较大的数字；空间环境质量Ⅲ级的机构数量为17家，占比15%；空间环境质量Ⅳ、Ⅴ级的机构数量分别为9家和7家，占比分别为8%和6%。可以看到，Ⅰ、Ⅱ、Ⅲ级的机构数量一共有96家，占比86%，占据调查机构数量的绝大多数；而Ⅳ、Ⅴ级的机构数量一共有16家，占比14%，与前者相比差异巨大，这些都说明了机构空间环境质量全面性低下的事实。

从各区养老机构来看，其空间环境质量总体水平不尽相同，在总体上，崂山区机构的空间环境总体质量最好，市南区次之，李沧区再次之，市北区质量最差，但各区中空间环境质量偏低的机构的比重始终大于空间环境质量偏高的机构的比重。其中，崂山区Ⅰ、Ⅱ、Ⅲ级机构所占比重之和为55%，Ⅳ、Ⅴ级机构所占比重之和为45%，空间环境质量偏低的机构的比重稍大于空间环境质量偏高的机构比重。而市南区Ⅰ、Ⅱ、Ⅲ级机构占比之和为83%，Ⅳ、Ⅴ级机构占比之和为17%；李沧区Ⅰ、Ⅱ、Ⅲ级机构占比之和为87%，Ⅳ、Ⅴ级机构占比之和为13%；市北区Ⅰ、Ⅱ、Ⅲ级机构占比之和为91%，Ⅳ、Ⅴ级机构占比之和为9%。可以看到，这三个区中，空间环境质量偏低的机构的比重远远大于空间环境质量偏高的机构的比重。

2）一级评价要素等级划归分析

在全体机构中，建筑空间的"上等"数量最多，占比37%，其次是场地空间，占比26%，再次为居室空间和城市空间，分别占比25%和21%。数据显示，中心四区机构空间的总体环境质量比较差。

在各区机构中，市北区与李沧区机构中各"上等"一级评价要素的比重较为接近，且与全体机构的总体趋势相类似，也可以说，由于市北区和李沧区的机构数量占全体机构数量的绝大部分，因而影响了一级评价要素

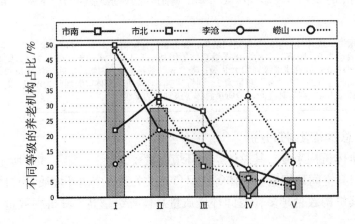

图3-6 空间环境质量
总体等级划归分析

等级划归的总体趋势。崂山区机构中的各"上等"一级评价要素的比重与全体机构总体趋势有所不同，其居室空间、建筑空间、场地空间的比重相同，城市空间则明显低于前三者；市南区机构中的各"上等"一级评价要素的比重与全体机构总体趋势也有所不同，按照居室空间、建筑空间、场地空间、城市空间的顺序从高到低依次排列。

对比四条"上等"一级评价要素比重曲线，可以看到，市南区最高，比其略低的是崂山区，李沧区列第三位，市北区最低，但与此同时，四条曲线中的所有数值均未超过50%。这说明机构空间环境质量低下的问题是全面性的。

3）二级评价要素等级划归总体分析

图3-7显示了，全体机构中"优""良"二级评价要素的合计比重。

调查显示，从全体二级评价要素来看："优""良"等级的合计比重约为31%，而"中""差"等级的合计比重约为69%，前者远远低于后者，数据显示，机构空间环境质量存在明显的问题。

从同组二级评价要素来看：在K2建筑空间中"优""良"等级的合计比重与"中""差"等级的合计比重的差距最小，约38%比62%；其次是K1居室空间，约35%比65%；再次为K4城市空间，约27%比73%；在K3场地空间中二者的数值差距最大，约24%比76%。可以看到，在各个空间层域中，较好环境的数量都远远低于较差环境的数量，这说明养老机构空间环境质量低下的问题是全面性的。

从单项二级评价要素来看：除了K1-1气候环境、K2-2环卫整理这两项以外，其余二级评价要素的"优""良"等级的合计比重全部低于50%，而这其中，除了K2-3无障碍设施、K2-6外观样式、K2-7建设水准、K4-1气候生态、K4-7建设水准这五项以外，其余二级评价要素的"优""良"等级的合计比重全部低于40%。这再次说明养老机构空间环境质量低下的问题是全面性的。

将隶属不同一级评价要素的二级评价要素作分组观察，可以发现，在每组二级评价要素中都存在一个最低值，而这四个最低值的要素属性都是

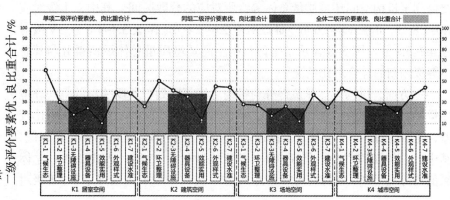

图3-7　二级评价要素等级划归总体分析

"效能实用"。这说明"效能实用"低下是最为严重的养老机构空间环境质量问题。

4）二级评价要素等级划归具体分析

附录1-8显示了，全体机构中"优""良""中""差"二级评价要素的各自比重。

从总体平均数值来看："中"的总体平均数值42%，明显高于其他；其次为"良"，其总体平均数值约为26%；再次为"差"，其总体平均数值约为15%；"优"的总体平均数值最低，仅为5%左右。数据显示，机构空间环境质量存在明显的问题。

从总体数值起伏来看："优"的数值变化最小，始终在10%以下的数值范围，这充分说明优质的机构空间环境十分稀缺。"中"数值变化次之，其各组二级评价要素内的数值差异不算太大。"良"和"中"的数值起伏最大，其中，"良"在四组二级评价要素中各有一个最低值，分别为K1-5效能实用、K2-5效能实用、K3-5效能实用、K4-5效能实用，而与此相反的，这几项要素恰好是"差"在四组二级评价要素中的最高值。这再次说明"效能实用"低下是最为严重的养老机构空间环境质量问题。

3.3.2.2　空间环境质量赋值得分分析（数据统计资料见附录1-9）

根据空间环境质量赋值得分规则（表3-2），得到样本机构的空间环境质量赋值得分结果，并对其进行统计分析。

表3-2　空间环境质量赋值得分规则

总体赋值得分	各机构空间环境质量总体赋值得分为其所辖28项二级评价要素赋值得分的平均值
一级评价要素赋值得分	一级评价要素赋值得分为其所辖7项二级评价要素赋值得分的平均值
二级评价要素赋值得分	对"优"赋值5.00分，对"良"赋值3.66分，对"中"赋值2.33分，对"差"赋值1.00分，对"——"（缺失场地空间的情况）赋值0分

1）总体赋值得分分析

将机构空间环境质量等级"优"与"差"所对应的赋值进行5等分，便得到了机构空间环境质量总体等级所对应的分数区间，其中，Ⅰ级对应1.0~1.8分、Ⅱ级1.8~2.6分、Ⅲ级对应2.6~3.4分、Ⅳ级3.4~4.2分、Ⅴ级对应4.2~5.0分。图3-8显示了全体机构空间环境质量总体赋值得分与其总体等级划归的综合对比情况。

一方面，机构总体赋值得分与机构总体等级划归所反映出的空间环境质量趋势相一致。二者都反映出，中心四区机构空间的总体环境质量比较差，优质空间环境极其匮乏，且越是优质的空间环境，其所占的比重越低。其中，总体赋值得分不低于3.0分的机构数量为23家，占比21%，总体赋值得分低于3.0分的机构数量为89家，占比79%；符合Ⅰ、Ⅱ、Ⅲ级对

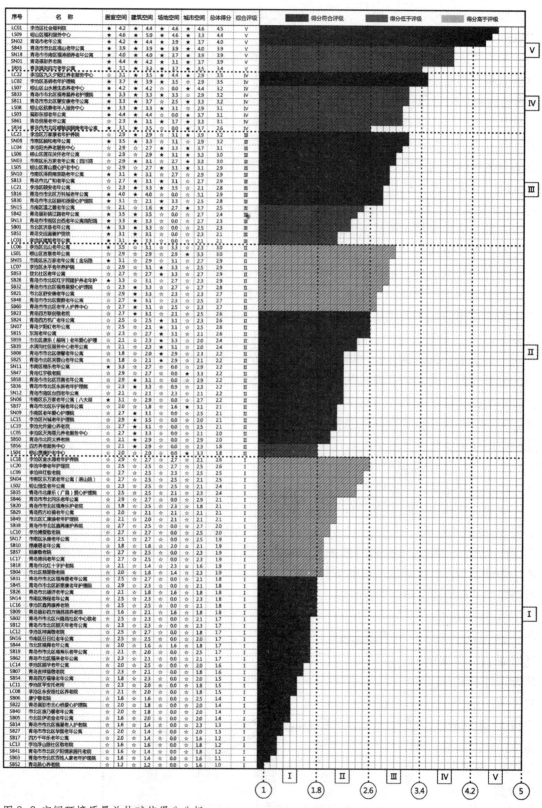

图 3-8 空间环境质量总体赋值得分分析

应分数区间的机构数量为 103 家，占比 92%，Ⅳ、Ⅴ级对应分数区间的机构数量为 9 家，仅占 8%。

另一方面，机构总体赋值得分所呈现的空间环境质量差异小于机构总体等级划归所呈现的空间环境质量差异。在Ⅴ级机构中，占比 43% 的 3 家机构的总体得分符合Ⅴ级所对应的分数区间，而占比 57% 的 4 家机构的总体得分低于Ⅴ级所对应的分数区间，下降到Ⅳ级机构所对应的分数区间；在Ⅳ级机构中，占比 22% 的 2 家机构的总体得分符合Ⅳ级所对应的分数区间，而占比 78% 的 7 家机构的总体得分低于Ⅳ级所对应的分数区间，下降到Ⅲ级机构所对应的分数区间；在Ⅲ级机构中，占比 65% 的 11 家机构的总体得分符合Ⅲ级所对应的分数区间，而占比 35% 的 6 家机构的总体得分低于Ⅲ级所对应的分数区间，下降到Ⅱ级机构所对应的分数区间；在Ⅱ级机构中，占比 63% 的 20 家机构的总体得分符合Ⅱ级所对应的分数区间，而占比 31% 的 10 家机构的总体得分高于Ⅱ级所对应的分数区间，升高到Ⅲ级机构所对应的分数区间，占比 7% 的 2 家机构的总体得分低于Ⅱ级所对应的分数区间，下降到Ⅰ级机构所对应的分数区间；在Ⅰ级机构中，占比 62% 的 29 家机构的总体得分符合Ⅰ级所对应的分数区间，而占比 38% 的 18 家机构的总体得分高于Ⅰ级所对应的分数区间，升高到Ⅱ级机构所对应的分数区间。从中可以看到一个比较明显的特征：相对于等级划归的差异来说，赋值得分存在一定的趋近态势，中心四区机构空间的总体环境质量都不是很好，且不同机构之间的空间环境质量差异不是很大。

2）一级评价要素赋值得分分析

图 3-9 显示了，全体机构与各区机构一级评价要素的赋值得分。

在全体机构中，K2 建筑空间的得分最高，为 2.7 分，其次为 K1 居室空间和 K4 城市空间，二者均为 2.6 分，得分最低的为 K3 场地空间，仅为 1.6 分。四类一级评价要素得分都未达到及格分数（3.0 分），说明机构的各个空间层域都存在环境质量低下的问题，尤其是 K3 场地空间，超低的得分说明其环境质量问题十分严重。

在各区机构中，崂山区总体得分最高，其 K1 居室空间、K2 建筑空间、K4 城市空间的得分分别为 3.3 分、3.3 分、3.2 分，略高于及格分数，K3 场地空间的得分为 2.1

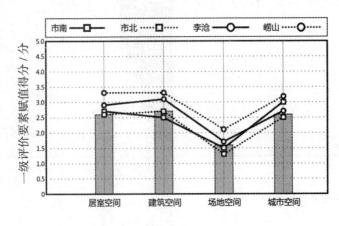

图 3-9 一级评价要素赋值得分分析

分，低于及格分数，说明崂山区机构空间环境质量问题不太明显；李沧区总体得分排名第二，其K2建筑空间的得分为3.1分，略高于及格分数，而K1居室空间、K3场地空间、K4城市空间的得分分别为2.9分、1.7分、2.7分，均低于及格分数，说明李沧区机构空间环境质量存在明显问题；市南区总体得分排名第三，其K4城市空间的得分为3.0分，与及格分数持平，而K1居室空间、K2建筑空间、K3场地空间的得分分别为2.7分、2.5分、1.5分，均低于及格分数，说明市南区机构空间环境质量存在明显问题；市北区总体得分排名最低，其K1居室空间、K2建筑空间、K3场地空间、K4城市空间的得分分别为2.6分、2.7分、1.3分、2.5分，均低于及格分数，说明市北区机构空间环境质量存在明显问题。

可以看到，除了崂山区机构空间环境质量问题不太明显以外，其余三区机构的空间环境质量都存在明显的问题，考虑到崂山区机构数量比较少，仅有9家，因此，可以做出中心四区机构空间环境质量全面性低下的判断。

3）二级评价要素赋值得分总体分析

如图3-10所示，一级评价要素赋值得分的总体平均值为2.4分，即全体机构空间环境质量的综合得分，这一分数明显低于3.0分的空间环境质量及格分数。数据显示，机构空间环境质量存在明显的问题。

在四类一级评价要素中，K1居室空间、K2建筑空间、K4城市空间得分非常接近，其中，K2建筑空间得分稍高，为2.7分，K1居室空间和K4城市空间得分稍低，为2.6分；K3场地空间得分明显低于前三者，为1.6分。可以看到，一级评价要素赋值得分均低于及格分数，这说明机构空间环境质量低下的问题是全面性的。

在28项二级评价要素中，赋值得分不低于3.0分的空间环境质量及格分数的只有3项，占比11%，而赋值得分在3.0分以下的共25项，占比89%，这再次说明机构空间环境质量的全面性低下。在不低于3.0分的二级评价要素中，K1-1气候生态与K2-3无障碍设施的得分最高，为3.2分，同时它们也是所有二级评价要素得分中最高的，但这一分数仅稍稍大于及格分数；在3.0分以下的二级评价要素中，得分在2.5~2.9的共14项，占

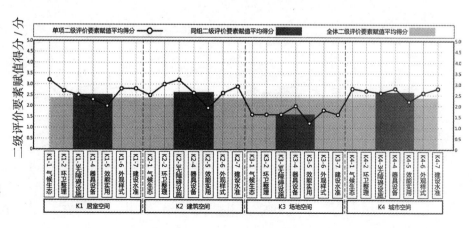

图3-10 二级评价要素赋值得分总体分析

养老机构空间评价与优化设计

比 50%，得分在 2.0~2.4 分的共 4 项，占比 14%，得分在 2.0 分以下的共
7 项，占比 25%，其中，K3-5 效能实用的得分仅为 1.2 分，是所有二级评
价要素得分中最低的。

对比二级评价要素得分与全体机构空间环境质量综合得分，可以看到，
低于 2.4 分的二级评价要素共 11 项，分别是 K1-4 器具设备、K1-5 效能实
用、K2-5 效能实用、K3-1 气候实态、K3-2 环卫整理、K3-3 无障碍设施、
K3-4 器具设备、K3-5 效能实用、K3-6 外观样式、K3-7 建设水准、K4-5
效能实用，其中，K3 场地空间所辖的 7 项二级评价要素均低于 2.4 分。值
得注意的是，4 个"效能实用"二级评价要素全都包含在这 11 项中，且
其得分在同组二级评价要素中都是最低的，这说明"效能实用"低下是最
为严重的机构空间环境质量问题。

4）二级评价要素赋值得分具体分析

如图 3-11 所示，在各区机构二级评价要素赋值得分曲线中，得分最
高的是崂山区的 K2-2 环卫整理，为 3.7 分，这说明机构中十分缺少优质
空间环境。

共有 30 项二级评价要素得分超过及格分数，占比 26%。其中，得分
在 3.5 分以上的二级评价要素只有 4 项，占比 3%；得分在 3.0~3.5 分的二
级评价要素共 26 项，占比 23%。共有 82 项二级评价要素得分低于及格分数，
占比 74%。其中，得分在 2.5~2.9 分的二级评价要素共 37 项，占比 33%；
得分在 2.0~2.4 分的二级评价要素共 22 项，占比 20%；得分在 1.5~1.9 分
的二级评价要素共 20 项，占比 18%；得分在 1.5 分以下的二级评价要素
共 3 项，占比 3%。以上两点再次说明机构空间环境质量低下的问题是全
面性的。

同时，各行政区的二级评价要素赋值得分曲线有一个共同特点：在每
组一级评价要素所包含的二级评价要素中，"效能实用"要素所得的分数
始终是最低的。这再次说明，"效能实用"低下是最为严重的养老机构空
间环境质量问题。

此外，各行政区的二级评价要素赋值得分曲线在 K3 场地空间范围内

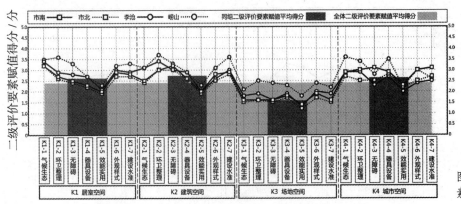

图 3-11 二级评价要
素赋值得分具体分析

056

都明显下降，这主要是由一个普遍存在的严峻事实造成的，即在各行政区中都有相当比重的机构完全缺失场地空间。

3.3.2.3 空间环境质量与总体分布综合分析

中心四区机构的空间环境质量与其总体分布之间具有以下特征：

第一，机构环境质量总体等级分布东高西低。Ⅰ、Ⅱ、Ⅲ级机构在西部地区的分布明显多于在中部、东部地区的分布，与之相反的，Ⅳ、Ⅴ级机构更多地分布在中部地区和东部地区。

第二，机构环境质量总体等级分布南高北低。近海区中Ⅰ、Ⅱ、Ⅲ级机构的分布相对小于中海区和远海区，而Ⅳ、Ⅴ级机构的分布则与之相反，在近海区的分布相对大于中海区和远海区。

第三，机构环境质量总体等级分布与老年人口分布密度呈负相关关系。在老年人口分布密度较高的区域，机构空间环境质量总体等级都比较低，而老年人口分布密度较低区域的情况则与之相反。

第四，机构环境质量总体等级分布与城市建设发展时序呈正相关关系。相对而言，位于老城区中的机构空间环境质量总体等级偏低，而位于新城区中的机构空间环境质量总体等级偏高。

第五，空间环境质量总体等级偏低的机构分布较为集中，而空间环境质量总体等级偏高的机构分布较为分散。其中，Ⅰ、Ⅱ、Ⅲ级机构有四个比较集中的分布区域，分别是团岛、台东、四流南路沿线与老沧口；Ⅳ、Ⅴ级机构在总体上没有明显的集中趋势，相对而言，在浮山周边的分布密度稍大一些。

以下结合前文提及的几种机构类型划分方式，从多个角度对机构环境质量与总体分布之间的关系做进一步的分析。

1）机构建立时间的角度

如图 3-12 所示，以 2000 年为界，2000 年以前建立的机构与 2000 年至今建立的机构这两类中，前者的数量为 25 家，占比 22%，后者的数量为 87 家，占比 78%。

总体分布方面：在 2000 年以前建立的机构中，其分布特征与全体机构分布特征基本一致，但其分布范围更小一些，在东部地区以及远海区的大部分地区没有分布；在 2000 年至今建立的机构中，其分布特征与全体机构分布特征相类似，即与老年人口分布密度正相关、与城市建设发展时序正相关、与优质自然景观负相关、与主要工业商业负相关。

环境质量方面：在 2000 年以前建立的机构中，环境质量较差（Ⅰ、Ⅱ、Ⅲ级）与较好（Ⅳ、Ⅴ级）的机构数量分别为 22 家与 3 家，占比分别为 88%与 12%；在 2000 年至今建立的机构中，环境质量较差（Ⅰ、Ⅱ、Ⅲ级）与较好（Ⅳ、Ⅴ级）的机构数量分别为 74 家与 13 家，占比分别为 85%与 15%。

可以看到，这两类机构的空间环境质量差异不大，这说明机构建立时间与其空间环境质量之间的关联不大。

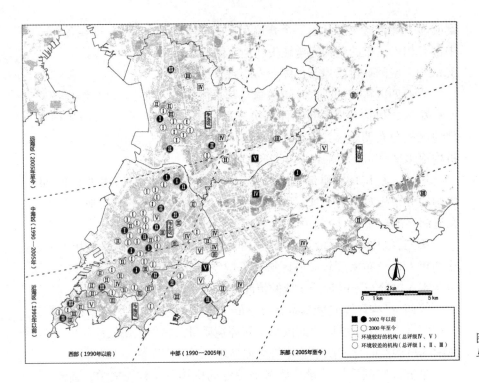

图 3-12 机构建立时间
与空间环境质量

2）机构建设规模的角度

如图 3-13 所示，根据机构建设规模的不同，将其进一步划分为特大型与大型、中型与小型这两类，其中，前者的数量与比重分别为 17 家与 15%，后者的数量与比重分别为 95 家与 85%。

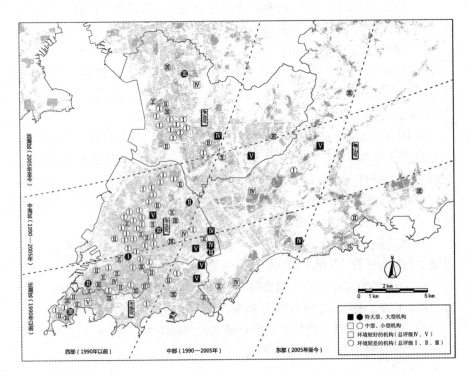

图 3-13 机构建设规模
与空间环境质量

　　总体分布方面：在特大型与大型机构中，其分布特征与全体机构分布特征差异明显，机构在中部地区的分布数量最高且比较集中，西部地区次之，而在东部地区没有机构分布；在中型与小型机构中，其分布特征与全体机构分布特征略有不同，机构在西部地区的分布更加集中，而在中部和东部地区的分布则十分稀少，机构自西向东分布数量陡降趋势过于明显。

　　环境质量方面：在特大型与大型机构中，环境质量较差（Ⅰ、Ⅱ、Ⅲ级）与较好（Ⅳ、Ⅴ级）的机构数量分别为 7 家与 10 家，占比分别为 41% 与 59%；在中型与小型机构中，环境质量较差（Ⅰ、Ⅱ、Ⅲ级）与较好（Ⅳ、Ⅴ级）的机构数量分别为 89 家与 6 家，占比分别为 94% 与 6%。

　　可以看到，特大型与大型机构的空间环境质量远远高于中型与小型机构的空间环境质量，这说明机构建设规模与空间环境质量之间有着很强的联系。

　　3）机构服务对象的角度

　　如图 3-14 所示，根据机构服务对象的不同，将其进一步划分为综合型、非综合型（自理型、助养型或养护型）这两类，其中，前者的数量与比重分别为 43 家与 38%，后者的数量与比重分别为 69 家与 62%。

　　总体分布方面：在综合型机构中，其分布特征与全体机构在南北方向上的分布特征略有不同，机构在中海区的分布数量最高，近海区次之，远海区最低；在非综合型机构中，其分布特征与全体机构分布特征相类似，即与老年人口分布密度正相关、与城市建设发展时序正相关、与优质自然景观区域负相关、与主要工业商业区域负相关。

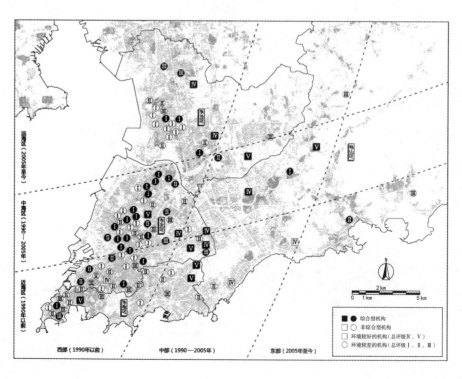

图 3-14 机构服务对象与空间环境质量

环境质量方面：在综合型机构中，环境质量较差（Ⅰ、Ⅱ、Ⅲ级）与较好（Ⅳ、Ⅴ级）的机构数量分别为30家与13家，占比分别为70%与30%；在非综合型机构中，环境质量较差（Ⅰ、Ⅱ、Ⅲ级）与较好（Ⅳ、Ⅴ级）的机构数量分别为66家与3家，占比分别为96%与4%。

可以看到，综合型机构的空间环境质量明显高于非综合型机构的空间环境质量，这说明机构服务类型与其空间环境质量之间有着很强的联系。

4）机构注册性质的角度

如图3-15所示，根据机构注册性质的不同，将其划分为事业单位性质机构与民办非企业性质机构这两类，其中，前者的数量与比重分别为8家与7%，后者的数量与比重分别为104家与93%。

总体分布方面：在事业单位性质机构方面，其分布特征与全体机构分布特征略有不同，机构的分布范围更小一些，在东部地区以及远海区的大部分地区没有分布；在民办非企业性质机构方面，其分布特征与全体机构分布特征相类似，即与老年人口分布密度正相关、与城市建设发展时序正相关、与优质自然景观区域负相关、与主要工业商业区域负相关。

环境质量方面：在事业单位性质机构中，环境质量较差（Ⅰ、Ⅱ、Ⅲ级）与较好（Ⅳ、Ⅴ级）的机构数量分别为3家与5家，占比分别为37%与63%；在民办非企业性质机构中，环境质量较差（Ⅰ、Ⅱ、Ⅲ级）与较好（Ⅳ、Ⅴ级）的机构数量分别为93家与11家，占比分别为89%与11%。

可以看到，事业单位性质机构的空间环境质量高于民办非企业性质机构的空间环境质量，这说明机构注册性质与空间环境质量之间有着很强的

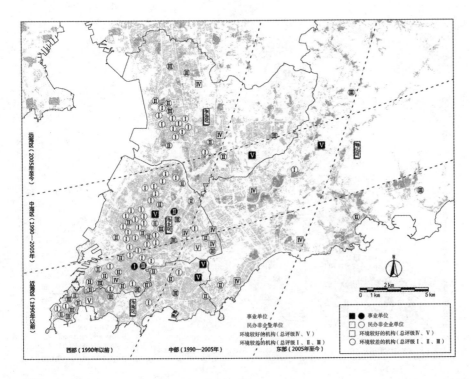

图3-15 机构注册性质与空间环境质量

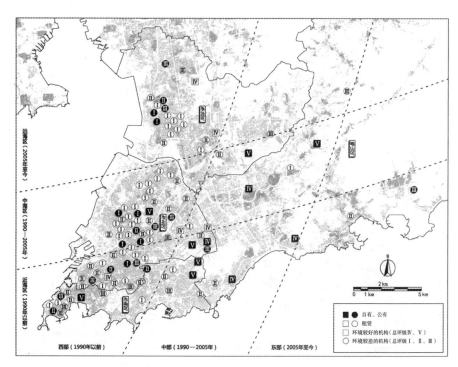

图 3-16 机构物业产权
与空间环境质量

联系。

5）机构物业产权的角度

如图 3-16 所示，根据机构物业产权归属的不同，将其进一步划分为租赁型、非租赁型（自有型或公有型）这两类，其中，前者的数量与比重分别为 80 家与 71%，后者的数量与比重分别为 32 家与 29%。

总体分布方面： 租赁型与非租赁型机构的分布特征比较一致，且都与全体机构分布特征相类似，即与老年人口分布密度正相关、与城市建设发展时序正相关、与优质自然景观负相关、与主要工业商业负相关。

环境质量方面： 在租赁型机构中，环境质量较差（Ⅰ、Ⅱ、Ⅲ级）与较好（Ⅳ、Ⅴ级）的机构数量分别为 75 家与 5 家，占比分别为 94% 与 6%；在非租赁型机构中，环境质量较差（Ⅰ、Ⅱ、Ⅲ级）与较好（Ⅳ、Ⅴ级）的机构数量分别为 21 家与 11 家，占比分别为 66% 与 34%。

可以看到，租赁型机构的空间环境质量明显低于非租赁型机构的空间环境质量，这说明机构物业产权与其空间环境质量之间有着很强的联系。

6）机构运营方式的角度

如图 3-17 所示，根据机构运营方式的不同，将其划分为民办机构、公办机构（公办公营型或公办民营型）这两类，其中，前者的数量与比重分别为 99 家与 88%，后者的数量与比重分别为 13 家与 12%。

总体分布方面： 民办机构中，其分布特征与全体机构在南北方向上的分布特征略有不同，机构在中海区的分布数量最高，近海区次之，远海区最低；公办机构中，其分布特征与全体机构分布特征基本一致，

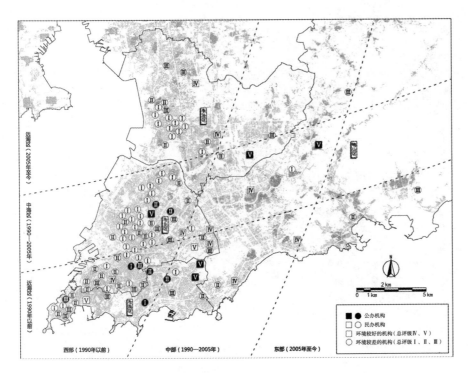

图 3-17 机构运营方式
与空间环境质量

但机构的分布范围更小一些，在东部地区以及远海区的大部分地区没有分布。

环境质量方面：在民办机构中，环境质量较差（Ⅰ、Ⅱ、Ⅲ级）与较好（Ⅳ、Ⅴ级）的机构数量分别为 88 家与 11 家，占比分别为 89% 与 11%；在公办机构中，环境质量较差（Ⅰ、Ⅱ、Ⅲ级）与较好（Ⅳ、Ⅴ级）的机构数量分别为 8 家与 5 家，占比分别为 62% 与 38%。

可以看到，民办机构的空间环境质量不如公办机构的空间环境质量，这说明机构运营方式与其空间环境质量之间有着很强的联系。

3.3.3 空间组织模式评价分析（数据统计资料见附录 1-10）

3.3.3.1 居室空间组织模式评价分析

1）依据床位数量划分的居室空间模式类型

依据床位数量的差异对所调查机构的居室空间进行划分，总共可以提炼出三种居室空间模式类型，分别为单人空间、双人空间、多人空间。

从全体机构来看，双人间所占比重最高，为 61%，其次为多人间，占比 32%，单人间比重最小，仅占 7%。这说明单个老年人独享的居室空间模式是非常鲜见的，而与其他老年人共享的居室空间模式则占据绝对主流的地位，这样的先天格局给保护老年人私密空间带来了很大的困难。

从各区机构来看，各区机构居室空间模式类型分布趋势比较相似且与总体机构趋势基本一致。在单人间方面，市南区和崂山区的比重相对较高，而李沧区和市北区的比重很低，说明市南区与崂山区机构的总体条件更好一些，这也与前文环境质量评价的结果相呼应；在双人间方面，崂山区比重最高，其次是市南区和市北区，李沧区比重最低；在多人间方面，四区比重比较接近。

2）依据床位布局划分的居室空间模式类型

依据床位布局的差异来对所调查机构的居室空间进行划分，总共可以提炼出三种居室空间模式类型，分别为客房式、病房式、自适应式。

从全体机构来看，客房式居室空间是最主流的空间模式，其次为自适应式居室空间，病房式居室空间所占比重最低。这说明机构居室空间内部格局简单粗暴，更多地以管理运营便利为出发点来设计居室空间，而缺少提高老年人居住环境细节与品质。尤其是自适应式居室空间的比重如此之高，这暴露出大量居室空间环境缺少最基本的设计考量。

从各区机构来看，各区机构居室空间模式类型分布趋势比较相似且与总体机构趋势基本一致。其中，在客房式和病房式居室空间中，崂山区和市南区比重较大，而市北区和李沧区比重较小；在自适应式居室空间中，崂山区和李沧区比重较小，而市北区和市南区比重较大。这样的规律与前文环境质量评价的结果相呼应，即在环境质量较好的行政区中，居室空间的布局相对规范一些；而在环境质量较差的行政区中，居室空间的布局相对鲁莽随意。

3.3.3.2　建筑空间组织模式评价分析

1）依据走廊形式划分的建筑空间模式类型

依据走廊形式的差异来对所调查机构的建筑空间进行划分，共提炼出三种建筑空间模式类型，分别为外廊式、内廊式、复合式。

从全体机构来看，内廊式建筑空间是最主流的空间模式，比重为79%，远远高出其他两类模式，比重第二高的是外廊式建筑空间，而复合式建筑空间的比重仅为1%。这说明机构建筑空间组织模式过于单调，空间格局非常僵化。（附录1-10）

从各区机构来看，除市南区外，其余三区机构建筑空间模式类型分布趋势比较相似且与总体机构趋势基本一致。在外廊式建筑空间中，崂山区比重最高，其次是李沧区，再次为市北区；在内廊式建筑空间中，各区比例都较高；在复合式建筑空间中，各区比重都非常低。总之，各区机构的建筑空间基本都属于内廊式，空间组织方式非常单一。

2）依据流线形态划分的建筑空间模式类型

依据流线形态的差异来对所调查机构的建筑空间进行划分，总共可以提炼出三种建筑空间模式类型，分别为尽端式、回路式、复合式。（图3-18）

从全体机构来看，尽端式建筑空间的比重最大，为88%，远远高于其他两类模式，其次为回路式建筑空间，比重为8%，复合式建筑空间的比重最低，仅为4%。这同样反映出机构空间格局的单一性与低效性。

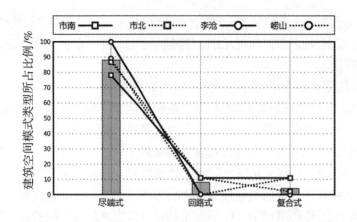

图 3-18 建筑空间模式类型分析（流线形态）

从各区机构来看，各区机构建筑空间模式类型分布趋势比较相似且与总体机构趋势基本一致。在尽端式建筑空间中，各区比重都非常高，从高到低依次为李沧区100%、崂山区89%、市北区87%、市南区78%；在回路式建筑空间中，市南区和市北区比重稍高，为11%，李沧区和崂山区则完全没有该类型；在复合式建筑空间中，市南区和崂山区比重稍高，但也仅为11%，而市北区仅为2%，李沧区则完全没有该类型。总之，各区机构的建筑空间几乎都围绕着一条尽端式的走廊线性展开，缺乏必要的变通与接洽。

3.3.3.3 场地空间组织模式评价分析

1）依据外部空间关系划分的场地空间模式类型

依据外部空间关系的差异来对所调查机构的场地空间进行划分，总共可以提炼出三种场地空间模式类型，分别为分体式、连体式、附属式。（图3-19）

从全体机构来看，分体式场地空间比重最大，为41%，附属式场地空间比重紧随其后，为39%，连体式场地空间比重最小，为20%。也就是说，共有59%的机构没有属于自己的独立建筑，而处于某种"寄人篱下"的状态，这产生了大量的先天不利条件，在很大程度上影响了适老空间的设计。

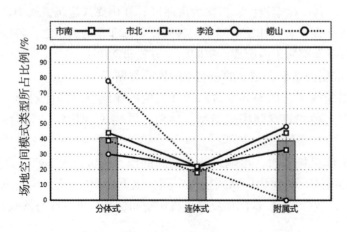

图 3-19 场地空间模式类型分析（外部空间关系）

从各区机构来看，市南区、市北区、李沧区机构场地空间模式类型分布趋势比较相似且与总体机构趋势基本一致，而崂山区中各类型分布趋势有所不同。在分体式场地空间中，崂山区比重最大，为78%，其次为市南区，为44%，再次为市北区，为39%，最后是李沧区，为30%；在连体式场地空间中，四区比重相仿，都在20%左右；在附属式场地空间中，李沧区比重最高，为48%，市北区次之，为44%，市南区第三，为33%，崂山区则没有该类型。这样的数值分布规律与前文的环境质量评价结果相呼应。

2）依据内部空间关系划分的场地空间模式类型

依据内部空间关系的差异来对所调查机构的场地空间进行划分，总共可以提炼出五种场地空间模式类型，分别为场地包围建筑式、建筑包围场地式、场地与建筑并立式、场地与建筑交错式、无场地式。

从全体机构来看，无场地式比重最大，为47%，其次为场地建筑并立式，为25%，再次为场地建筑交错式，为16%，排在第四的是场地包围建筑式，为8%，建筑包围场地式最少，仅为4%。接近半数的机构完全缺失场地空间，这是一个极其惨淡的现实，造成这一现实的原因也非常复杂，在后文中将对其有所分析。这里需要说明的是，在绝大多数情况下，"无场地式"是受现实条件制约而产生的无奈结果，因此，若暂且将其抛开不谈，场地建筑并立式就成为最主流的场地空间布局方式。

从各区机构来看，各区机构场地空间模式类型分布趋势比较相似且与总体机构趋势基本一致。在场地建筑并立式中，崂山区比重最高，为33%，其次为李沧区和市北区，同为26%，最后是市南区，为17%；在场地建筑交错式中，市南区和崂山区比重相同，都为22%，李沧区稍低，为13%；在建筑包围场地式中，比重从高到低依次为崂山区11%、市南区6%、市北区3%、李沧区0%；在场地包围建筑式中，比重从高到低依次为市南区17%、李沧区9%、市北区6%、崂山区0%。此外，无场地式在各区的比重都是最高的，这说明机构场地空间匮乏的普遍性与严重性。

3.3.3.4　城市空间组织模式评价分析

1）依据周边建筑性质划分的城市空间模式类型

依据周边建筑性质的不同来对所调查机构的城市空间进行划分，总共可以提炼出三种城市空间模式类型，分别为住宅主导型、均衡型、非住宅主导型。

从全体机构来看，住宅主导型城市空间比重最大，为75%，远远高于其他两种类型，非住宅主导型和均衡型城市空间的比重相仿，分别为13%和12%。这与前文有关机构栖息环境的论述相呼应，说明养老机构与居住区环境关系密切。

在住宅主导型中，四区比重都是最高的；在均衡型中，比重从高到低依次为市南区17%、市北区13%、李沧区9%、崂山区0%；在非住宅主导型中，李沧区比重较高，为22%，其他三区较低，均为11%。

2）依据周边建筑密度划分的城市空间模式类型

依据周边建筑密度的不同来对所调查机构的城市空间进行划分，总共可以提炼出三种城市空间模式类型，分别为高密度型、中密度型、低密度型。（图3-20）

从全体机构来看，中密度型城市空间的比重最大，为53%，明显高于其他两种类型，而高密度型和低密度型城市空间的比重接近，分别为21%和26%。这与前文有关机构栖息环境的叙述相呼应，其中，低密度型城市空间多集中在新近开发建设的城市地段，高密度型城市空间多集中在有待改造开发的城市棚户区或城乡接合部，而这些都不是机构集中分布的主要位置。

从各区机构来看，市南区、市北区机构城市空间类型分布趋势比较相似且与总体机构趋势基本一致，而李沧区、崂山区中各类型分布趋势有所不同。在高密度型中，市南区与李沧区比重相仿，分别为28%和30%，市北区次之，为19%，崂山区中则没有该类型分布；在中密度型中，市南区与市北区比重相仿，分别为61%和58%，其次为崂山区，为44%，最后是李沧区，为35%；在低密度型中，比重由高到低依次为崂山区56%、李沧区35%、市北区23%、市南区11%。

3.3.3.5 空间层域连接模式评价分析

调研显示，在所有养老机构的空间系统内部，几乎都采用了一种生硬的空间层域连接模式，该模式带来了养老机构空间系统内部的"四重割裂"。（图3-21）

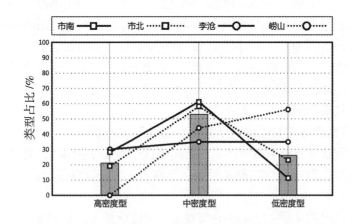

图 3-20 城市空间模式类型分析（周边建筑密度）

第一重割裂来自床位空间与居室空间之间。床位空间一览无余地暴露在居室空间当中，没有任何缓冲，相邻的床位空间之间也缺少必要的限定与分隔，这让床位空间陷入了一种严重的尴尬境地，空间私密性的缺失容易导致老年人的不安和焦虑。

第二重割裂来自居室空间与建筑空间之间。居室空间紧密依附于走廊

図 3-21　机构空间系统的四重割裂

空间并以单调的线性阵列排布，缺少过渡与缓冲的空间，在居室空间房门的区域造成了双方面的压力。对居室空间来说，门前区域受到走廊空间中的人流活动影响而舒适性降低；对走廊空间来说，密集的房门及其代表的空间领域所产生的持续压力导致空间交往功能的发挥受到限制。居室空间与建筑空间中的各类休闲活动空间与护理服务空间之间联系不便，空间的隔离让老年人对各项服务机构的获得感不强，这也反过来影响了建筑空间效能的发挥。

　　第三重割裂来自建筑空间与场地空间之间。机构场地空间布局的整体性不佳，建筑空间与场地空间之间的关联不密切甚至各行其是，这导致建筑空间难以融入场地环境而显得孤立，也导致场地空间中充满了功能虚假的装饰性处理，不仅大量浪费了空间资源，还进一步加剧了空间组织的混乱局面。

　　第四重割裂来自场地空间与城市空间之间。机构缺少与其临近的周边各类城市机构与空间资源之间的多元整合，甚至刻意回绝外界环境而进行自我封闭，这种试图独善其身的做法不仅没有取得效果，而且适得其反地造成了机构在城市空间系统中的边缘化。养老院变成了一种城市环境与社会生活边缘的异化存在，一种被孤立、被遗忘的形象，这给生活在其中的老年人带来了大量的负面情绪和感受。

可以看到，养老机构空间总体氛围是闭塞的、不自由的，甚至带有某种管制化的倾向，与"以人为本"的理想环境相差甚远。机构空间系统的四重割裂，如同一道道封锁线，将老年人牢牢束缚在机构空间系统的最深处，极大减损了机构空间的功能和效率，严重妨碍了老年人对机构空间的融入和掌控。

因此，养老机构空间环境的封闭割裂与其"效能实用"的低下密不可分，或者可以说，"效能实用"低下是空间"割裂"的具体表现。空间层域连接模式的生硬是造成空间"割裂"的根本原因，同时也是"效能实用"低下的根本原因。

此外，我们可以得到一个典型的养老机构空间组织示意图（图 3-22）。它既体现了各空间层域内部的主流组织模式，又体现了各空间层域之间生硬的连接模式。

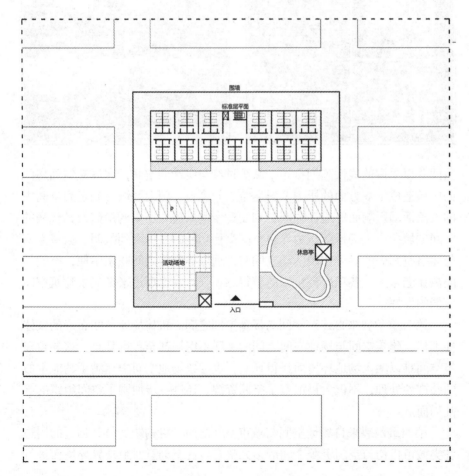

图 3-22 养老机构典型
空间组织示意

本章小结

本章从总体分布、环境质量、组织模式等方面对中心四区全体机构的空间风貌状况进行了评价分析，旨在准确掌握机构空间的环境实态，探寻养老机构空间系统中存在的核心问题。

机构空间总体分布：养老机构所栖息的总体城市环境很一般。机构空间总体分布与城市建设发展时序、老年人口分布密度正相关；与优质自然景观区域、主要工业和商业区域负相关。

机构空间环境质量：总体等级划归与赋值得分分析、一级评价要素等级划归与赋值得分分析、二级评价要素等级划归与赋值得分分析共同表明，养老机构空间环境质量低下的问题是普遍性的，其中，"效能实用"低下是最为严重的问题；环境质量与总体分布的综合分析表明，机构环境质量总体等级分布东高西低、南高北低，与老年人口分布密度负相关、与城市建设时序正相关，低等级机构分布较集中而高等级机构分布较分散，此外，结合机构类型划分方式，本章对机构环境质量与总体分布之间的关系进行了多角度分析呈现。

机构空间组织模式："双人间"和"客房式"是居室空间的主流组织模式；"内廊式"和"尽端式"是建筑空间的主流组织模式；"分体式"和"并立式"是场地空间的主流组织模式；"住宅主导型"和"中密度型"是城市空间的主流组织模式；所有养老机构几乎都采用了一种生硬的空间层域连接模式，该模式造成了机构空间系统的四重割裂，导致了机构空间氛围的闭塞僵化，是机构空间"效能实用"低下的根本原因，与"以人为本"的目标相背离，严重妨碍着老年人对机构空间的融入和掌控。

第四章　养老机构空间满意度评价

4.1　前期准备

4.1.1　评价路线设计

4.1.1.1　明确评价内容与目的

本章研究内容属于基于主观态度的介入性评价研究范畴。本章运用问卷调查方法，辅以半开放式访谈方法，深入了解典型养老机构中各类老年人的空间总体、一级评价要素、二级评价要素、层域连接模式满意度状况，以准确掌握老年人对养老机构空间优劣的主观态度，并通过与空间风貌状况评价主要研究结论的对照印证，进一步探寻养老机构空间系统中存在的核心问题。

4.1.1.2　明确评价主体与样本

空间满意度评价的主体为生活在样本机构中的老年人。

考虑到问卷调查过程中的工作量安排及其现实可操作性，将空间满意度评价的样本机构数量确定为 5 家，分别为 SB04 市北区慈爱敬老院（Ⅰ级）、LS01 崂山区吉星老年公寓（Ⅱ级）、LC04 李沧区阳光养老服务中心（Ⅲ级）、SB61 青岛恒星老年公寓（Ⅳ级）、SB55 青岛福彩四方老年公寓（Ⅴ级）。（样本机构基础信息见附录 5-1、附录 5-2）

样本机构筛选条件如下：

1）不考虑缺失场地空间的机构，即所选样本机构均包含场地空间，以保证样本机构空间系统的完整性；

2）在Ⅰ、Ⅱ、Ⅲ、Ⅳ、Ⅴ级五个环境质量总体等级中各选择 1 家机构，以保证样本机构空间环境质量的代表性；

3）所选样本机构的空间模式特征与主流空间模式特征相一致，以保证样本机构空间模式类型的代表性；

4）所选的样本机构同时接纳各类不同身体状况的老年人，以保证评价结论的有效性；

5）所选样本机构中的自理老人、介助老人、介护老人的入住人数均不低于 20 人，从而保证抽样结果的有效性。

4.1.1.3　明确评价规则与结构

基于养老机构空间使用后评价要素，设计养老机构空间满意度封闭式量化问卷（附录 2-1），设定"非常满意""比较满意""一般""不太满意""很不满意"五个满意度量级，并分别赋值 5.0 分、4.0 分、3.0 分、2.0 分、1.0 分，以此对样本机构各类老年人的空间总体满意度、空间一级评价要素满意度、空间二级评价要素满意度、空间层域连接模式满意度进行量化统计分析，并将其与空间风貌状况评价的主要结论进行对照印证。

空间满意度评价的总体结构如图 4-1 所示。

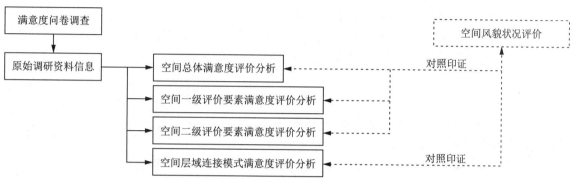

图 4-1 空间满意度评价总体结构

4.1.2 相关事务性准备

4.1.2.1 公关准备

在青岛市民政部门的协调帮助下，与样本机构的相关负责人进行事先沟通协调，获取调研实施期间所需的必要支持。

4.1.2.2 人员准备

聘请 30 名青岛理工大学建筑设计专业的本科生作为调查员，其中，绝大部分调查员都参与了空间风貌状况评价研究的调研工作，仅少量的人员被替换。

4.1.2.3 技术准备

就空间满意度调查问卷、空间使用后评价要素系统、调研任务、调研要点、调研技巧、特殊注意事项等相关内容对调查员进行事先培训。

4.1.2.4 材料准备

由调研总负责人在正式调研实施前落实以下材料：

1）青岛市民政部门开具的调研任务介绍信。

2）调查员的工作证。

3）调查员的文具（写字板、笔）。

4）打印好的空间满意度调查问卷若干。

5）为参与问卷调查的老年人准备的小礼品。

4.1.2.5 安全准备

针对调研实施期间涉及的相关安全问题，对调查员进行教育叮嘱，并事先为每一名调查员购买调研实施期间的人身安全保险。

4.2 中期实施

4.2.1 数据资料采集

4.2.1.1 评价主体抽样

采取目标抽样方法，对 5 家机构（SB04 市北区慈爱敬老院、LS01 崂山区吉星老年公寓、LC04 李沧区阳光养老服务中心、SB61 青岛恒星老年公寓、SB55 青岛福彩四方老年公寓）的入住老年人进行抽样，在每家机构的自理老人、介助老人、介护老人中各随机抽取 20 名老年人作为满意度评价主体。

4.2.1.2 调研人员编组

将所有调查员编为 5 个调研组，每组 6 人，并任命 1 名学生为调研组长。

4.2.1.3 调研任务安排

每个调研组（6 名调查员）负责一家养老机构老年人（60 人）的问卷调查任务，由调研组长根据组员情况灵活安排具体调查任务。

4.2.1.4 调研实施过程

2016 年 9 月 3 日，依据调研计划，对 5 家机构的各类入住老年人进行空间满意度问卷调查。考虑到老年人可能存在的概念认知和身体条件等方面的局限，采取了访谈式问卷调查方法，以保证问卷的有效率。

4.2.2 数据资料整理

4.2.2.1 数据资料集中

2016 年 9 月 5 日，由调研组长将各组原始调查数据资料进行集中，提交至调研总负责人处。

4.2.2.2 数据资料复核

2016 年 9 月 6 日至 7 日，由调研总负责人召集各调研组长，对原始调查数据资料进行复核，根据问卷作答情况筛除无效问卷。

4.2.2.3 数据资料录入

2016 年 9 月 8 日至 13 日，由调研总负责人召集各调研组长，按照预先设计的统一格式，将复核后的调查数据资料录入 Excel 软件中。

4.3 后期分析

4.3.1 空间总体满意度分析（数据统计资料见附录 2-2）

4.3.1.1 全体老人

1）全体机构空间总体满意度与空间环境质量评价对比分析（图 4-2）
全体老人的空间总体满意度为 3.3 分，与空间环境质量总体平均得分[1]

1 空间满意度评价样本机构（5 家）的空间环境质量总体平均得分为 3.0 分。这一分数与全体养老机构（112 家）的空间风貌评价总体得分 2.4 分存在比较明显的差距，其原因在于：后者包含大量缺失场地空间的机构，拉低了得分，而出于空间满意度评价的需要，前者全部拥有场地空间，将缺失场地空间的机构排除在外，只计算拥有场地空间的养老机构（59 家），其空间环境质量总体平均得分为 2.9 分，这与空间满意度评价样本机构的空间环境质量总体平均得分比较接近，证明空间满意度评价样本机构的选择具备较高的合理性与有效性。

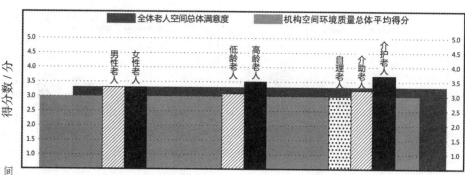

图 4-2 全体机构空间
总体满意度分析

基本一致，仅略高于满意度及格分数[1]，可见老年人对机构空间环境的总体满意度"一般"，这说明机构空间环境存在着明显的问题，印证了空间风貌状况评价的相关结论。

全体老人的空间总体满意度略高于空间环境质量总体平均得分，这说明在总体上，老年人的空间容忍力相对较强。

2）各机构空间总体满意度与空间环境质量评价对比分析

如图 4-3 的柱状图所示。

大多数机构的全体老人空间总体满意度高于及格分数。其中，市北区慈爱敬老院（SB04）2.6 分，低于及格分数；崂山区吉星老年公寓（LS01）3.1 分、李沧区阳光养老服务中心（LC04）3.4 分、青岛恒星老年公寓（SB61）3.6 分、青岛福彩四方老年公寓（SB55）3.8 分，高于及格分数。

绝大多数机构的全体老人空间总体满意度高于其空间环境质量评价总体得分。其中，市北区慈爱敬老院（SB04）、崂山区吉星老年公寓（LS01）、李沧区阳光养老服务中心（LC04）、青岛恒星老年公寓（SB61）的全体老人空间总体满意度高于其空间环境质量评价总体得分；青岛福彩四方老年公寓（SB55）的全体老人空间总体满意度低于其空间环境质量评价总体得分。可见在绝大多数机构中，老年人的空间容忍力都是相对较强的。

机构全体老人空间总体满意度与空间环境质量评价总体得分之间呈正相关关系。可以看到，各机构全体老人空间总体满意度从低到高依次为市北区慈爱敬老院（SB04）、崂山区吉星老年公寓（LS01）、李沧区阳光养老服务中心（LC04）、青岛恒星老年公寓（SB61）、青岛福彩四方老年公寓（SB55），与各机构空间环境质量评价总体得分的排序相一致，印证了空间风貌状况评价的相关结论。

各机构全体老人空间总体满意度的最高值（3.8 分）与最低值（2.6 分）相差 1.2 分，而各机构空间环境质量评价总体得分的最高值（4.3 分）与最低值（1.8 分）相差 2.5 分。这说明，老年人眼中的空间环境质量差异程度要相对模糊一些，或者说，老年人对空间环境质量的感知与辨别能力相对弱一些。

1　满意度及格分数为 3.0 分，即评价词"一般"所对应的赋值。

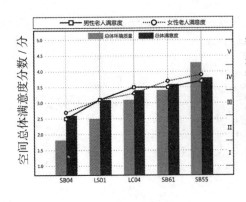 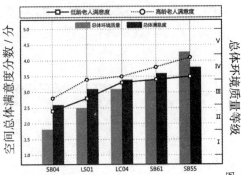

图 4-3 各机构空间总体满意度分析（性别）（左）
图 4-4 各机构空间总体满意度分析（年龄）（右）

4.3.1.2 不同性别的老人

1）全体机构空间总体满意度与空间环境质量评价对比分析

全体男性老人和全体女性老人的空间总体满意度均为 3.3 分，略高于满意度及格分数，且略高于空间环境质量总体平均得分。可见不同性别老年人对机构空间环境的总体满意度相仿且都比较"一般"，说明性别因素对老年人的空间满意度基本不构成影响，同时说明不同性别老年人的空间容忍力基本相同。

2）各机构空间总体满意度与空间环境质量评价对比分析

各机构男性老人和女性老人的空间总体满意度曲线相互缠绕且十分接近。这进一步证实了性别因素与老年人空间满意度之间的关系。（图 4-3）

男性老人和女性老人的空间总体满意度与空间环境质量评价总体得分之间都呈正相关关系。可以看到，各机构男性老人和女性老人的空间总体满意度排序都与各机构空间环境质量评价总体得分的排序相一致。

4.3.1.3 不同年龄的老人

如图 4-4 所示。

1）全体机构空间总体满意度与空间环境质量评价对比分析

全体低龄老人的空间总体满意度为 3.1 分，全体高龄老人的空间总体满意度为 3.5 分，二者均高于满意度及格分数与空间环境质量总体平均得分。可见低龄老年人对机构空间环境的总体满意度很"一般"，而相对来说，高龄老年人对机构空间环境的总体满意度明显高一些，介于"一般"与"比较满意"之间。这说明年龄因素对老年人的空间满意度有着比较明显的影响，具体表现为：随着年龄的攀升，老年人的空间容忍力逐渐变强。

2）各机构空间总体满意度与空间环境质量评价对比分析

各机构低龄老人的空间总体满意度曲线明显处于高龄老人的空间总体满意度曲线之下。这进一步证实了年龄因素与老年人空间满意度之间的关系。

低龄老人和高龄老人的空间总体满意度与空间环境质量评价总体得分之间都呈正相关关系。可以看到，各机构低龄老人和高龄老人的空间总体满意度排序都与各机构空间环境质量评价总体得分的排序相一致。

4.3.1.4 不同身体状况的老人

如图 4-5 所示。

1）全体机构空间总体满意度与空间环境质量评价对比分析

全体自理老人的总体空间满意度为 3.0 分，等于满意度及格分数与机构空间环境质量评价总体平均得分；全体介助老人的空间总体满意度为 3.2 分，略高于满意度及格分数与机构空间环境质量评价总体平均得分；全体介护老人的空间总体满意度为 3.7 分，明显高于满意度及格分数与机构空间环境质量评价总体平均得分。可见自理老人和介助老人对机构空间环境的总体满意度比较接近，都比较"一般"，而高龄老年人对机构空间环境的总体满意度明显高一些，已接近"比较满意"的水平。这说明身体状况因素对老年人的空间满意度有着比较明显的影响，二者之间呈负相关关系，具体表现为：随着身体状况的下降，老年人的空间容忍力逐渐变强，其中，从自理阶段到介助阶段的变强幅度相对较小，而从介助阶段到介护阶段的变强幅度相对较大。

2）各机构空间总体满意度与空间环境质量评价对比分析

各机构介护老人的空间总体满意度曲线明显高出其他二者，处于最高的位置；除了在李沧区阳光养老服务中心（LC04）处相互重叠以外，各机构介助老人的空间总体满意度曲线都处于自理老人的空间总体满意度曲线之上。这进一步证实了身体状况因素与老年人空间满意度之间的关系。

三类不同身体状况老人的空间总体满意度与空间环境质量评价总体得分之间都呈正相关关系。可以看到,除了青岛恒星老年公寓（SB61）以外,其余机构自理老人的空间总体满意度排序都与各机构空间环境质量评价总体得分的排序相一致；各机构介护老人和介助老人的空间总体满意度排序都与各机构空间环境质量评价总体得分的排序相一致。

三类不同身体状况老人的空间总体满意度曲线变化幅度接近，且均小于空间环境质量评价总体得分数值曲线的变化幅度。这说明不同身体状况老人的空间知辨力相仿，且都相对较弱。

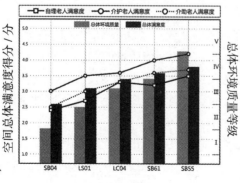

图 4-5 各机构空间总体满意度分析（身体）

4.3.2 空间一级评价要素满意度分析（数据统计资料见附录 2-3）

4.3.2.1 全体老人

1）全体机构空间一级评价要素满意度与空间环境质量评价对比分析

一级评价要素的全体老人满意度分别为 K1 居室空间 3.2 分、K2 建筑空间 3.2 分、K3 场地空间 3.4 分、K4 城市空间 3.4 分。尽管超过了及格分数，但它们的分数都不算太高，可见机构各个空间层域的环境质量都比较"一般"，存在着比较明显的问题，印证了空间风貌状况评价的相关结论。

一级评价要素的全体老人满意度均不低于其空间环境质量评价得分。其中，二者在 K2 建筑空间的差值最大；在 K3 场地空间的差值次之；在 K4 城市空间，二者分数持平。可见老年人的空间容忍力相对较强，相对来说，老年人对城市空间环境稍稍挑剔一些。

一级评价要素的全体老人满意度曲线与空间环境质量评价得分曲线的总体形态趋势基本一致，区别在于，前者更为平缓，而后者浮动更大。这一方面说明，一级评价要素的全体老人满意度与空间环境质量评价得分之间呈正相关关系，印证了空间风貌状况评价相关结论；另一方面再次说明，老年人的空间知辨力相对较弱。（图 4-6）

2）各机构空间一级评价要素满意度与空间环境质量评价对比分析

在各机构中，除了青岛恒星老年公寓（SB61）和青岛福彩四方老年公寓（SB55）的 K4 城市空间以外，全体老人的满意度都不低于相对应的空间环境质量评价得分，进一步证明老年人的空间容忍力相对较强。

在各机构中，一级评价要素的全体老人满意度曲线与空间环境质价得分曲线的总体形态趋势全都基本一致，进一步证实了二者之间的正相关关系。

4.3.2.2 不同性别的老人

1）全体机构空间一级评价要素满意度与空间环境质量评价对比分析

在一级评价要素中，按照 K1（居室空间）、K2（建筑空间）、K3（场地空间）、K4（城市空间）的顺序，男性老人的满意度分别为 3.2 分、3.2 分、3.3 分、3.5 分，女性老人的满意度分别为 3.2 分、3.2 分、3.5 分、3.3 分。不同性别老人的一级评价要素满意度都不算太高，均未达到"比较满意"的水平，证明机构各个空间层域中都存在一定的环境质量问题。

可以看到，一级评价要素的男性老人与女性老人的满意度曲线十分接近。这进一步证明，性别因素对老年人的空间满意度影响不大，不同性别老年人的空间容忍力相仿。

一级评价要素的男性老人与女性老人满意度曲线的变化幅度接近，且均小于空间环境质量评价总体得分数值曲线的变化幅度，说明不同性别老人的空间知辨力相仿，且都相对较弱。

2）各机构空间一级评价要素满意度与空间环境质量评价对比分析

在各机构中，一级评价要素的男性老人与女性老人的满意度曲线都十分接近。这进一步证实了性别因素与老年人空间满意度之间的关系。

在各机构中，一级评价要素的男性老人与女性老人的满意度都与空间环境质量评价得分呈正相关关系，三者数值曲线的总体形态趋势基本一致。

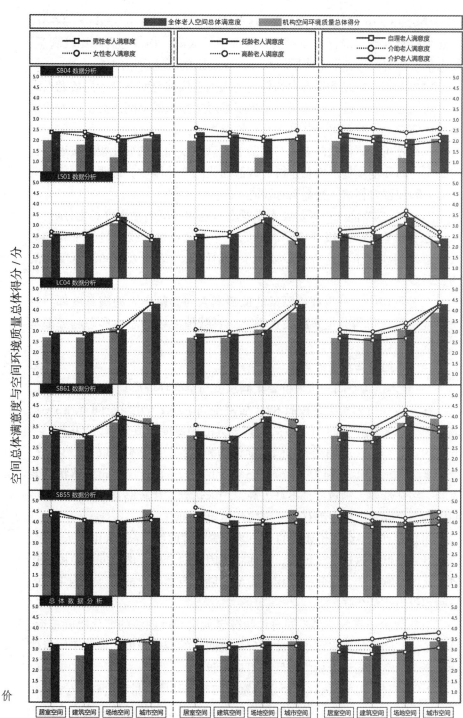

图 4-6 空间一级评价
要素满意度分析

4.3.2.3 不同年龄的老人

1）全体机构空间一级评价要素满意度与空间环境质量评价对比分析

在一级评价要素中，按照 K1（居室空间）、K2（建筑空间）、K3（场地空间）、K4（城市空间）的顺序，低龄老人的满意度分别为 3.0 分、3.1

分、3.2 分、3.2 分,高龄老人的满意度分别为 3.4 分、3.3 分、3.6 分、3.6 分。不同年龄老人的一级评价要素满意度都不算太高,均未达到"比较满意"的水平,证明机构各个空间层域中都存在一定的环境质量问题。

可以看到,一级评价要素的低龄老人满意度曲线明显处于高龄老人满意度曲线之下。这进一步证明,年龄因素对老年人的空间满意度影响比较明显,低龄老人的空间容忍力不及高龄老人。

一级评价要素的低龄老人与高龄老人满意度曲线的变化幅度接近,且均小于空间环境质量评价总体得分数值曲线的变化幅度,说明不同年龄老人的空间知辨力相仿,且都相对较弱。

2)各机构空间一级评价要素满意度与空间环境质量评价对比分析

在各机构中,一级评价要素的低龄老人满意度曲线明显处于高龄老人满意度曲线之下。这进一步证实了年龄因素与老年人空间满意度之间的关系。

在各机构中,一级评价要素的低龄老人与高龄老人的满意度都与空间环境质量评价得分呈正相关关系,三者数值曲线的总体形态趋势都基本一致。

4.3.2.4　不同身体状况的老人

1)全体机构空间一级评价要素满意度与空间环境质量评价对比分析

在一级评价要素中,按照 K1(居室空间)、K2(建筑空间)、K3(场地空间)、K4(城市空间)的顺序,自理老人的满意度分值分别为 2.9 分、2.8 分、2.9 分、3.1 分,介助老人的满意度分别为 3.2 分、3.2 分、3.6 分、3.5 分,介护老人的满意度分别为 3.4 分、3.5 分、3.7 分、3.8 分。不同身体状况老人的一级评价要素满意度都不算太高,均未达到"比较满意"的水平,证明机构各个空间层域中都存在一定的环境质量问题。

可以看到,一级评价要素的介护老人满意度曲线最高,介助老人次之,自理老人最低。这进一步证明,身体状况因素对老年人的空间满意度有比较明显的影响,二者之间呈负相关关系:随着身体状况的下降,老年人的空间容忍力逐渐变强。

一级评价要素的三类不同身体状况老人满意度曲线的变化幅度接近,且均小于空间环境质量评价总体得分数值曲线的变化幅度,说明不同身体状况老人的空间知辨力相仿,且都相对较弱。

2)各机构空间一级评价要素满意度与空间环境质量评价对比分析

在各机构中,一级评价要素的介护老人满意度曲线始终最高,介助老人满意度曲线始终处于中间,自理老人满意度曲线始终最低。这进一步证实了身体状况因素与老年人空间满意度之间的关系。

在各机构中,一级评价要素的介护老人、介助老人和自理老人的满意度都与空间环境质量评价得分呈正相关关系,四者数值曲线的总体形态趋势基本一致。

4.3.3 空间二级评价要素满意度分析(数据统计资料见附录2-4~附录2-7)

如图 4-7 所示。

4.3.3.1 全体老人

1) 全体机构空间二级评价要素满意度与空间环境质量评价对比分析

共有 23 项二级评价要素满意度不低于及格分数, 占比 82%, 其中,

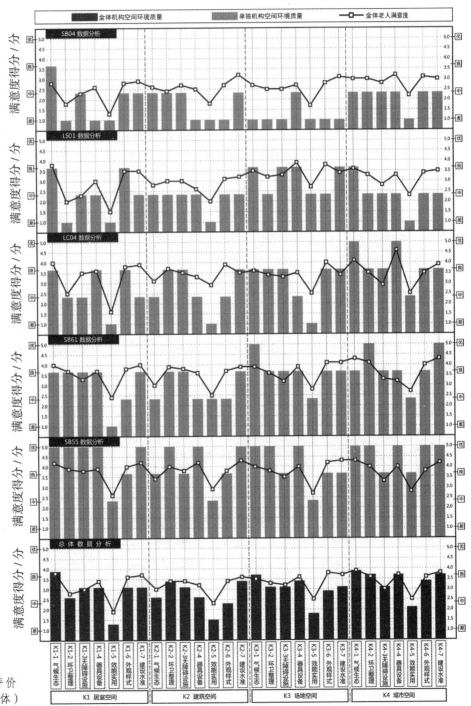

图 4-7 空间二级评价
要素满意度分析(全体)

分值在 3.6~4.0 的共 12 项，占比 43%，分值在 3.0~3.5 的共 11 项，占比 39%；共有 5 项二级评价要素满意度低于及格分数，占比 18%，其中，分值在 2.5~2.9 的共 3 项，占比 11%，分值在 2.5 以下的共 2 项，占比 7%。尽管绝大多数二级评价要素满意度不低于及格分数，但均未超过 4.0 分的"比较满意"水平，这说明机构空间环境质量存在全面性的问题，印证了空间风貌状况评价的相关结论。

"外观样式"与"建设水准"要素的满意度始终处于各组二级评价要素中前 3 的位置，说明老年人对机构空间的这两个方面是最为认可的。而与此相对的是，"效能实用"要素的满意度始终处于各组二级评价要素中的最低值，说明老年人对机构空间的"效能实用"情况是最不认可的，这与机构空间环境质量评价的结论相一致。

二级评价要素的满意度曲线与其空间环境质量评价得分曲线的总体形态变化趋势一致，说明二者之间呈正相关关系，同时印证了空间风貌状况评价的相关结论。

全体机构二级评价要素的满意度曲线与其空间环境质量评价得分曲线相比，前者更平缓一些。在各组全体机构二级评价要素中，前者的最高值与最低值之差分别为 K1 居室空间 1.9 分、K2 建筑空间 1.3 分、K3 场地空间 1.3 分、K4 城市空间 1.4 分。

2）各机构空间二级评价要素满意度与空间环境质量评价对比分析

市北区慈爱敬老院（SB04）共有 8 项二级评价要素满意度不低于及格分数，占比 29%，但均未超过 4.0 分；崂山区吉星老年公寓（LS01）共有 19 项二级评价要素满意度不低于及格分数，占比 68%，但均未超过 4.0 分；李沧区阳光养老服务中心（LC04）共有 22 项二级评价要素满意度不低于及格分数，占比 79%，但其中只有 2 项在 4.0 分以上，占比 7%；青岛恒星老年公寓（SB61）共有 24 项二级评价要素满意度不低于及格分数，占比 86%，但其中只有 5 项在 4.0 分以上，占比 11%；青岛福彩四方老年公寓（SB55）共有 24 项二级评价要素满意度不低于及格分数，占比 86%，但其中只有 8 项在 4.0 分以上，占比 29%。综合来看，无论机构环境质量等级高低与否，老年人对绝大多数二级评价要素的满意度都没有达到"比较满意"的水平，印证了机构空间环境质量问题的全面性。

各机构二级评价要素的满意度曲线与其空间环境质量评价得分曲线的总体形态变化趋势基本保持一致，呈正相关关系。与此同时，在每个机构的四组二级评价要素中，满意度最低的要素始终是"效能实用"，与空间风貌状况评价的结论相互印证。

4.3.3.2　不同性别的老人

如图 4-8 所示。

1）全体机构空间二级评价要素满意度与空间环境质量评价对比分析

在男性老人中，共有 23 项二级评价要素满意度不低于及格分数，占比 82%；在女性老人中，共有 22 项二级评价要素满意度不低于及格分数，占比 79%。尽管在不同性别的老人中，绝大多数二级评价要素满意度不低于及格分数，但均未超过 4.0 分的"比较满意"水平，印证了机构空间环境质量问题的全面性。

无论在何种性别的老人中，"效能实用"要素的满意度始终处于各组

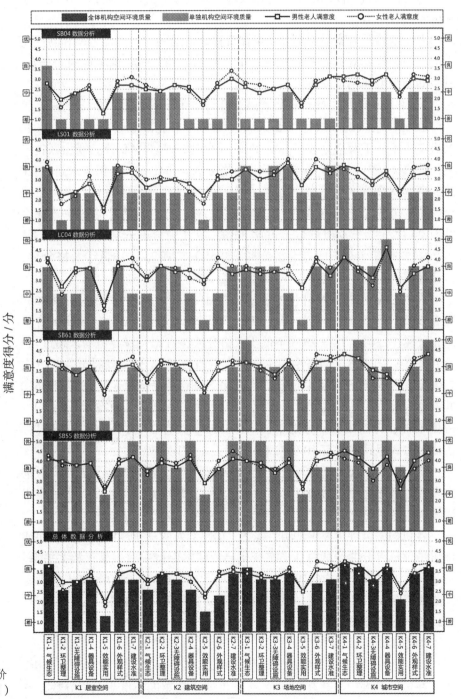

图 4-8 空间二级评价
要素满意度分析（性别）

二级评价要素中的最低值，说明男性老人和女性老人都对机构空间的"效能实用"最不认可。

二级评价要素的男性老人与女性老人满意度与空间环境质量评价得分呈正相关关系，三者数值曲线的总体形态趋势基本一致。

可以看到，二级评价要素的男性老人与女性老人的满意度曲线十分接近。这再次说明，性别因素对老年人的空间满意度影响不大，不同性别老人的空间容忍力相仿。

和二级评价要素空间环境质量评价得分曲线相比，男性老人和女性老人的二级评价要素满意度曲线都更为平缓一些，可见无论何种性别的老人，其空间知辨力都相对较弱。

2）各机构空间二级评价要素满意度与空间环境质量评价对比分析

在男性老人的二级评价要素满意度中：市北区慈爱敬老院（SB04）共有 7 项不低于及格分数，占比 25%，同时均未超过 4.0 分；崂山区吉星老年公寓（LS01）共有 17 项不低于及格分数，占比 61%，但均未超过 4.0 分；李沧区阳光养老服务中心（LC04）共有 24 项不低于及格分数，占比 86%，但其中只有 3 项在 4.0 分以上，占比 11%；青岛恒星老年公寓（SB61）共有 24 项不低于及格分数，占比 86%，但其中只有 6 项在 4.0 分以上，占比 21%；青岛福彩四方老年公寓（SB55）共有 25 项不低于及格分数，占比 89%，但其中只有 9 项在 4.0 分以上，占比 32%。

在女性老人的二级评价要素满意度中：市北区慈爱敬老院（SB04）共有 6 项不低于及格分数，占比 21%，同时均未超过 4.0 分；崂山区吉星老年公寓（LS01）共有 20 项不低于及格分数，占比 71%，但均未超过 4.0 分；李沧区阳光养老服务中心（LC04）共有 22 项不低于及格分数，占比 79%，但其中只有 6 项在 4.0 分以上，占比 21%；青岛恒星老年公寓（SB61）共有 23 项不低于及格分数，占比 82%，但其中只有 5 项在 4.0 分以上，占比 18%；青岛福彩四方老年公寓（SB55）共有 24 项不低于及格分数，占比 86%，但其中只有 10 项在 4.0 分以上，占比 36%。

综合来看，无论机构环境质量等级高低与否，不同性别的老年人对绝大多数二级评价要素的满意度都没有达到"比较满意"的水平，进一步印证了机构空间环境质量问题的全面性。

各机构二级评价要素的男性老人、女性老人的满意度曲线与其空间环境质量评价得分曲线的总体形态变化趋势基本保持一致，呈正相关关系。与此同时，在每个机构的四组二级评价要素中，无论何种性别老人的满意度曲线都存在一个最低值，所对应的均为"效能实用"要素。

4.3.3.3 不同年龄的老人

如图 4-9 所示。

1）全体机构空间二级评价要素满意度与空间环境质量评价对比分析

在低龄老人中，共有 22 项二级评价要素满意度不低于及格分数，占比 75%，但均未超过 4.0 分；在女性老人中，共有 23 项二级评价要素满意度不低于及格分数，占比 82%，但其中只有 2 项在 4.0 分以上，占比 7%。尽管在不同年龄的老人中，绝大多数二级评价要素满意度不低于及格分数，但超过 4.0 分"比较满意"水平的却非常少，印证了机构空间环境质量问题的全面性。

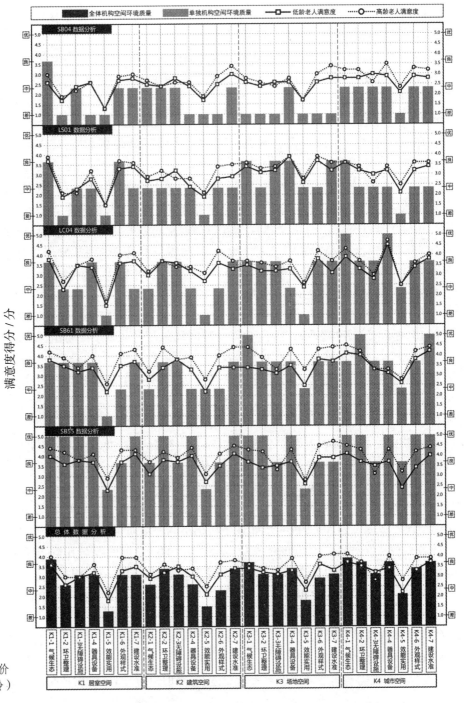

图 4-9 空间二级评价
要素满意度分析(年龄)

无论在何种年龄的老人中，"效能实用"要素的满意度始终处于各组二级评价要素中的最低值，说明低龄老人和高龄老人都对机构空间的"效能实用"最不认可。

二级评价要素的低龄老人与高龄老人的满意度都与空间环境质量评价得分呈正相关关系，三者数值曲线的总体形态趋势基本一致。

可以看到，二级评价要素的低龄老人满意度曲线明显处于高龄老人满意度曲线之下。这再次说明，年龄因素对老年人的空间满意度影响比较明显，低龄老人的空间容忍力不及高龄老人。

和二级评价要素空间环境质量评价得分曲线相比，低龄老人和高龄老人的二级评价要素满意度曲线都更为平缓一些，可见无论何种年龄的老人，其空间知辨力都相对较弱。

2）各机构空间二级评价要素满意度与空间环境质量评价对比分析

在低龄老人的二级评价要素满意度中：市北区慈爱敬老院（SB04）共有2项不低于及格分数，占比7%，但均未超过4.0分；崂山区吉星老年公寓（LS01）共有16项不低于及格分数，占比57%，但均未超过4.0分；李沧区阳光养老服务中心（LC04）共有22项不低于及格分数，占比79%，但其中只有1项在4.0分以上，占比4%；青岛恒星老年公寓（SB61）共有23项不低于及格分数，占比82%，但其中只有2项在4.0分以上，占比7%；青岛福彩四方老年公寓（SB55）共有24项不低于及格分数，占比86%，但其中只有3项在4.0分以上，占比11%。

在高龄老人的二级评价要素满意度中：市北区慈爱敬老院（SB04）共有10项不低于及格分数，占比36%，同时均未超过4.0分；崂山区吉星老年公寓（LS01）共有18项不低于及格分数，占比64%，但均未超过4.0分；李沧区阳光养老服务中心（LC04）共有24项不低于及格分数，占比86%，但其中只有6项在4.0分以上，占比21%；青岛恒星老年公寓（SB61）共有25项不低于及格分数，占比89%，但其中只有12项在4.0分以上，占比43%；青岛福彩四方老年公寓（SB55）共有26项不低于及格分数，占比93%，其中有19项在4.0分以上，占比68%。

综合来看，除了青岛福彩四方老年公寓（SB55）中的高龄老人以外，其他机构中的不同年龄的老年人对绝大多数二级评价要素的满意度都没有达到"比较满意"的水平，进一步印证了机构空间环境质量问题的全面性。

各机构二级评价要素的低龄老人、高龄老人的满意度曲线与其空间环境质量评价得分曲线的总体形态变化趋势都基本保持一致，呈正相关关系。与此同时，在每个机构的四组二级评价要素中，无论何种年龄老人的满意度曲线都存在一个最低值，所对应的均为"效能实用"要素。

4.3.3.4　不同身体状况老人

如图4-10所示。

1）全体机构空间二级评价要素满意度与空间环境质量评价对比分析

在自理老人中，共有 20 项二级评价要素满意度不低于及格分数，占比 71%，但均未超过 4.0 分；在介助老人中，共有 21 项二级评价要素满意度不低于及格分数，占比 75%，但其中只有 1 项在 4.0 分以上，占比 4%；在介护老人中，共有 22 项二级评价要素满意度不低于及格分数，占比 79%，但其中只有 3 项在 4.0 分以上，占比 11%。

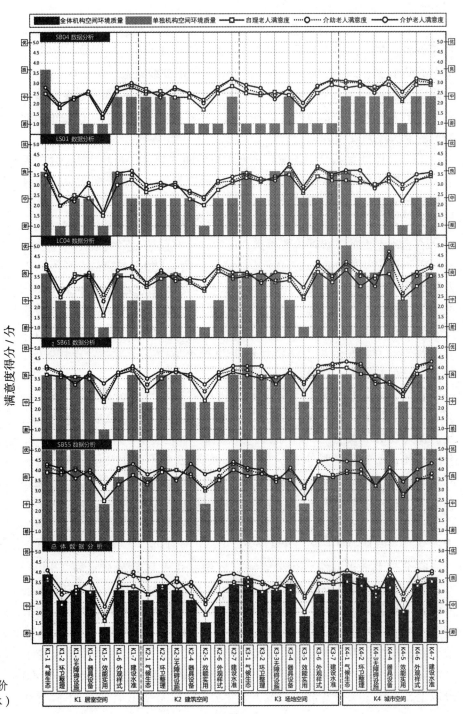

图 4-10 空间二级评价
要素满意度分析（身体）

尽管在不同身体状况的老人中，绝大多数二级评价要素满意度不低于及格分数，但超过4.0分"比较满意"水平的却非常少，印证了机构空间环境质量问题的全面性。

无论在何种身体状况的老人中，"效能实用"要素的满意度始终处于各组二级评价要素中的最低值，说明各类身体状况的老人都对机构空间的"效能实用"最不认可。

二级评价要素的自理老人、介助老人、介护老人满意度都与空间环境质量评价得分呈正相关关系，四者数值曲线的总体形态趋势基本一致。

可以看到，二级评价要素的介护老人满意度曲线最高，介助老人次之，自理老人最低。这再次说明，身体状况因素对老年人的空间满意度有着比较明显的影响，二者之间呈负相关关系：随着身体状况的下降，老年人的空间容忍力逐渐变强。

和二级评价要素空间环境质量评价得分曲线相比，自理老人、介助老人、介护老人的二级评价要素满意度曲线都更为平缓一些，可见无论何种身体状况的老人，其空间知辨力都相对较弱。

2）各机构空间二级评价要素满意度与空间环境质量评价对比分析

在自理老人的二级评价要素满意度中：市北区慈爱敬老院（SB04）共有0项不低于及格分数；崂山区吉星老年公寓（LS01）共有16项不低于及格分数，占比57%，但均未超过4.0分；李沧区阳光养老服务中心（LC04）共有23项不低于及格分数，占比82%，但均未超过4.0分；青岛恒星老年公寓（SB61）共有23项不低于及格分数，占比82%，但均未超过4.0分；青岛福彩四方老年公寓（SB55）共有25项不低于及格分数，占比89%，但其中只有1项在4.0分以上，占比4%。

在介助老人的二级评价要素满意度中：市北区慈爱敬老院（SB04）共有7项不低于及格分数，占比25%，但均未超过4.0分；崂山区吉星老年公寓（LS01）共有19项不低于及格分数，占比68%，但均未超过4.0分；李沧区阳光养老服务中心（LC04）共有23项不低于及格分数，占比82%，但其中只有2项在4.0分以上，占比7%；青岛恒星老年公寓（SB61）共有25项不低于及格分数，占比89%，但其中只有5项在4.0分以上，占比18%；青岛福彩四方老年公寓（SB55）共有27项不低于及格分数，占比96%，但其中只有5项在4.0分以上，占比18%。

在介护老人的二级评价要素满意度中：市北区慈爱敬老院（SB04）共有8项不低于及格分数，占比29%，但均未超过4.0分；水清沟社区服务中心老年公寓（SB39）共有20项不低于及格分数，占比71%，但均未超过4.0分；李沧区阳光养老服务中心（LC04）共有26项不低于及格分数，占比93%，但其中只有4项在4.0分以上，占比14%；青岛恒星老年公寓（SB61）共有27项不低于及格分数，占比96%，但其中只有11项在4.0分以上，占比39%；青岛福彩四方老年公寓（SB55）共有28项不低于及格分数，占比 100%，其中有 15 项在 4.0 分以上，占比 54%。

综合来看，除了青岛福彩四方老年公寓（SB55）中的介护老人以外，其他机构中的不同身体状况的老年人对绝大多数二级评价要素的满意度都没有达到"比较满意"的水平，进一步印证了机构空间环境质量问题的全面性。

各机构二级评价要素的自理老人、介助老人、介护老人满意度曲线与其空间环境质量评价得分曲线的总体形态变化趋势都基本保持一致，呈正相关关系。与此同时，在每个机构的四组二级评价要素中，无论何种身体状况老人的满意度曲线都存在一个最低值，所对应的均为"效能实用"要素。

4.3.4 空间层域连接模式满意度分析（数据统计资料见附录 2-8）

4.3.4.1 全体老人

如图 4-11 的柱状图所示。

全体老人对各相邻空间层域之间的连接和过渡状况的满意度为："床位空间与居室空间"2.1 分、"居室空间与建筑空间"2.2 分、"建筑空间与场地空间"2.6 分、"场地空间与城市空间"2.4 分。可见，老年人对现有的空间层域连接模式"不太满意"。

4.3.4.2 不同性别的老人

如图 4-11 所示。

男性老人对各相邻空间层域之间的连接和过渡状况的满意度为："床位空间与居室空间"2.0 分、"居室空间与建筑空间"2.2 分、"建筑空间与场地空间"2.5 分、"场地空间与城市空间"2.5 分。

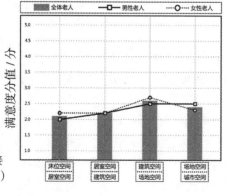

图 4-11 空间层域连接模式满意度分析(性别)

女性老人对各相邻空间层域之间的连接和过渡状况的满意度为："床位空间与居室空间"2.2 分、"居室空间与建筑空间"2.2 分、"建筑空间与场地空间"2.7 分、"场地空间与城市空间"2.3 分。

可见，男性老人和女性老人对现有的空间层域连接模式都"不太满意"。此外，二者的满意度曲线十分接近，说明性别因素对老年人的空间层域连接模式喜好影响不大。

4.3.4.3 不同年龄的老人

如图 4-12 所示。

低龄老人对各相邻空间层域之间的连接和过渡状况的满意度为："床位空间与居室空间"1.9 分、"居室空间与建筑空间"2.1 分、"建筑空间与场地空间"2.5分、"场地空间与城市空间"2.2分。

高龄老人对各相邻空间层域之间的连接和过渡状况的满意度为："床位空间与居室空间"2.3分、"居室空间与建筑空间"2.3分、"建筑空间与场地空间"2.7分、"场地空间与城市空间"2.6分。

可见，低龄老人和高龄老人对现有的空间层域连接模式都"不太满意"。此外，低龄老人的满意度曲线低于高龄老人，说明老年人对空间层域连接模式的满意度与其年龄在总体上呈正相关关系。

4.3.4.4 不同身体状况的老人

如图4-13所示。

自理老人对各相邻空间层域之间的连接和过渡状况的满意度为："床位空间与居室空间"1.7分、"居室空间与建筑空间"2.0分、"建筑空间与场地空间"2.4分、"场地空间与城市空间"2.1分。

介助老人对各相邻空间层域之间的连接和过渡状况的满意度为："床位空间与居室空间"2.2分、"居室空间与建筑空间"2.1分、"建筑空间与场地空间"2.5分、"场地空间与城市空间"2.4分。

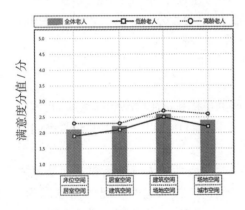
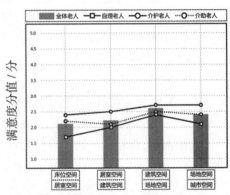

图4-12 空间层域连接模式满意度分析(年龄)(左)

图4-13 空间层域连接模式满意度分析(身体)(右)

介护老人对各相邻空间层域之间的连接和过渡状况的满意度为："床位空间与居室空间"2.4分、"居室空间与建筑空间"2.5分、"建筑空间与场地空间"2.7分、"场地空间与城市空间"2.7分。

可以看到，自理老人、介助老人对现有的空间层域连接模式都"不太满意"，介护老人的满意度虽稍高一点，但也远未达到"一般"的水平。此外，三条满意度曲线的高低次序与老年人的身体状况呈负相关关系，说明身体状况因素对老年人的空间层域满意度有一定影响。

总而言之，无论从全体老年人的满意度评价结果来看，还是从各个类型老年人的满意度评价结果来看，现在的空间层域连接模式都令老年人不太满意，养老机构空间系统的四重割裂已经对老年人造成了负面影响，这印证了空间风貌状况评价的相关结论。

本章小结

本章分析了中心四区典型机构老年人对空间总体、一级评价要素、二级评价要素、层域连接模式的满意度，旨在准确掌握老年人对机构空间优劣的主观态度，并通过与空间风貌状况评价主要研究结论的对照印证，进一步探寻养老机构空间系统中存在的核心问题。

空间总体、一级评价要素、二级评价要素的各条满意度曲线均与其相对应的空间环境质量曲线呈正相关关系，且数值均较低，说明各类老年人均对养老机构空间环境现状普遍不满，其中，各类老年人均对机构空间的"效能实用"最为不满；同时，空间层域连接模式的各条满意度曲线显示，各类老年人均对相邻空间层域之间的连接现状不太满意，说明机构空间系统的四重割裂已经对老年人造成了负面影响。这些都印证了空间风貌状况评价的相关结论。

此外，各条满意度曲线均高于其相对应的空间环境质量曲线，这说明老年人对的空间的容忍力相对较强，其中，性别因素对满意度影响不大，年龄因素与满意度正相关，身体状况因素与满意度负相关；各条满意度曲线的变化幅度均小于其相对应的空间环境质量曲线，这说明老年人的空间知辨力相对较弱。

第五章　养老机构空间重要度评价

5.1　前期准备

5.1.1 评价路线设计

5.1.1.1 明确评价内容与目的

　　本章研究内容属于基于主观态度的介入性评价研究范畴。运用问卷调查方法,辅以半开放式访谈方法,深入了解典型养老机构中各类老年人对一级评价要素、二级评价要素的重视程度及其对空间层域连接模式的偏好倾向,求得空间满意度评价要素权重,以准确掌握老年人对养老机构空间使用需求的主观态度,并通过与空间满意度评价主要研究结论的对照印证,进一步探寻养老机构空间系统中存在的核心问题。

5.1.1.2　明确评价主体与样本

　　空间重要度评价的主体为生活在样本机构中的老年人。

　　空间重要度评价的样本机构共 5 家,分别为 SB04 市北区慈爱敬老院、LS01 崂山区吉星老年公寓、LC04 李沧区阳光养老服务中心、SB61 青岛恒星老年公寓、SB55 青岛福彩四方老年公寓,与空间满意度评价的样本机构保持一致,以便各部分研究结论之间进行更有效的对照印证。(样本机构基础信息见附录 5–1、附录 5–2)

5.1.1.3　明确评价规则与结构

　　基于养老机构空间使用后评价要素,设计养老机构空间重要度封闭式量化问卷(附录 3–1),设定"非常重要""比较重要""一般""不太重要""毫不重要"五个重要度量级,并分别赋值 5.0 分、4.0 分、3.0 分、2.0 分、1.0 分,以此对样本机构各类老年人的空间一级评价要素重要度、空间二级评价要素重要度进行量化统计分析,并将其与空间满意度评价的主要结论进行对照印证。随后,基于各要素重要度评价的结果,对养老机构空间满意度评价要素的权重进行求导和验证。

　　与重要度问卷同步,对应床位空间与居室空间、居室空间与建筑空间、建筑空间与场地空间、场地空间与城市空间这四对空间层域连接关系,设计四组空间层域连接模式比选实验,对样本机构各类老年人的空间层域连接模式偏好倾向——各类要素重视程度的综合表征进行量化统计分析,同时将其与空间满意度评价的主要结论进行对照印证。实验设计的具体内容见后文详述。

空间重要度评价的总体结构如图 5-1 所示。

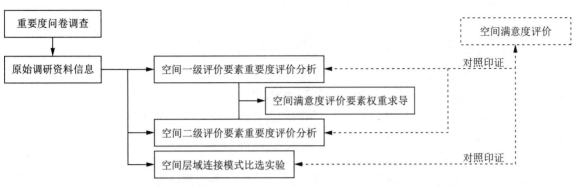

图 5-1 空间重要度评价总体结构

5.1.2　相关事务性准备

5.1.2.1　公关准备

在青岛市民政部门的协调帮助下，与样本机构的相关负责人进行事先沟通协调，获取调研实施期间所需的必要支持。

5.1.2.2　人员准备

聘请 30 名青岛理工大学建筑设计专业的本科生作为调查员，其中，绝大部分调查员都参与了空间风貌状况和满意度评价研究的调研工作，仅少量的人员被替换。

5.1.2.3　技术准备

就空间重要度调查问卷、空间层域连接模式比选实验图片、空间使用后评价要素系统、调研任务、调研要点、调研技巧、特殊注意事项等相关内容对调查员进行事先培训。

5.1.2.4　材料准备

由调研总负责人在正式调研实施前落实以下材料：

1）青岛市民政部门开具的调研任务介绍信。

2）调查员的工作证。

3）调查员的文具（写字板、笔）。

4）打印好的空间重要度调查问卷若干。

5）打印好的空间层域连接模式比选实验图片若干。

6）为参与问卷调查的老年人准备的小礼品。

5.1.2.5　安全准备

针对调研实施期间涉及的相关安全问题，对调查员进行教育叮嘱，并事先为每一名调查员购买调研实施期间的人身安全保险。

5.2　中期实施

5.2.1　数据资料采集

5.2.1.1　评价主体抽样

机构空间重要度与满意度的评价主体采取相同抽样，即由相同的一批老年人同时完成重要度问卷和满意度问卷，从而保证评价总体逻辑的闭合，有利于评价数据资料之间的对比。

5.2.1.2　调研人员编组

将所有调查员编为 5 个调研组，每组 6 人，并任命 1 名学生为调研组长。

5.2.1.3　调研任务安排

每个调研组（6 名调查员）负责一家养老机构老年人（60 人）的问卷调查任务，由调研组长根据组员情况灵活安排具体调查任务。

5.2.1.4　调研实施过程

2016 年 9 月 4 日，依据调研计划，对 5 家养老机构的各类入住老年人进行空间重要度问卷调查。考虑到老年人可能存在的概念认知和身体条件等方面的局限，采取了访谈式问卷调查方法，以保证问卷调查的效率。

5.2.2　数据资料整理

5.2.2.1　数据资料集中

2016 年 9 月 5 日，由调研组长将各组原始调查数据资料进行集中，提交至调研总负责人处。

5.2.2.2　数据资料复核

2016 年 9 月 6 日至 7 日，由调研总负责人召集各调研组长，对原始调查数据资料进行复核，根据问卷作答情况筛除无效问卷。

5.2.2.3　数据资料录入

2016 年 9 月 8 日至 13 日，由调研总负责人召集各调研组长，按照预先设计的统一格式，将复核后的调查数据资料录入 Excel 软件。

5.3　后期分析

5.3.1　空间一级评价要素重要度分析（数据统计资料见附录 3-2）

5.3.1.1　全体老人

如图 5-2 所示。

1）全体机构空间一级评价要素重要度与满意度评价对比分析

一级评价要素的全体老人重要度从高到低分别为 K1 居室空间 4.0 分、K2 建筑空间 3.8 分、K3 场地空间 3.7 分、K4 城市空间 3.5 分。可以看到，一级评价要素重要度的分值区间与评价词"比较重要"所对应的分值相接近，与此同时，各一级评价要素重要度的差异不大，其分值区间跨度为 0.5 分。

全体老人的一级评价要素重要度曲线与满意度曲线趋势相反，呈负相

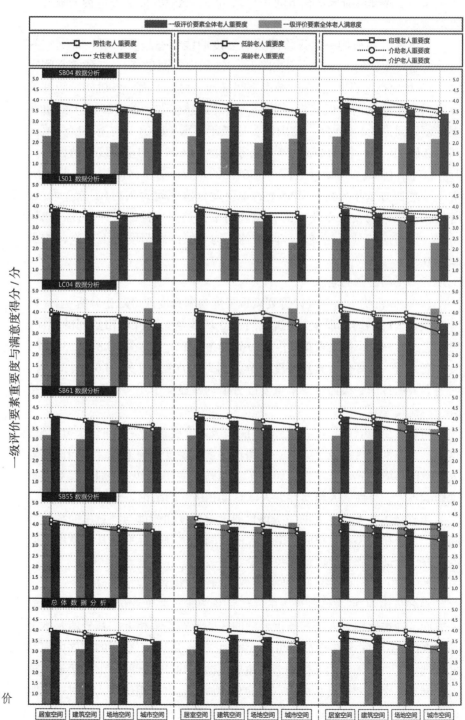

图 5-2　空间一级评价要素重要度分析

关关系，反映了老年人的空间优劣判断标准与满意度之间的关联，印证了满意度评价相关结论。

2）各机构空间一级评价要素重要度与满意度评价对比分析

各机构一级评价要素的重要度评价结果基本相同，这说明老年人对机构空间的总体使用需求是相仿的，与此同时，这也验证了各机构一级评价要素满意度评价结果的有效性。

一方面，各机构一级评价要素重要度曲线形态趋势相近。各个空间层域的重要度分值由内而外逐次降低：K1 居室空间最高，K2 建筑空间次之，K3 场地空间再次之，K4 城市空间最低。另一方面，各机构一级评价要素重要度曲线的分值接近。其中，市北区慈爱敬老院（SB04）的重要度分值区间为 3.4~3.9 分；崂山区吉星老年公寓（LS01）的重要度分值区间为 3.6~3.9 分；李沧区阳光养老服务中心（LC04）的重要度分值区间为 3.5~4.0 分；青岛恒星老年公寓（SB61）的重要度分值区间为 3.6~4.1 分；青岛福彩四方老年公寓（SB55）的重要度分值区间为 3.7~4.1 分。可见，各机构一级评价要素重要度的分值区间十分类似，且都与评价词"比较重要"所对应的分值相接近，同时各机构分值区间跨度都不太大，均不超过 0.5 分。

5.3.1.2 不同性别的老人

1）全体机构空间一级评价要素重要度与满意度评价对比分析

按照 K1 居室空间、K2 建筑空间、K3 场地空间、K4 城市空间的顺序，男性老人对一级评价要素重要度评分分别为 4.0 分、3.7 分、3.8 分、3.5 分；女性老人对一级评价要素重要度评分分别为 4.0 分、3.9 分、3.6 分、3.5 分。两类老人的各个一级评价要素重要度分值均明显高于"一般"的水平，接近于"比较重要"。

可以看到，男性老人与女性老人的一级评价要素重要度曲线十分接近。这表示，性别因素对老年人的一级评价要素重要度影响不大，不同性别老人对空间环境的要求差不多，印证了空间满意度评价中"性别要素对满意度影响不大，男性老人与女性老人满意度相仿"的结论。

男性老人与女性老人的一级评价要素重要度曲线都与满意度曲线趋势相反，呈负相关关系，反映了老年人的空间优劣判断标准与其满意度之间的关联，印证了满意度评价相关结论。

2）各机构空间一级评价要素重要度与满意度评价对比分析

在各机构中，同类性别老人的一级评价要素重要度评价结果基本相同。一方面，同类性别老人的各条重要度曲线的形态趋势相近，其分值基本上都按 K1 居室空间、K2 建筑空间、K3 场地空间、K4 城市空间的顺序由高到低排列；另一方面，同类性别老人重要度曲线的分值区间都十分接近。这说明同类性别的老年人对机构空间的总体使用需求是相仿的，同时这也验证了各机构一级评价要素满意度评价结果的有效性。

5.3.1.3 不同年龄的老人

1）全体机构空间一级评价要素重要度与满意度评价对比分析

按照 K1 居室空间、K2 建筑空间、K3 场地空间、K4 城市空间的顺序，低龄老人对一级评价要素重要度评分分别为 4.1 分、4.0 分、3.9 分、3.6 分；高龄老人对一级评价要素重要度评分分别为 3.9 分、3.6 分、3.5 分、3.4 分。低龄老人的各个一级评价要素重要度分值均明显高于"一般"的水平，接近于"比较重要"；高龄老人的 K1 居室空间、K2 建筑空间、K3 场地空间的重要度分值接近于"比较重要"，K4 城市空间的重要度分值接近于"一般"。

可以看到，低龄老人的一级评价要素重要度曲线明显高于高龄老人。这表示，年龄因素对老年人的一级评价要素重要度影响明显，随着年龄的增加，老年人对空间环境的要求有所下降，印证了空间满意度评价中"年龄要素对满意度影响明显，低龄老人满意度低于高龄老人满意度"的结论。

低龄老人与高龄老人的一级评价要素重要度曲线都与满意度曲线趋势相反，呈负相关关系，反映了老年人的空间优劣判断标准与其满意度之间的关联，印证了满意度评价相关结论。

2）各机构空间一级评价要素重要度与满意度评价对比分析

在各机构中，同类年龄老人的一级评价要素重要度评价结果基本相同。一方面，同类年龄老人的各条重要度曲线的形态趋势相近，其分值基本上都按 K1 居室空间、K2 建筑空间、K3 场地空间、K4 城市空间的顺序由高到低排列；另一方面，同类年龄老人重要度曲线的分值区间都十分接近。这说明同类年龄的老年人对机构空间的总体使用需求是相仿的，同时这也验证了各机构一级评价要素满意度评价结果的有效性。

5.3.1.4 不同身体状况的老人

1）全体机构空间一级评价要素重要度与满意度评价对比分析

按照 K1 居室空间、K2 建筑空间、K3 场地空间、K4 城市空间的顺序，自理老人的重要度分别为 4.3 分、4.1 分、4.0 分、3.9 分；介助老人的重要度分别为 4.0 分、3.8 分、3.8 分、3.5 分；介护老人的重要度分别为 3.7 分、3.5 分、3.3 分、3.1 分。自理老人和介助老人的各个一级评价要素重要度分值均明显高于"一般"的水平，接近于"比较重要"；介护老人的 K1 居室空间、K2 建筑空间的重要度分值接近于"比较重要"，K3 场地空间、K4 城市空间的重要度分值接近于"一般"。

可以看到，自理老人的一级评价要素重要度曲线最高，其次为介助老人，最低的是介护老人。这表示，身体状况因素对老年人的一级评价要素重要度影响明显，随着身体状况的下滑，老年人对空间环境的要求逐步下降，印证了空间满意度评价中"身体状况要素对满意度影响明显，老年人的满意度与其身体状况成反比"的结论。

三类身体状况老人的一级评价要素重要度曲线都与满意度曲线趋势相

反，呈负相关关系，反映了老年人的空间优劣判断标准与其满意度之间的关联，印证了满意度评价相关结论。

2）各机构空间一级评价要素重要度与满意度评价对比分析

在各机构中，同类身体状况老人的一级评价要素重要度评价结果基本相同。一方面，同类身体状况老人的各条重要度曲线的形态趋势相近，其分值基本上都按 K1 居室空间、K2 建筑空间、K3 场地空间、K4 城市空间的顺序由高到低排列；另一方面，同类身体状况老人的重要度曲线的分值区间都十分接近。这说明同类身体状况的老年人对机构空间的总体使用需求是相仿的，同时这也验证了各机构一级评价要素满意度评价结果的有效性。

5.3.2　空间二级评价要素重要度分析（数据统计资料见附录 3-3~ 附录 3-6）

5.3.2.1　全体老人

如图 5-3 所示。

1）全体机构空间二级评价要素满意度与重要度评价对比分析

全体老人二级评价要素重要度曲线的总体形态比较平缓，其分值区间的跨度也不算太大，为 3.2~4.3 分。其中，分值不超过 3.5 分的共 7 项，占比 25%；分值在 3.5 分以上的共 21 项，占比 75%。就全体老人而言，他们认为所有二级评价要素都超过了"一般"的程度，并且他们认为绝大多数二级评价要素"比较重要"，由此可见，老年人对机构空间环境各个方面的要求都是比较高的。此外，数值曲线中存在着四个明显的峰值，其所对应的基本评价要素均为"效能实用"，说明老年人对机构空间环境的"效能实用"最为关注和重视。

全体老人二级评价要素重要度曲线的形态趋势与满意度曲线基本相反，呈负相关关系，反映了老年人的空间优劣判断标准与满意度之间的关联，其中，最为显著的表现在于，重要度曲线中"效能实用"所处的四个峰值恰好对应着满意度曲线中的四个谷值，二者相互印证。

2）各机构空间二级评价要素满意度与重要度评价对比分析

在各机构中，全体老人的二级评价要素重要度评价结果基本相同，这进一步证实老年人对机构空间的总体使用需求是相仿的。一方面，各机构二级评价要素重要度曲线形态趋势相近，总体都比较平缓，与此同时，各条曲线中都存在四个明显的峰值，其所对应的基本评价要素均为"效能实用"，而这恰好是各机构满意度曲线中的四个谷值；另一方面，各机构二级评价要素重要度曲线的分值区间都十分接近。

5.3.2.2　不同性别的老人

1）全体机构空间二级评价要素满意度与重要度评价对比分析

男性老人和女性老人的二级评价要素重要度曲线十分接近，这说明性别因素对老年人的空间优劣判断标准基本不构成影响，同时也印证了满意

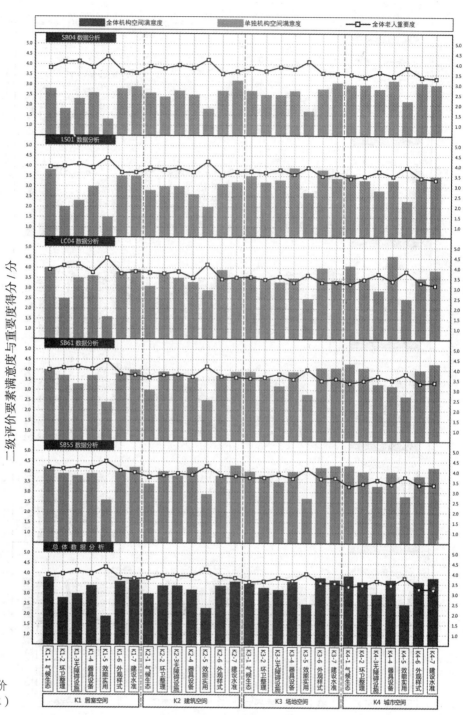

图 5-3　空间二级评价
要素重要度分析（全体）

度评价中"性别要素对满意度影响不大，男性老人与女性老人满意度相仿"
的结论。

　　两条重要度曲线的总体形态都比较平缓，分值区间也都不大。男性
老人的重要度分值区间为 3.2~4.4 分，其中，分值不超过 3.5 分的共 9 项，
占比 32%，分值在 3.5 分以上的共 19 项，占比 68%。全体女性老人的

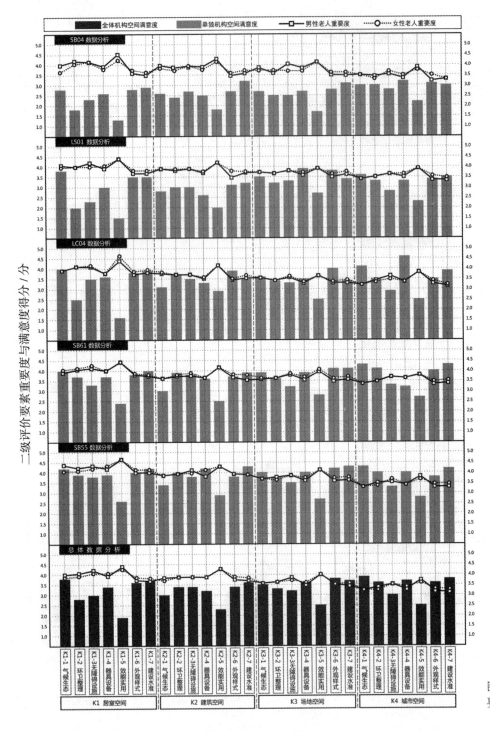

图 5-4 空间二级评价
要素重要度分析（性别）

重要度分值区间为 3.3~4.3 分，其中，分值不超过 3.5 分的共 8 项，占比
29%，分值在 3.5 分以上的共 20 项，占比 71%。可以看到，男性老人和女
性老人的二级评价要素重要度都超过了"一般"的水平，且绝大多数接近
"比较重要"的水平，这说明两类老人对机构空间环境各个方面的要求都

比较高。此外，两条数值曲线中分别存在着四个明显的峰值，其所对应的基本评价要素均为"效能实用"，说明男性老人和女性老人都对机构空间环境的"效能实用"最为重视。（图5-4）

　　两条重要度曲线的形态趋势都与满意度曲线基本相反，呈负相关关系，再次反映了老年人的空间优劣判断标准与其满意度之间的关联，印证了满意度评价相关结论。

　　2）各机构空间二级评价要素满意度与重要度评价对比分析

　　在各机构中，同类性别老人的二级评价要素重要度评价结果基本相同，各条曲线的形态与分值区间都比较接近，这进一步说明同类性别的老年人对机构空间的总体使用需求是相仿的，同时这也验证了各机构二级评价要素满意度评价结果的有效性。此外，各机构中两类性别老人的重要度曲线均与满意度曲线大体上呈相反的态势，这一反差在基本评价要素"效能实用"上面体现得最为显著。

5.3.2.3　不同年龄的老人

　　1）全体机构空间二级评价要素满意度与重要度评价对比分析

　　低龄老人的二级评价要素重要度曲线明显高于高龄老人，这说明年龄因素对老年人的空间优劣判断标准有显著的影响，随着年龄的增加，老年人对空间环境的要求有所下降，同时也印证了空间满意度评价中"年龄要素对满意度影响明显，低龄老人满意度低于高龄老人满意度"的结论。

　　两条重要度曲线的总体形态都比较平缓，分值区间也都不大。低龄老人的重要度分值区间为3.4~4.5分，其中，分值不超过3.5分的共7项，占比25%，分值在3.5分以上的共21项，占比75%。全体高龄老人的重要度分值区间为3.1~4.3分，其中，分值不超过3.5分的共12项，占比43%，分值在3.5分以上的共16项，占比57%。可以看到，低龄老人和高龄老人的二级评价要素重要度都超过了"一般"的水平，且大多数接近"比较重要"的水平，这说明两类老人对机构空间环境各个方面的要求都比较高。此外，两条数值曲线中分别存在着四个明显的峰值，其所对应的基本评价要素均为"效能实用"，说明低龄老人和高龄老人都对机构空间环境的"效能实用"最为重视。（图5-5）

　　两条重要度曲线的形态趋势都与满意度曲线基本相反，呈负相关关系，再次反映了老年人的空间优劣判断标准与其满意度之间的关联，印证了满意度评价相关结论。

　　2）各机构空间二级评价要素满意度与重要度评价对比分析

　　在各机构中，同类年龄老人的二级评价要素重要度评价结果基本相同，各条曲线的形态与分值区间都比较接近，这进一步说明同类年龄的老年人对机构空间的总体使用需求是相仿的，同时这也验证了各机构二级评价要素满意度评价结果的有效性。此外，各机构中两个年龄层次老年人的重要度曲线均与满意度曲线大体上呈相反的态势，这一反差在基本评价要

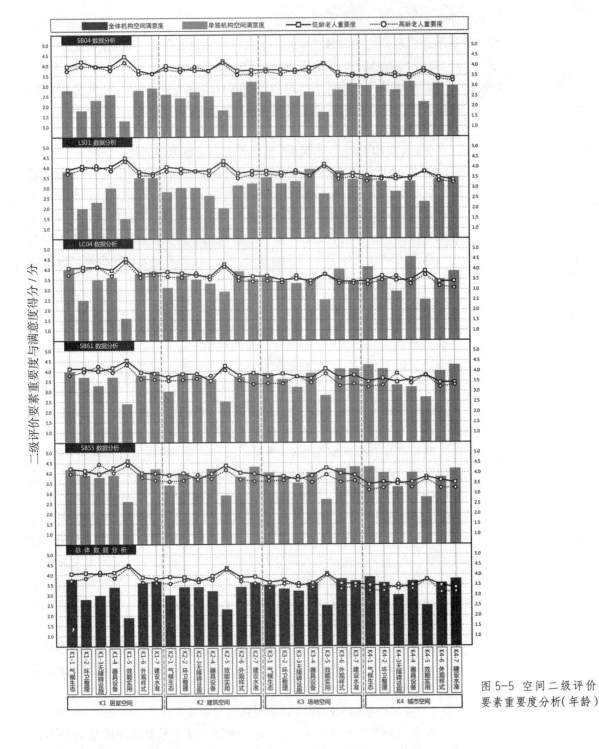

图 5-5 空间二级评价
要素重要度分析(年龄)

素"效能实用"上面体现得最为显著。

5.3.2.4 不同身体状况的老人

如图 5-6 所示。

1)全体机构空间二级评价要素满意度与重要度评价对比分析

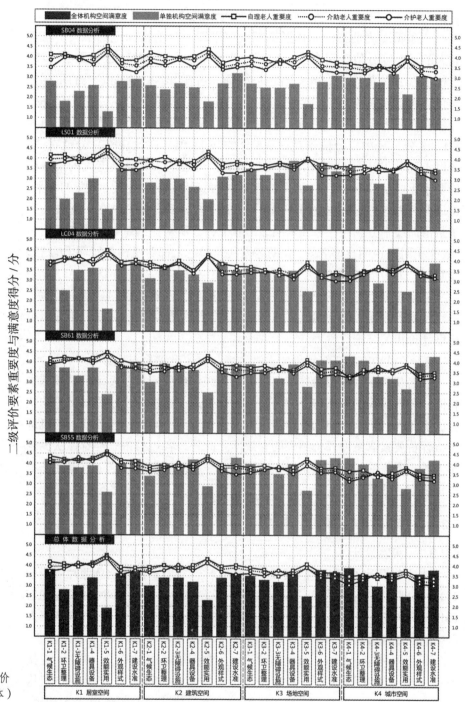

图 5-6 空间二级评价
要素重要度分析(身体)

　　各类身体状况老人的二级评价要素重要度曲线按照自理老人、介助老
人、介护老人的顺序由高到低依次排列，这说明身体状况因素对老年人的
空间优劣判断标准有显著的影响，随着身体状况的下滑，老年人对空间环
境的要求逐步下降，同时，也印证了空间满意度评价中"年龄要素对满意

度影响明显，低龄老人满意度低于高龄老人满意度"的结论。

三条重要度曲线的总体形态都比较平缓，分值区间也都不大。自理老人的重要度分值区间为 3.4~4.5 分，其中，分值不超过 3.5 分的共 5 项，占比 18%；分值在 3.5 分以上的共 23 项，占比 82%。介助老人的重要度分值区间为 3.3~4.4 分，其中，分值不超过 3.5 分的共 5 项，占比 18%；分值在 3.5 分以上的共 23 项，占比 82%。介助老人的重要度分值区间为 3.0~4.3 分，其中，分值不超过 3.5 分的共 11 项，占比 39%，分值在 3.5 分以上的共 17 项，占比 61%。可以看到，低龄老人和高龄老人的二级评价要素重要度都不低于"一般"的水平，且大多数接近"比较重要"的水平，这说明三类老人对机构空间环境各个方面的要求都是比较高的。此外，三条数值曲线中分别存在着四个明显的峰值，其所对应的基本评价要素均为"效能实用"，说明自理老人、介助老人和介护老人都对机构空间环境的"效能实用"最为重视。

三条重要度曲线的形态趋势都与满意度曲线基本相反，呈负相关关系，再次反映了老年人的空间优劣判断标准与其满意度之间的关联，印证了满意度评价相关结论。

2）各机构空间二级评价要素满意度与重要度评价对比分析

在各机构中，同类身体状况老人的二级评价要素重要度评价结果基本相同，各条曲线的形态与分值区间都比较接近，这进一步说明同类身体状况的老年人对机构空间的总体使用需求是相仿的，同时这也验证了各机构二级评价要素满意度评价结果的有效性。此外，各机构中三类身体状况老年人的重要度曲线均与满意度曲线大体上呈相反的态势，这一反差在基本评价要素"效能实用"上面体现得最为显著。

5.3.3 空间层域连接模式比选实验

5.3.3.1 实验设计

本小节设计了四组空间层域连接模式比选实验，四组比选照片（附录 3-1）分别对应着床位空间与居室空间、居室空间与建筑空间、建筑空间与场地空间、场地空间与城市空间这四对空间层域连接关系，以探究老年人对空间层域连接模式的主观使用态度。

每组图片包含 2 张，分属两种不同的空间层域连接模式。其中：连接模式 A 是一种生硬的模式，它带来了僵化拘束的空间氛围，5 家样本机构的各个空间层域之间全都采用了该模式；连接模式 B 与连接模式 A 相对，是一种柔和的模式，伴随着温馨自由的空间氛围。

以下通过各自比选图片的对比描述，来进一步展现两种连接模式的差异。

第一组（床位空间与居室空间）：①前者的床位空间之间没有任何过渡，完全丧失私密性；后者的床位空间之间由一个镂空的置物架分隔开，拥有一定的私密性。②前者采取垂直式的床位空间布置方式，浪费了一定的面积，导致无法形成开阔的室内交往活动空间；后者采取平行式的床位空间布置方式，节省了面积，从而形成了一个相对开阔的室内交往活动空间。③前者的床位空间周边缺少触手可及的置物空间，仅有一个容量有限的床头柜；后者的床位空间周边有多处置物格架，上面错落有致地摆放着许多老年人的生活物品。

第二组（居室空间与建筑空间）：①前者的空间形式缺少变化，空间的各个边界接近平面，稍显单调；后者的空间形式变化更丰富，空间的左右两个边界有着凹凸起伏的变化，因此形成了一些小空间。②前者的空间尺度稍小，走廊不够宽，不太能够容纳过多的器具机构；后者的空间尺度更大，走廊在保证通行需求的前提下做了进一步的加宽，可以容纳桌椅橱柜等多样的器具机构，从而形成了生活化的空间氛围。③前者的居室空间与建筑空间之间完全没有视线上的联系，彼此隔绝；后者的居室空间与建筑空间之间设有窗户，从而联系了二者之间的视线并增加了事件性的互动。

第三组（建筑空间与场地空间）：①前者的景观绿化机构比较封闭，只起到观赏作用而鲜有实际使用功效；后者的景观绿化机构持一种开放的姿态，在发挥观赏性作用的同时还具备良好的可参与性。②前者的场地空间步行路径设计是直线形的；后者的场地空间步行路径设计是多回路式的，更加自由而舒适。③前者的建筑空间与场地空间之间的空间联系比较弱；后者的建筑高度更低，且设计了面向场地空间的外侧走廊，场地空间与建筑空间之间的联系性更强。

第四组（场地空间与城市空间）：①前者的场地空间与城市空间之间采用围墙分隔，呈现彼此对立的姿态；后者的场地空间与城市空间之间没有采用围墙分隔，二者的边界比较模糊，在这个模糊地带还设有许多休闲娱乐机构，显得比较轻松随和。②前者的空间边界相对平面化，略显严肃；后者的空间边界处理更具层次感，更为宜人亲切。

为了提高实验的效度，尽量保证同组比选图片之间的差异集中体现在其空间层域连接模式的差异上面，比选实验图片的设定还遵循着以下原则：

①同组比选实验图片要呈现出优质的机构空间风貌状况，从而尽可能地消除由于空间环境细节品质问题所产生的好恶。

②同组比选实验图片要呈现出相似的机构空间风貌状况，从而尽可能地消除由于空间环境细节品质差异所产生的好恶。

③同组比选实验图片要呈现出相似的拍摄视角与取景范围，从而尽可能地消除由于场景表达差异所产生的好恶。

④同组比选实验图片要呈现出相似的材质与色彩特征，从而尽可能地消除由于个人审美趣味差异所产生的好恶。

5.3.3.2 数据分析（数据统计资料见附录 3-7）

1）全体老人

如图 5-7 的柱状图所示。

连接模式 A 和连接模式 B 的全体老人得票率对比为："床位空间与居室空间"31% 比 69%、"居室空间与建筑空间"23% 比 77%、"建筑空间与场地空间"25% 比 75%、"场地空间与城市空间"34% 比 66%。

可以看到，在四组比选实验图片中，全体老人选择连接模式 B 的次数均明显大于选择连接模式 A 的次数，这与其空间层域连接过渡状况满意度评价结果相互印证。

2）不同性别的老人

如图 5-7 所示。

连接模式 A 和连接模式 B 的男性老人得票率对比为："床位空间与居室空间"31% 比 69%、"居室空间与建筑空间"22% 比 78%、"建筑空间与场地空间"23% 比 77%、"场地空间与城市空间"30% 比 70%。

连接模式 A 和连接模式 B 的女性老人得票率对比为："床位空间与居室空间"29% 比 71%、"居室空间与建筑空间"23% 比 77%、"建筑空间与场地空间"25% 比 75%、"场地空间与城市空间"31% 比 69%。

可以看到，在四组比选实验图片中，男性老人和女性老人选择连接模式 B 的次数均明显大于选择连接模式 A 的次数，此外，男性老人对二者的总体选择结果差异和女性老人对二者的总体选择结果差异相仿，说明性别因素对老年人的空间层域连接模式喜爱度影响不大，这也与不同性别老人的空间层域连接过渡状况满意度评价结果相互印证。

3）不同年龄的老人

如图 5-8 所示。

连接模式 A 和连接模式 B 的低龄老人得票率对比为："床位空间与居

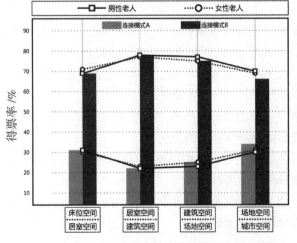

图 5-7 空间层域连接模式比选实验结果分析（性别）

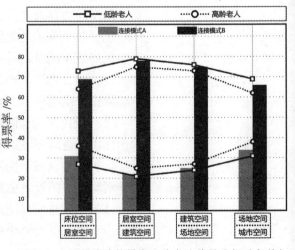

图 5-8 空间层域连接模式比选实验结果分析（年龄）

室空间"27% 比 73%、"居室空间与建筑空间"21% 比 79%、"建筑空间与场地空间"24% 比 76%、"场地空间与城市空间"31% 比 69%。

连接模式 A 和连接模式 B 的高龄老人得票率对比为："床位空间与居室空间"36% 比 64%、"居室空间与建筑空间"25% 比 75%、"建筑空间与场地空间"27% 比 73%、"场地空间与城市空间"38% 比 62%。

可以看到，在四组比选实验图片中，低龄老人和高龄老人选择连接模式 B 的次数均明显大于选择连接模式 A 的次数，此外，低龄老人对二者的总体选择结果差异大于高龄老人对二者的总体选择结果差异，说明年龄因素对老年人的空间层域连接模式喜爱度有一定影响，这也与不同年龄老人的空间层域连接过渡状况满意度评价结果相互印证。

4）不同身体状况的老人

如图 5-9 所示。

连接模式 A 和连接模式 B 的自理老人得票率对比为："床位空间与居室空间"23% 比 77%、"居室空间与建筑空间"19% 比 81%、"建筑空间与场地空间"22% 比 78%、"场地空间与城市空间"22% 比 78%。

连接模式 A 和连接模式 B 的介助老人得票率对比为："床位空间与居室空间"31% 比 69%、"居室空间与建筑空间"23% 比 77%、"建筑空间与场地空间"26% 比 74%、"场地空间与城市空间"39% 比 61%。

连接模式 A 和连接模式 B 的介护老人得票率对比为："床位空间与居室空间"40% 比 60%、"居室空间与建筑空间"26% 比 74%、"建筑空间与场地空间"29% 比 71%、"场地空间与城市空间"41% 比 59%。

可以看到，在四组比选实验图片中，自理老人、介助老人和介护老人选择连接模式 B 的次数均明显大于选择连接模式 A 的次数，此外，老年人对二者的总体选择结果差异与其身体状况的好坏成正比，说明身体状况因素对老年人的空间层域连接模式喜爱度有一定影响，这也与不同身体状况老人的空间层域连接过渡状况满意度评价结果相互印证。

总而言之，在四组比选实验图片中，无论从全体老年人的总体选择结果来看，还是从各个类型老年人的选择结果来看，连接模式 B 的得票率均明显大于连接模式 A 的得票率。这充分说明，老年人不喜欢生硬的空间层域连接模式，而更期待柔和的空间层域连接模式，印证了前文空间层域连接模式满意度评价的相关结论。

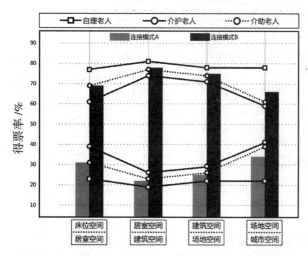

图 5-9 空间层域连接模式比选实验结果分析（身体）

5.3.4 空间满意度评价要素权重求导

5.3.4.1 权重计算

依据空间重要度评价的结果，运用公式：

$$W_n = \frac{d_n}{\sum_i d_n}$$

分别对一级评价要素对空间总体满意度权重、二级评价要素对空间总体满意度权重、二级评价要素对一级评价要素空间满意度权重进行求导，得到养老机构空间满意度评价要素权重集。（表 5-1）

表 5-1 养老机构空间满意度评价要素权重

一级评价要素对空间总体满意度权重		二级评价要素对空间总体满意度权重		二级评价要素对一级评价要素空间满意度权重
K1 居室空间	0.2667	K1-1 居室空间气候生态	0.0372	0.1398
		K1-2 居室空间环卫整理	0.0382	0.1434
		K1-3 居室空间无障碍设施	0.0391	0.1470
		K1-4 居室空间器具设备	0.0382	0.1434
		K1-5 居室空间效能实用	0.0410	0.1541
		K1-6 居室空间外观样式	0.0363	0.1362
		K1-7 居室空间建设水准	0.0363	0.1362
K2 建筑空间	0.2533	K2-1 建筑空间气候生态	0.0363	0.1392
		K2-2 建筑空间环卫整理	0.0372	0.1429
		K2-3 建筑空间无障碍设施	0.0372	0.1429
		K2-4 建筑空间器具设备	0.0372	0.1429
		K2-5 建筑空间效能实用	0.0401	0.1538
		K2-6 建筑空间外观样式	0.0363	0.1392
		K2-7 建筑空间建设水准	0.0363	0.1392
K3 场地空间	0.2467	K3-1 场地空间气候生态	0.0344	0.1406
		K3-2 场地空间环卫整理	0.0344	0.1406
		K3-3 场地空间无障碍设施	0.0363	0.1484
		K3-4 场地空间器具设备	0.0344	0.1406
		K3-5 场地空间效能实用	0.0382	0.1563
		K3-6 场地空间外观样式	0.0334	0.1367
		K3-7 场地空间建设水准	0.0334	0.1367
K4 城市空间	0.2333	K4-1 城市空间气候生态	0.0315	0.1375
		K4-2 城市空间环卫整理	0.0324	0.1417
		K4-3 城市空间无障碍设施	0.0344	0.1500
		K4-4 城市空间器具设备	0.0324	0.1417
		K4-5 城市空间效能实用	0.0363	0.1583
		K4-6 城市空间外观样式	0.0315	0.1375
		K4-7 城市空间建设水准	0.0305	0.1333

5.3.4.2 权重检验

采用所求得的一级评价要素对空间总体满意度权重，对全体老人的一级评价要素空间满意度评价结果加权，所得到的空间总体满意度为 3.3 分，与全体老人直接做出的空间总体满意度评价结果完全一致。

采用所求得的二级评价要素对空间总体满意度权重，对全体老人的二级评价要素空间满意度评价结果加权，所得到的空间总体满意度为 3.3 分，与全体老人直接做出的空间总体满意度评价结果完全一致。

采用所求得的二级评价要素对一级评价要素空间满意度权重，对全体老人的二级评价要素空间满意度评价结果加权，所得到的一级评价要素空间满意度分别为 K1 居室空间 3.2 分、K2 建筑空间 3.3 分、K3 场地空间 3.4 分、K4 城市空间 3.4 分，与全体老人直接做出的一级评价要素空间满意度评价结果基本一致。

检验表明，基于空间重要度评价结果求得的空间满意度评价要素权重可靠性很高。

本章小结

本章评价分析了中心四区典型养老机构老年人对一级评价要素、二级评价要素的重视程度及其对空间层域连接模式的偏好倾向，求得空间满意度评价要素权重集，旨在准确掌握老年人对机构空间使用需求的主观态度，并通过与空间满意度评价主要研究结论的对照印证，进一步探寻养老机构空间系统中存在的核心问题。

空间一级评价要素、二级评价要素的各条重要度曲线均与其相对应的满意度曲线呈负相关关系，且数值普遍较高，说明各类老年人均对养老机构空间环境有着多元化的使用需求，其中，各类老年人均对机构空间的"效能实用"要求最高；同时，空间层域连接模式比选实验结果显示，各类老年人均不喜欢生硬的连接模式，而更期待柔和的连接模式。这些都印证了空间满意度评价的相关结论。

此外，基于空间重要度评价结果，本章分别求导了一级评价要素对空间总体满意度权重、二级评价要素对空间总体满意度权重、二级评价要素对一级评价要素空间满意度权重，得到养老机构空间满意度评价要素权重集，检验结果表明，所得评价要素权重的可靠性很高。

第六章 养老机构空间使用状况评价

6.1 前期准备

6.1.1 评价路线设计

6.1.1.1 明确评价内容与目的

本章研究内容属于基于客观事实的非介入性评价研究范畴。运用结构式非参与性观察方法，深入了解典型养老机构中各类老年人使用行为的类型比重、空间分布及其与空间环境之间的矛盾，以准确掌握老年人行为活动的规律特征，并通过与空间风貌状况评价、空间满意度评价主要研究结论的对照印证，进一步探寻养老机构空间系统中存在的核心问题。

6.1.1.2 明确评价主体与样本

空间使用状况评价的主体为专业建筑设计人员。

空间使用状况评价的样本机构共 5 家，分别为 SB04 市北区慈爱敬老院、LS01 崂山区吉星老年公寓、LC04 李沧区阳光养老服务中心、SB61 青岛恒星老年公寓、SB55 青岛福彩四方老年公寓，与空间重要度评价的样本机构保持一致，以便各部分研究结论之间进行更有效的对照印证。（样本机构基础信息见附录 5-1、附录 5-2）

6.1.1.3 明确评价规则与结构

首先，以空间层域为纵向观察结构，以使用行为类型为横向观察结构，对样本机构的空间使用状况进行结构式非参与性观察；随后，梳理汇总所得到的原始调研信息，从使用行为的类型比重和空间分布两个方面进行单独和综合的统计分析，并将其与空间风貌状况评价和空间满意度评价的主要结论进行对照印证；进一步地，对使用行为与空间层域连接模式之间的矛盾进行分析，同时将其与空间风貌状况评价的主要结论进行对照印证。

空间使用状况评价的总体结构如图 6-1 所示。

图 6-1 空间使用状况评价总体结构

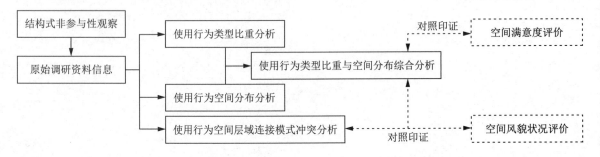

参照李斌和李庆丽[1]对老年人行为类型的划分，本书将老年人的空间使用行为划分为七个一级类型，其中，每个一级行为类型包含数量不等的二级类型，共计 31 项，如表 6-1 所示。

表 6-1　老年人空间使用行为类型划分

一级行为		二级行为	
A. 必要行为	指老年人为满足个人身体与生理最基本需求所进行的相关行为	A1 营养饮食	包括吃饭、喝水、吃水果零食等
		A2 排泄如厕	大小便。
		A3 身体清洁	洗澡、洗脸、洗手、刷牙、仪表修饰等
		A4 卫生整理	对周边环境的整理打扫、衣服物品清洗等
		A5 睡眠休息	躺在床上的长时间睡觉
B. 静养行为	指老年人在低能量消耗下获取身心休养的相关行为	B1 静坐无为	安静地坐着什么也不做的状态，或一种冥想的状态
		B2 观察眺望	观察周边的人和事，眺望远处的风景
		B3 闭目养神	以休息为目的的小憩，地点不固定
		B4 宗教修习	祷告、念经等
C. 休闲行为	指老年人在可自由选择支配的时间内所进行的兴趣娱乐相关行为	C1 阅读学习	阅读书籍、报纸等
		C2 棋牌娱乐	打麻将、打扑克等
		C3 个人兴趣	写字、画画、唱歌、朗诵、饲养虫鱼、照料花草等
		C4 媒体娱乐	看电视、听收音机、玩手机等
D. 社交行为	指老年人为与他人交流互动所进行的相关行为	D1 聊天交流	与身边的人谈话交流，或打电话与他人聊天
		D2 社会作用	帮助他人做一些事情
		D3 会见亲友	与来访的亲朋好友交流
		D4 集体活动	聚餐、集会等有组织的集体活动
E. 康体行为	指老年人为提高身体健康水平和生理机能所进行的相关行为	E1 体操拉伸	打太极拳、做健身操等
		E2 器械锻炼	使用各类健身器械锻炼身体
		E3 散步锻炼	通过缓步行走的方式锻炼身体
		E4 趣味运动	门球、抖空竹、踢毽子、跳舞等趣味健身活动
		E5 种植劳动	种植蔬菜瓜果等轻量体力劳动
F. 医护行为	指老年人因身体受限而需要护理人员帮助方可进行的相关行为	F1 饮食护理	在他人帮助下吃饭、喝水等
		F2 排泄护理	在他人帮助下上厕所
		F3 清洁护理	由他人帮忙洗澡、洗脸、穿衣服等
		F4 健康护理	由他人帮忙量血压、做身体检查等
		F5 移动护理	在他人帮助下行走或移动
		F6 杂务护理	由他人帮忙提挪重物等
G. 其他行为	指未归入上述六类的行为活动	G1 明确目标的移动	具有明确目的地的长距离行走移动
		G2 偶发事件	由某些难以预期的偶发情况引起的行为
		G3 数据遗失	由某些原因造成的行为数据遗失

6.1.2　相关事务性准备

6.1.2.1　公关准备

在青岛市民政部门的协调帮助下，与样本机构的相关负责人进行事先沟通协调，获取调研实施期间所需的必要支持。

6.1.2.2　人员准备

聘请 30 名青岛理工大学建筑设计专业的本科生作为调查员，其中，

1　李斌，李庆丽，2011. 养老设施空间结构与生活行为扩展的比较研究 [J]. 建筑学报（S1）：153–159.

大部分调查员都参与了空间风貌状况、满意度和重要度评价研究的调研工作，仅少量的人员被替换。在样本机构的相关负责人的大力支持下，每家机构均同意安排 6 名工作人员进行协助，提高了调研实施的效率与可操作性。

6.1.2.3 技术准备

就老年人空间使用行为划分标准、空间层域划分标准、老年人空间使用行为观察记录表（附录 4-1）、调研任务、调研要点、调研技巧、特殊注意事项等相关内容对调查员和协助调研的机构工作人员进行事先解释与培训。

6.1.2.4 材料准备

由调研总负责人在正式调研实施前落实以下材料：

1）青岛市民政部门开具的调研任务介绍信。

2）调查员的工作证。

3）调查员和协助调研的机构工作人员的文具（写字板、笔）。

4）打印好的老年人空间使用行为观察记录表若干。

5）拍摄工具（调查员自带手机或数码相机）。

6）为协助调研的机构工作人员准备的小礼品。

6.1.2.5 安全准备

针对调研实施期间涉及的相关安全问题，对调查员进行教育叮嘱，并事先为每一名调查员购买调研实施期间的人身安全保险。

6.2 中期实施

6.2.1 数据资料采集

6.2.1.1 观察对象抽样

为了保证不同性别、不同年龄、不同身体状况的老年人数量及其行为记录次数保持一致，以便进行更有效的对比分析，本书采取判断抽样法确定行为观察对象。

抽样目标如下：共抽取 120 名老年人，其中，每家机构各抽取 24 人。同时，保证每家机构中的自理老人、介助老人、介护老人各 8 人，并且保证每种身体状况老年人中的男性老人、女性老人、低龄老人、高龄老人各 4 人。

抽样方案如下：首先，在每家机构中参与了满意度与重要度问卷调查的老年人里随机抽取自理老人、介助老人、介护老人各 8 名；然后，检查不同性别老人的数量，若不符合抽样预期，则剔除男性老人或女性老人中超过目标设定的人数，从样本集中继续随机抽取低于目标设定的人数，直至符合抽样预期；之后，采用同样的方法，检查并调整不同年龄老人[1]的数量，直至符合抽样预期。

1 本书将老年人划分为两个年龄段：低龄老人（60~80 岁）和高龄老人（80 岁以上）。

6.2.1.2 观察对象编组

将每家机构中的 24 名老年人观察对象编为 6 组，每组 4 人。编组时按照就近原则，即让每组 4 名老年人床位之间的距离尽量靠近，以便于调研任务的实施。

6.2.1.3 调查人员编组

将所有调查员编为 5 个调研组，每组 6 人，并任命 1 名学生为调研组长。

6.2.1.4 调研任务安排

每个调研组（6 名调查员）负责一家养老机构老年人（24 人）的调研任务，每组老年人（4 人）的调研任务由 1 名调查员和 1 名协助调研的机构工作人员共同负责。其中，协助调研的机构工作人员负责室内空间（居室空间、建筑空间）的行为记录，调查员负责室外空间（场地空间、城市空间）的行为记录以及室内外空间的行为场景拍摄。当多名老年人同时离开养老机构分散到较远的不同地点活动时，由调研组长根据具体情况灵活抽调人员进行跟踪观察。

6.2.1.5 调研实施过程

2016 年 9 月 17 日，依据调研计划，对 5 家养老机构（SB04 市北区慈爱敬老院、LS01 崂山区吉星老年公寓、LC04 李沧区阳光养老服务中心、SB61 青岛恒星老年公寓、SB55 青岛福彩四方老年公寓）中目标老年人的空间使用行为实施调研。在上午 7：00 至下午 19：00 期间，每间隔 15 分钟对老年人的空间使用行为进行一次记录：

1）描述行为地点，比如"个人房间的窗台边""养老院的公共餐厅里""养老院大门外的马路边"等等，并判断其所属空间层域。

2）描述行为内容，比如"靠在床头闭目养神""与其他几名老年人一起坐在走廊里的沙发上聊天""几名老年人自带小凳子，坐在养老院大门附近的马路边上一边观察事物一边聊天"等等，并判断其所属行为类型。

3）在不打扰老年人的前提下，尽可能地对相应空间使用行为场景进行拍摄。

6.2.2 数据资料整理

6.2.2.1 数据资料集中

2016 年 9 月 18 日，由调研组长将各组原始调查数据资料进行集中，提交至调研总负责人处。

6.2.2.2 数据资料复核

2016 年 9 月 19 日，由调研总负责人召集各调研组长，对原始调查数据资料进行复核：根据行为地点的描述，对行为所属空间层域进行二次判断核对；根据行为内容的描述，对行为所属具体类型进行二次判断核对。

6.2.2.3 数据资料录入

2016 年 9 月 20 日至 21 日，由调研总负责人召集各调研组长，按照预先设计的统一格式，将复核后的调查资料数据录入 Excel 软件，并将拍摄的空间使用行为场景照片进行分类归档。

6.3 后期分析

6.3.1 使用行为类型比重分析（数据统计资料见附录 4-2~ 附录 4-5）

6.3.1.1 全体老人

如图 6-2 所示。

1）全体机构数据

从全体机构来看,全体老人各类行为的比重按照"必要行为、静养行为、休闲行为、社交行为、康体行为、医护行为、其他行为"的次序由高到低排列，可以依据比重将七类行为分成三个梯度。

第一梯度包括"必要行为"，其比重为占比 25.1%，明显高于其他行为；第二梯度包括"静养行为、休闲行为、社交行为、康体行为"，其比重依次为 18.7%、16.3%、15.4%、13.7%，这四类行为在数量上相对接近，明显低于"必要行为"，但明显高于"医护行为、其他行为"；第三梯度包括"医护行为、其他行为"，其比重均比较小,分别为 6.8% 和 4.0%。（附录 4-5）

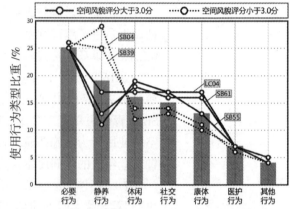

图 6-2 使用行为数量比重分析（全体）

2）各机构数据

在"必要行为、医护行为、其他行为"这三类行为方面，各机构数值比重曲线基本重合，说明这三类行为的比重基本不受机构空间环境质量差异的影响。

这一结果产生的原因可能在于："必要行为"是维持正常生活之必需，无论机构空间环境质量好坏与否，吃饭、睡觉等活动的总时间基本是不受影响的,因此其比重比较稳定；"医护行为"主要受老年人身体状况的影响，而在前期老年人样本抽取阶段中保证了各机构不同身体状况老人的数量大致相等，因此其比重比较稳定；行为观察过程中可能出现的不可预测行为或数据遗失的概率大致相等，因此"其他行为"的比重比较稳定。

在"静养行为、休闲行为、社交行为、康体行为"这四类行为方面，各机构数值比重曲线呈现有规律的交错，说明这四类行为的比重受机构空间环境质量差异的影响比较明显。其中，"静养行为"的比重与机构空间环境质量评价总体得分成反比；"休闲行为、社交行为、康体行为"三类行为的合计比重与机构空间环境质量评价总体得分成正比。

这一结果产生的原因可能在于：在比较好的机构空间环境中，老年人的行为活力较高，进行"休闲行为、社交行为、康体行为"的意愿比较大，三类行为的合计比重随之升高，而此消彼长的、"静养行为"的比重随之降低；反之，在比较差的机构空间环境中，老年人的行为活力较低，进行"休闲行为、社交行为、康体行为"的意愿比较小，三类行为的合计比重随之降低，而此消彼长的、"静养行为"的比重随之升高。

6.3.1.2　不同性别的老人

见附录 4-2，男性老人和女性老人的行为数量比重非常接近，说明不同性别老人的总体行为特征和活力大致相同。其中：在"必要行为、医护行为"两类行为方面，男性老人和女性老人的比重非常接近；在"静养行为、休闲行为、社交行为"三类行为方面，男性老人的比重稍小于女性老人的比重；在"康体行为、其他行为"方面男性老人稍大于女性老人的比重。

6.3.1.3　不同年龄的老人

如图 6-3 所示。低龄老人和高龄老人的行为数量比重曲线的形态交错明显，说明不同年龄老人的总体行为特征不同。低龄老人的总体行为活力超过高龄老人：在"必要行为、静养行为、医护行为"三类行为方面，低龄老人的比重均小于高龄老人的比重；在"休闲行为、社交行为、康体行为、其他行为"四类行为方面，低龄老人的比重均大于高龄老人的比重。

6.3.1.4　不同身体状况的老人

如图 6-4 所示。自理老人、介助老人和介护老人行为数量比重曲线的形态交错明显，说明不同身体状况老人的总体行为特征不同。老年人的总体行为活力与其身体状况呈负相关关系：在"必要行为、静养行为、医护行为"三类行为方面，身体状况越好的老年人的行为数量比重越小；在"休闲行为、社交行为、康体行为、其他行为"四类行为方面，身体状况越好的老年人的行为数量比重越大。

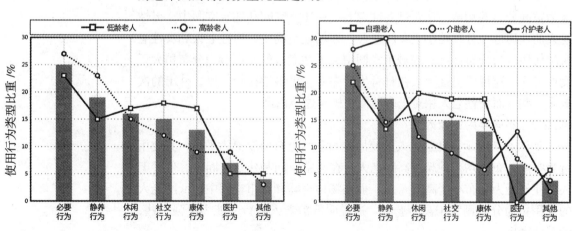

图 6-3 使用行为数量比重分析（年龄）（左）

图 6-4 使用行为数量比重分析（身体）（右）

6.3.2　使用行为空间分布分析（数据统计资料见附录 4-3）

6.3.2.1　全体老人

如图 6-5 所示。

1）全体机构数据

全体老人的使用行为空间分布与其对一级评价要素的重要度评价结果

呈正相关关系，印证了空间重要度评价相关结论。

从全体机构来看，各项行为的空间分布比重按照"居室空间、建筑空间、场地空间、城市空间"的次序由高到低排列，这一次序与老年人一级评价要素重要度评价结果相一致，说明空间重要度与其使用频率紧密相关。其中，居室空间的分布最多，明显高过其他三类空间；建筑空间的分布次之，明显高于场地空间和城市空间；场地空间和城市空间的行为分布最低，同时比较接近。

2）各机构数据

在各机构中，全体老人的使用行为空间分布的均衡性与机构空间环境质量评价总体得分呈正相关关系，印证了空间风貌状况评价相关结论。

可以看到，青岛福彩四方老年公寓（SB55）的使用行为空间分布曲线最为平缓；青岛恒星老年公寓（SB61）和李沧区阳光养老服务中心（LC04）的使用行为空间分布曲线平缓度次之，且二者比较接近；崂山区吉星老年公寓（LS01）的使用行为空间分布曲线平缓度再次之；市北区慈爱敬老院（SB04）的使用行为空间分布曲线平缓度最低。这一次序与五个机构的空间环境质量评价总体得分次序几乎完全一致。

这一结果产生的原因可能在于：在空间环境质量评价总体得分较高的机构中，较为优质的空间环境使老年人的行为活力提高，活动范围变大；而在空间环境质量评价总体得分较低的机构中，较为劣质的空间环境使老年人的行为活力降低，更多地留守在居室空间里。

6.3.2.2　不同性别的老人

如图6-6所示。男性老人的使用行为空间分布曲线更为平缓，其使用行为空间分布的均衡性略超过女性老人。在居室空间和建筑空间中，男性老人的使用行为分布稍小于女性老人；在场地空间中，男性老人和女性老人的使用行为分布接近；在城市空间中，男性老人的使用行为分布稍大于女性老人。这说明男性老人在日常生活中喜欢更多地接触外界，外出的次数多一些，而女性老人相对更多地留在机构建筑内部。

6.3.2.3　不同年龄的老人

如图6-7所示。低龄老人的使用行为空间分布曲线更为平缓，其使用行为空间分布的均衡性超过高龄老人。在居室空间和建筑空间中，低龄老人的使用行为分布小于高龄老人；而在场地空间和城市空间中，低龄老人的使用行为分布则大于高龄老人。这说明低龄老人的行动能力更强一些，活动范围更广。

6.3.2.4　不同身体状况的老人

如图6-8所示。老年人的使用行为空间分布均衡性与其身体状况呈负相关关系。可以看到，自理老人的使用行为空间分布曲线最为平缓，介助老人的使用行为空间分布曲线次之，介护老人的使用行为空间分布曲线最为陡峭。这说明随着身体状况的逐步下滑，老年人的行动能力也随之降低，

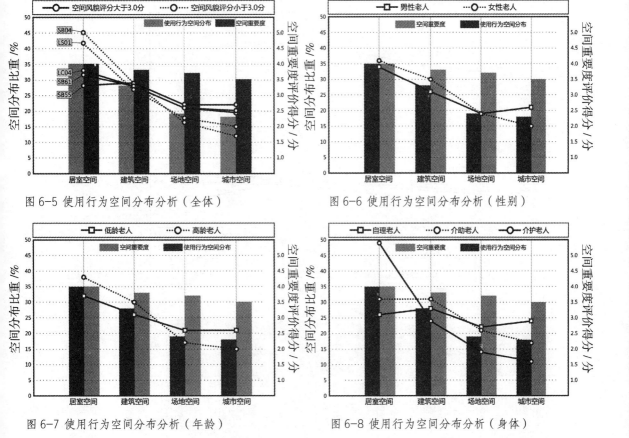

图 6-5 使用行为空间分布分析（全体）　　　　图 6-6 使用行为空间分布分析（性别）

图 6-7 使用行为空间分布分析（年龄）　　　　图 6-8 使用行为空间分布分析（身体）

活动范围越来越小。

6.3.3　使用行为类型比重与空间分布综合分析(数据统计资料见附录 4-3、附录 4-4)

由于第一梯度"必要行为"、第三梯度"其他行为""医护行为"基本不受机构空间环境质量差异的影响，因此，本小节重点考察第二梯度"静养行为、休闲行为、社交行为、康体行为"在不同空间环境条件下的变化。

6.3.3.1　与全体机构空间环境质量评价得分对比分析

1）第二梯度行为总体分析

第二梯度行为的合计比重在各空间层域的分布与全体机构一级评价要素空间环境质量评价得分呈正相关关系，印证了空间风貌状况评价相关结论。(图 6-9)

可以看到，"静养行为、休闲行为、社交行为、康体行为"合计比重的空间分布曲线与全体机构一级评价要素空间环境质量评价得分曲线的形态趋势基本一致，说明空间环境的优劣直接影响着老年人的使用意愿和行为活力。

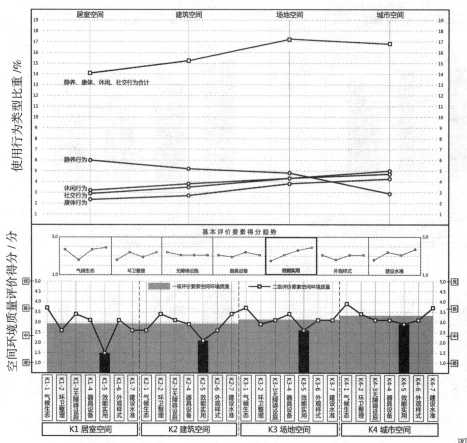

图 6-9 使用行为与全体机构空间环境质量对比分析

第二梯度行为的合计比重在各空间层域的分布与全体机构"效能实用"类二级评价要素空间环境质量评价得分呈正相关关系，印证了空间重要度评价相关结论。

可以看到，在与基本评价要素对应的七类二级评价要素中，全体机构"效能实用"类二级评价要素空间环境质量评价得分曲线与"静养行为、休闲行为、社交行为、康体行为"合计比重的空间分布曲线的形态趋势基本一致，而其他六类二级评价要素空间环境质量评价得分曲线的形态趋势与之差异明显。这说明，空间"效能实用"的优劣对老年人的使用意愿和行为活力的影响最为直接，与"老年人普遍认为机构空间环境的'效能实用'最为重要"这一空间重要度评价结论相互印证。

2）第二梯度行为单独分析

"休闲行为、社交行为、康体行为"的空间分布状况与全体机构一级评价要素空间环境质量评价得分呈正相关关系，与此同时，与全体机构"效能实用"类二级评价要素的空间环境质量评价得分呈正相关关系。

可以看到，三类行为各自的空间分布曲线与全体机构一级评价要素空间环境质量评价得分曲线以及全体机构"效能实用"类二级评价要素空间

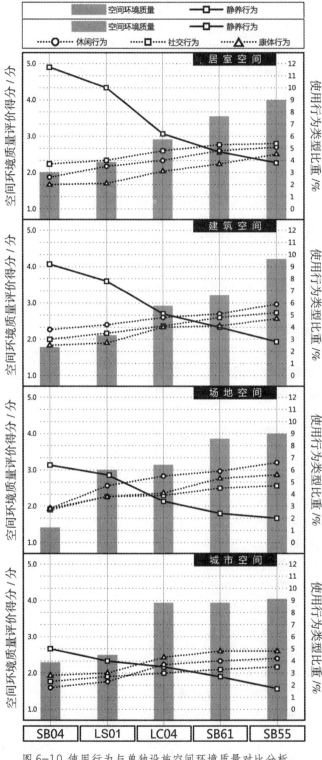

图 6-10 使用行为与单独设施空间环境质量对比分析

环境质量评价得分曲线的形态趋势基本一致。

"静养行为"的空间分布状况与全体机构一级评价要素空间环境质量评价得分呈负相关关系，与此同时，与全体机构"效能实用"类二级评价要素的空间环境质量评价得分呈负相关关系。

可以看到，静养行为的空间分布曲线与全体机构一级评价要素空间环境质量评价得分曲线以及全体机构"效能实用"类二级评价要素空间环境质量评价得分曲线的形态趋势基本相反。

以上进一步说明，空间环境质量的优劣影响着老年人的使用意愿和行为活力，而空间"效能实用"的优劣对其影响最为直接，这印证了空间风貌状况评价、空间重要度评价的相关结论。

6.3.3.2　与单独机构空间环境质量评价得分对比分析

如图 6-10 所示。

在居室空间方面，"静养行为"在各机构居室空间中的比重与其空间环境质量评价得分呈负相关关系；"休闲行为、社交行为、康体行为"在各机构居室空间中的比重与其空间环境质量评价得分呈正相关关系。

在建筑空间方面，"静养行为"在各机构建筑空间中的比重与其空间环境质量评价得分呈负相关关系；"休闲行为、社交行为、康体行为"在各机构建筑空间中的比重与其空间环境质量评价得分呈正相关关系。

在场地空间方面，"静养行为"在各机构场地空间中的比重与其空间环境质量评价得分呈负相关关系；"休闲行为、社交行为、康体行为"在各机构场地空间中的比重与其空间环境质量评价得分呈正相关关系。

在城市空间方面，"静养行为"在各机构城市空间中的比重与其空间环境质量评价得分呈负相关关系；"休闲行为、社交行为、康体行为"在各机构城市空间中的比重与其空间环境质量评价得分呈正相关关系。

以上进一步说明，空间环境质量的优劣直接影响着老年人的使用意愿和行为活力，印证了空间风貌状况评价相关结论。

6.3.4 使用行为与空间层域连接模式冲突分析

6.3.4.1 床位空间与居室空间

1）场景 CW/JS-01：由于床位空间与居室空间之间没有任何阻避或过渡措施，而直接连接在一起，导致老年人几乎没有个人隐私空间。在这样的情形下，老年人不得不采取十分被动的方式，来尽量化解矛盾，以获取某种程度上的隐私空间。如该场景所示，位于靠窗户一侧的老人闭目不语，表情略显烦闷，整个肢体语言都表现出拒绝和外界交流的姿态，我们可以将其称为通过"情绪控制"来获取私密性的行为。（图 6-11）

调查过程中我们发现，老年人这样做时还经常结合着另外两种行为，以增强隐私空间的获取效果。

一种是"方向控制"：两位老人都将自己的后背朝向对方，尽力避免视线的接触，这样一来，在他们各自的身前就形成了一个"私属空间"，以此来适应居室空间内部缺失私密性的环境现实。

另一种是"距离控制"：房间里的两位老人有意识地尽量与对方保持距离，以此减小对方活动对自己的干扰。

2）场景 CW/JS-02：如图 6-11 所示，由于没有更舒适的选择，一位老大爷只好坐着马扎，将床当作书桌用来阅读和写字。调查显示，这样的情形经常出现，这说明床位空间与居室空间之间缺少合理的连接过渡，功能空间的配置不到位，满足不了老年人的使用需求。

3）场景 CW/JS-03：如图 6-11 所示，有位老奶奶偎坐在床边，将窗户旁边的床头柜用作餐桌，用很不舒适的姿势在吃饭，这再次反映出床位空间与居室空间之间缺少合理的连接过渡，功能空间划分含糊混乱。

该场景还反映了居室空间中普遍存在的空间资源利用不合理问题。首先，床头柜占据了窗前空间，导致老年人通过窗户观察外界时变得很困难，与此同时，老年人取放床头柜里的物品时需要弯下腰或者蹲下来，十分不便；其次，体积硕大的老式电视机和用来放置它的二手写字台占据了大量空间，但是位置却很不合理，让老年人看电视的时候很别扭。调查过程中我们发现，类似的问题十分普遍。

4）场景 CW/JS-04：在该场景中，四位老年人和一位护理员聚在一个两人间居室中，边看电视边聊天，这是机构日常生活场景中很常见的一幕，老年人之间互相"串门子"是他们的重要社交休闲活动。然而我们看到，

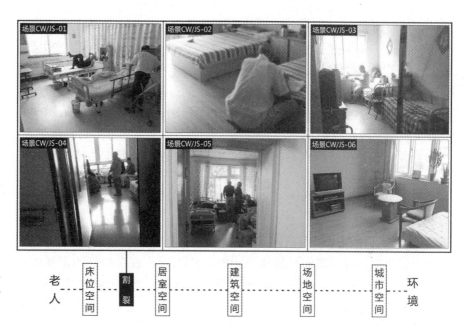

图 6-11 床位空间与居室空间割裂造成的"行为—空间"冲突

一位老年人坐在床尾，一位老年人坐在床尾边的椅子上，剩下两位老年人站着，而护理员则蹲在地上，因为这样才能既不挡到身后老年人的视线又能自己看清。这反映出，居室空间内部用作社交、休闲和娱乐的公共部分与床位空间之间缺少过渡，而直接混杂在一起，相互干扰，降低了空间的"效能实用"。

5）场景 CW/JS-05：在该场景中，老年人的两名儿子前来看望他，给老人洁面、剪指甲，喂他吃饭，一起拉家常。尽管亲情浓浓，但空间观感却略显局促，两名儿子要么站着，要么搬简易的凳子坐在床边，同时，整个来访的全过程都完全暴露在外。调查过程中我们了解到，大多数老年人都定期接受家人与亲友的探望，其场景与此类似。这再次显示了老年人的日常使用需求与割裂的空间环境之间的矛盾：一方面，老年人与访客的交流活动对空间私密性有一定的要求；另一方面，探访活动可能打扰到同室的其他老年人。

6）场景 CW/JS-06：这幅场景取自青岛福彩四方老年公寓（SB55），该机构是调查范围内总体条件最为优越的几家公办养老机构之一，拥有良好的资金实力和政治资源。因此，与大部分机构不同，其居室空间的总体开间尺寸是比较宽阔的，然而空间的功能划分和流线组织却十分含混。如图所示，床位空间尾部与墙面之间的部分被直接用作活动空间，缺少必要的阻避和分隔措施，空间各部分之间相互干扰，这样的设计处理不仅耗费了大量的面积，还带来了许多功能问题。

6.3.4.2 居室空间与建筑空间

1）场景 JS/JZ-01：如图 6-12 所示，尽管多数机构都有室内活动空间，但这些空间一般都是集中设置的，与居室空间之间有一定的距离，需要耗费一定的时间和体力方可到达，这对一些身体状况较差的老年人来说不太方便；与此同时，它们大多数是封闭且独立的，与居室空间之间缺少关联。因此，除了到这些集中设置的活动空间以外，老年人还有一个更为频繁的活动去处，那就是居室空间和建筑空间之间的过渡区域，即房间门口的附近，主要原因有两个：一方面这里十分便于到达；另一方面老年人对此处有着更强的领域控制感。

然而，在本书所调查的机构中，几乎没有机构采取主动式的空间设计来迎合老年人的这一习惯和需求，而都忽视了居室空间与建筑空间之间的过渡处理，用生硬的方式直接连接二者，造成了两个空间层域之间的割裂。

老年人在使用过程中只好采取被动的适应性策略。如图 6-12 所示，几位老奶奶搬出各自房间里的凳子、椅子、马扎等，在房门外的走廊里并排坐在一起，自发营造交往空间，但她们在这里聊天时候的姿势并不舒适，需要经常转身和扭头，否则容易听不清对方的讲话，也无法与对方进行面部表情的交流。

2）场景 JS/JZ-02：在该场景中，三位老奶奶分别坐在走廊的两侧，这样一来就形成了一个小型的内聚式交往空间，改善了前一场景中的姿势问题，但新的问题又产生了，那就是他们不得不面对走廊中穿梭不止的人流，交往空间的完整性无法保证。

3）场景 JS/JZ-03：与前两个场景类似，除了把椅子拿到房间门口，老年人还搬出了折叠桌，自发营造了一个相对固定的休闲活动区域，这样一来，一些诸如水杯、书籍、报纸之类的私人物品可以临时放置进来，使

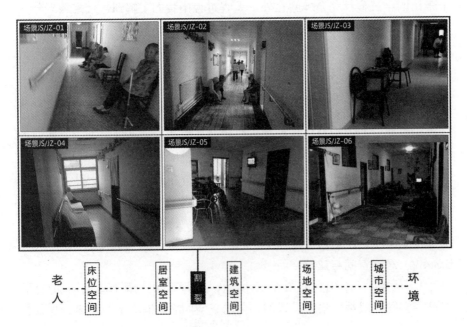

图 6-12 居室空间与建筑空间割裂造成的"行为—空间"冲突

用起来更加方便，生活气息也更为浓郁了。然而，由于先天缺少主动式的空间设计，这种后天的改善措施很难从根本上解决问题。

4）场景 JS/JZ-04：如图 6-12 所示，除了老年人自发的应对措施，在不少机构中，管理人员也采取了一些措施来改善居室空间与建筑空间之间过渡区域的功能性，如该场景所示，比较常见的方式是在走廊的一侧放置沙发。沙发比普通的椅子舒适一些，但是占据的走廊宽度更大，而大多数机构的走廊宽度都不大，这样一来会降低走廊的交通性，甚至带来一定的安全隐患。

除此之外，由于大多数机构的走廊空间为内廊式，采光通风条件比较差，即便通过增添家具后天营造一些休闲空间，其功能性和舒适性也会受到影响。如该场景所示，一位老人选择坐在走廊尽头靠近窗户的位置，因为这里能观察到外面的景色，通风和采光条件也都比较好，同时也不受走廊内来往人流的打扰，因此是比较稀缺的"黄金位置"。

5）场景 JS/JZ-05：管理人员有时还会增添一些电器设备，来尽量提高这些后天休闲空间的功能性。如该场景所示，在一段比较宽的走廊的墙面上挂着一台电视机，它的对面放置了一排休闲座椅供老人使用，但与场景 JS/JZ-02 类似，这一后天制造的活动空间受到走廊空间内人流的影响。

6）场景 JS/JZ-06：在该场景中，管理人员在一段比较宽敞的走廊的两侧放置了沙发，在走廊的尽头放置了一台电视机，形成了一个既是走廊又是休闲娱乐大厅的空间，然而这个空间除了有着前一场景中的缺点以外，老人们还必须歪着身子看电视。

6.3.4.3　建筑空间与场地空间

1）场景 JZ/CD-01：如图 6-13 所示，有位老年人在狭窄的景观小路上散步，与此形成鲜明对比的是小路旁边大面积的造价不菲却仅有景观作用的花坛（调研之时这些花坛正在翻土重修）和景观水池，与此同时，远处的建筑与这些景观之间被宽阔的机动车道隔开，彼此之间几乎没有关联和交流。

前文中提到，机构的空间资源整体十分紧张，在所调查的机构中有近半数完全缺失场地空间，其余机构中的场地空间面积也不大，仅有极少数的机构拥有阔绰的场地空间资源。因此，这些被低效使用的宝贵空间更加让人惋惜，因为本来可以用同样的甚至更少的资金充分发挥设计的力量和价值，达到既美观又实用的效果。

类似的"形象工程"在我们的调查过程中屡见不鲜，在一些地位较高或经济实力较强的机构中尤为严重。这充分反映出，我国机构空间设计理念存在严重问题，过于关注空间环境的面子形象，而没有从老年人实际使用需求这一基本点出发进行设计，不仅极大浪费了空间资源，还导致了场地空间与建筑空间之间的对立与割裂，让老年人在"效能实用"低下的空间环境中无所适从。

老人 — 床位空间 — 居室空间 — 建筑空间 — 割裂 — 场地空间 — 城市空间 — 环境

图6-13 建筑空间与场地空间割裂造成的"行为—空间"冲突

2）场景JZ/CD-02：在该场景中，机动车的行驶和停靠被首要考虑，而老年人的使用需求则被后置，场地空间中几乎全是沥青铺就的硬质地面，一条狭窄的景观带被包裹在中间，且与建筑之间完全丧失联系，偌大的场地空间中几乎看不到老年人的休闲活动。这反映出一个更为深层的问题，机构空间环境割裂的产生不仅在于空间设计理念的落后，更在于养老服务理念的落后。

3）场景JZ/CD-03：与前两个场景类似，场地空间与建筑空间之间处于非此即彼的割裂状态，所不同的是，这家机构的场地空间本身并不富裕，这让只有观赏功能的小花园显得更加不合时宜。

4）场景JZ/CD-04：在该场景中，许多老年人自带马扎，拥挤地坐在建筑大门外的小平台上晒太阳、聊天、观察马路上的事物，以至于小平台几乎被占满了，抢不到好位置的老年人只好坐在门里面向外观望。这一方面说明休闲活动空间的匮乏，另一方面再次说明了场地空间与建筑空间之间的连接过渡不畅。

5）场景JZ/CD-05：在该场景中，尽管建筑主入口的雨棚下偶尔有车辆停靠，但仍然有许多老年人带着板凳自发聚集在这里闲坐聊天、打牌，而形成鲜明对比的是，沿着建筑外墙专门设置的多处休闲座椅却无人问津，这说明连接不同空间层域的灰空间更具活力。

6）场景JZ/CD-06：树冠与建筑形成了一个具有活力的灰空间，一定程度上消解了建筑空间与场地空间之间的割裂状态。如图所示，一位老年人背靠着建筑墙面，手扶着花池边缘，在婆娑的树荫下面读书，而树冠以外的区域则没有老人活动，这从侧面反映出空间层域连接过渡的优劣对老年人使用行为的影响。

6.3.4.4　场地空间与城市空间

1）场景 CD/CS-01：如图 6-14 所示，这是一幅很有代表性的场景，机构采用围墙与外界隔离，只保留一个单调的入口，场地空间与城市空间之间缺少过渡，整个机构呈现出一种封闭的、排外的姿态，形成一种特殊化的、管制化的氛围，养老机构仿佛是城市中的一座"孤岛"，割裂的空间环境让老年人难以融入有机的社会生活情境。

2）场景 CD/CS-02：与前一场景类似，场地空间与城市空间之间相互对立，如图所示，一位老年人站在金属栅栏门后面，仿佛被"关"在了里面，他在门口驻足向外张望，表现出与外界交流互动的渴望。

3）场景 CD/CS-03：如图所示，在一个面积宽敞的休闲活动场地中，在这里休息的两位老年人选择坐在靠近机构大门的一侧，面朝机构大门，观望外面的景色。这再次反映了老年人的使用需求与空间层域割裂之间的矛盾。

4）场景 CD/CS-04：如图 6-14 所示，机构的围墙将城市空间与场地空间隔离开来，小花园的设计明显只从机构内部考虑，而没有考虑与外界环境的联系。可以看到，三位老人坐在小水池旁边聊天，却不时地扭过身子向围墙外面张望。

5）场景 CD/CS-05：我们在调查过程中发现，不少老人被迫通过适应性的空间使用行为，试图突破空间层域割裂带来的封锁。如图 6-14 所示，有位老大爷自己带着小马扎来到机构围墙外面，坐下来观察外界环境的景色和事物。

图 6-14 场地空间与城市空间割裂造成的"行为—空间"冲突

6）场景 CD/CS-06：与前一场景相似，一位老奶奶"逃离"出来，坐在机构的大门口，但机构入口附近的空间设计没有考虑老年人的休闲活动，而只考虑机动车进出的方便。

综上所述，养老机构空间环境与老年人使用行为之间矛盾冲突不断，生硬的空间层域连接模式造成了机构空间系统的四重割裂，而空间割裂具体表现为空间"效能实用"的低下，对老年人的空间利益造成了直接的损害。这印证了空间风貌评价结论：机构空间系统的四重割裂与"效能实用"低下，严重妨碍了老年人对机构空间的融入和掌控；"效能实用"低下是空间割裂的具体表现，二者产生的根本原因在于空间层域连接模式的生硬。这同时也印证了空间重要度评价结论：老年人普遍认为机构空间环境的"效能实用"最为重要；老年人不喜欢生硬的空间层域连接模式，而更期待柔和的空间层域连接模式。

本章小结

本章从老年人使用行为的类型比重、空间分布及其与空间环境之间的矛盾等方面对中心四区典型养老机构的空间使用状况进行了评价分析，旨在准确掌握老年人行为活动的规律特征，并通过与空间风貌状况评价、空间满意度评价主要研究结论的对照印证，进一步探寻养老机构空间系统中存在的核心问题。

从全体老人来看，七类使用行为依据比重可分成三个梯度，第一梯度"必要行为"，第二梯度"静养行为、休闲行为、社交行为、康体行为"，第三梯度"医护行为、其他行为"。第一、三梯度行为受空间环境影响不大，而第二梯度行为受空间环境影响很大，这四类行为合计比重在各空间层域的分布与一级评价要素、"效能实用"类二级评价要素的空间环境质量评价得分正相关，其中，"休闲行为、社交行为、康体行为"的空间分布与此二者正相关，"静养行为"的空间分布与此二者负相关。这说明养老机构空间环境质量的优劣影响着老年人的行为活力，而空间"效能实用"的优劣对其影响最为直接，这印证了空间风貌状况评价、空间重要度评价的相关结论。此外，从各类型老人来看，男性老人和女性老人的行为活力相仿，前者的行为空间分布均衡性略超过后者；低龄老人的行为活力、行为空间分布均衡性超过高龄老人；老年人的行为活力、行为空间分布均衡性与其身体状况负相关。

养老机构空间环境与老年人使用行为之间矛盾冲突不断，生硬的空间层域连接模式带来了机构空间系统的四重割裂，而空间割裂具体表现为"效能实用"的低下，对老年人的空间利益造成了直接的损害，这印证了空间风貌状况评价、空间重要度评价的相关结论。

第七章　养老机构空间使用后综合评价

7.1　非设计层面

7.1.1　非设计层面的核心问题

基础物质环境水平的落后，是养老机构空间非设计层面的核心问题。它在宏观视角、中观视角和微观视角中均有体现。

7.1.1.1　宏观视角

所调查养老机构的总体栖息环境具有两个方面的特征：一方面，远离优质稀缺的城市地段。由于运营困难和资金紧张，绝大多数机构都选择设立在环境普通甚至相对劣质的城市地段，而远离环境优美、舒适便利的城市地段，因为后者意味着高昂的建设成本或租金。另一方面，远离新近建设的城市地段。机构分布总体上与城市建设发展时序正相关，在开发时间相对更早的、建设标准相对较低的、风貌现状相对衰败的城市地段分布较多，而在开发时间相对较晚的、建设标准相对较高的、风貌现状相对新的城市地段分布较少。

总而言之，养老机构的总体栖息环境是差强人意的，具体来说：

第一，机构周边的城市基础设施质量不高。这在城市道路质量中体现得最为明显，多数机构周边的城市道路比较狭窄，路面也较为老化，且时常伴随大小坑洼和各类市政管道维修遗留的疤痕。

第二，机构周边的城市风貌环境档次不高。首先，机构周边的总体建筑风貌不佳，许多建筑的立面形象被防盗窗网和空调外机等破坏，其立面材料也已经老化褪色甚至脱落；其次，机构周边的总体交通状况不佳，许多道路比较拥堵；最后，机构周边的总体环境卫生状况不佳，路面上和景观绿地中的垃圾相对较多。

第三，机构周边的城市公共空间品质不高。首先，优质公共空间资源较为稀缺，多数机构周边的城市休闲活动空间与自然山水景观无缘，且建设水准较为普通，其内部各类设施的维护也不太到位；其次，既有公共空间遭到破坏，许多机构周边的城市休闲活动空间内充斥着违章停放的各类车辆和占道经营的临时摊贩。

7.1.1.2　中观视角

1）机构建设的基础条件差

只有极少数的几家大型公办机构的建筑是为机构养老服务而专门设计

新建的，而绝大多数的机构则是在原有其他功能性质建筑的基础上，根据机构养老服务的需求改造而成的。

改造过程的难度不一：有些机构选择办公楼、宾馆等加以改造，原有建筑的空间结构与机构养老服务的要求相对契合，改造难度稍小；而有些机构则是在原有普通住宅、建筑裙房、沿街网点甚至一些比较特殊的建筑物上加以改造，原有建筑的空间结构与机构养老服务的要求相去甚远，改造难度较大。

然而，后天的改造和从无到有的新建之间毕竟存在差距，难免存在一些不易调和的矛盾，导致空间功能的不足或者空间效率的低下，与此同时，在本就十分紧张的运营与资金压力下，各个养老机构在面临这些矛盾时的通常做法是选择妥协，降低空间环境的建设标准，能够满足基本的要求即可，或者说能够勉强达到不影响正常使用的标准就行了，而无暇顾及空间环境的品质。

2）机构建设的规范标准执行情况差

在总体上，机构建设的许多方面与相关建设规范标准的要求存在差距，这主要表现在三个方面：

首先，室外活动空间严重不足。在中心四区的 112 家养老机构中，接近半数的机构完全没有室外活动空间；有的机构虽然拥有室外活动空间，但是面积太小，与相关建设规范标准的要求相去甚远；还有一部分机构，其室外活动空间的面积虽然满足账面上的要求，但在实际使用过程中却挪作他用，造成事实上的面积不足，比如，不少机构在老年人的室外活动空间中晾晒衣物和被褥。

其次，室内活动空间严重不足。有些机构完全没有室内活动空间；有些机构虽然拥有室内活动空间，但面积却不够；有些机构的室内活动空间面积虽然达到要求，但实际上并未完全按照规定用途使用。无奈之下，老年人不得不将走廊、楼梯间、门厅等加以"开发"，作为他们的休闲娱乐活动场所。

最后，机构空间的各类细节尺寸存在很多不符合要求的情况。对大部分改造类机构来说，受限于原有建筑，要完全符合相关建设规范标准中各类细节尺寸的要求将会大幅提高改造成本，于是伴随着经济顾虑下的建设妥协，许多不符合要求的状况出现了，这给老年人带来了使用上的不便甚至安全隐患。

7.1.1.3 微观视角

1）材料低廉

养老机构空间中所选用的各类材料总体上比较低廉，控制建设成本的意图明显，很难见到档次较高的建筑材料。机构材料的低廉化现象广泛存在，在机构室内外空间的墙面、地面和屋面，以及门窗等固定类器具设备、桌椅等移动类器具设备的材料方面，甚至在各类装饰物的材料方面，都有着显著的体现。比如：多数机构的走廊地面材料选用较为廉价的瓷砖或地板革，其防滑与降噪性能比较一般；多数机构都选用了质量普通的成品铝合金栏杆扶手，使用过程中很容易在其表面留下不易清洁的污渍；多数机构的橱柜材料选用较为劣质的压缩颗粒板，其环保性能较差，且使用一定时间后容易产生破损和变形；多数机构中的宣传栏或装饰画的材料以塑料泡沫为主，装饰性作用发挥比较有限。

2）工艺粗糙

机构空间中的施工工艺总体上比较粗糙，空间效果的目标定位偏低，折射出明显的建设成本控制意图。一方面，施工做法避繁就简，比如，不同材料之间的交接处理方式唐突而生硬，缺少必要的遮挡或修饰等工艺环节；部分器具设备的安装方式简单粗暴，缺少功能与形式上必要的整体性考量。另一方面，工艺操作细节不到位，比如，许多机构中存在着墙面或地面不平整、瓷砖或板材对缝不齐等低级施工问题。诸如此类的具体细节问题积少成多，严重降低了机构空间环境的整体质感，影响了老年人的空间使用体验。

3）器具简陋

机构空间中各类器具的设置总体上比较简陋，更多地面向老年人最为基本的使用需求。比如，许多机构居室空间中的家具种类非常少，仅有床、床头柜、储物柜、椅子而已，在一些家具种类稍多的机构中，可能会出现电视柜和茶几，而在调查过程中发现的家具种类最多的几家机构中，所增加的也仅仅是书桌、沙发、抽屉柜、立式挂衣架这几类。再如，许多机构场地空间中的休闲活动设施仅仅是几条凳子，在一些稍好的机构中，可能还会在辟出的一小块区域中设置少量产品化的健身器械，而在这方面表现最好的机构中，所增加的休闲活动设施也大多是一些孤立设置的活力欠佳的凉亭或长廊。

7.1.2　非设计层面核心问题的主要成因

非设计层面核心问题产生的主要原因在于养老机构经济状况的紧张。

任何行业的发展都需要资本的推动，而资本在养老领域的注入力度始终不够。我国在20世纪与21世纪之交正式步入老龄化社会，我们将其作为时间分界点，从两个历史时期来分析这一问题。

新中国成立到2000年以前，我国的人口老龄化问题尚未凸显，还没有引起社会各界的普遍重视，同时，大众沉浸在国家经济起飞的澎湃激情中，各行各业到处都有发展的机遇和窗口，养老产业不能吸引社会资本的足够关注，主要依靠国家财政资金进行发展，而这显然是不够的。

2000年至今，随着人口老龄化日趋严重，养老问题逐步上升为社会热点，国家也陆续出台了一些利好政策，养老产业良好的发展前景逐步吸引了社会资本的目光，但资本的注入程度却比较有限，这当中存在着政策和市场的双重原因。一方面，政策的支持力度不够。首先，尽管国家各个部门陆续出台了许多鼓励政策，但由于缺乏有效的顶层设计，政策结构相对松散，某些政策之间甚至还存在着一定程度的冲突；其次，多数政策停留在呼吁的层面，实际意义上的激励和优惠力度比较有限，导致政策的可操作性不强。另一方面，盈利模式尚不清晰。养老机构的开发运营具有初期投入大、盈利能力低、回报周期长等特点，并不是一门轻松的生意，尽管社会各界正在积极尝试和探索，但目前尚未发展出适宜我国国情的成熟的商业模式，这也是令社会资本观望的重要原因之一。

总之，目前我国养老产业的总体发展状况存在着一定程度的"雷声大雨点小"现象，实质性进展比较缓慢。在这样的宏观行业环境中，养老机构的运营发展面临着重重困难，资金状况捉襟见肘，无暇顾及空间环境建设的品质。因此，养老机构空间中许多非设计层面问题的存在，其根本原因在于经济的紧张，或者说，假如养老机构"不差钱"，那么现存的许多问题将得到很大程度的缓解。本书第三章中空间环境质量评价的结果证实了这一点，在空间环境质量评价得分名列前茅的几家机构中，大部分是资金状况良好的公办机构，相对于其他机构，存在于这些机构空间中的各类非设计层面的问题显著减少。

7.2 设计层面

7.2.1 设计层面的核心问题

生硬的空间层域连接模式所造成的空间割裂与效能实用性低下，是养老机构空间设计层面的核心问题。空间风貌状况、满意度、重要度、使用状况评价的主要结论相互印证，并共同指向了这一点（图7-1、图7-2）。它具体表现在空间功能、空间效率、空间气氛三个方面。

7.2.1.1 空间功能

养老机构空间功能残缺，难以满足多元复合的使用需求。

1）居室空间

在绝大多数机构中，居室空间的休闲交往功能被忽视了，这使其对于老年人的功能意义仅仅是一个低标准的容身之所，而不是一个温馨舒适的居家环境。一方面，居室空间与床位空间之间缺少过渡和缓冲，彼此交叉干扰，不利于老年人的休闲交往活动；另一方面，居室空间与建筑空间之间的连接非常生硬，损害了居室入口空间的活力，导致了老年人休闲交往活动的尴尬不适。

2）建筑空间

建筑空间的形态过于封闭，缺少开放与半开放的空间操作处理，使其所能发挥的功能受到限制。比如，我们在绝大多数机构中见到的情形是，

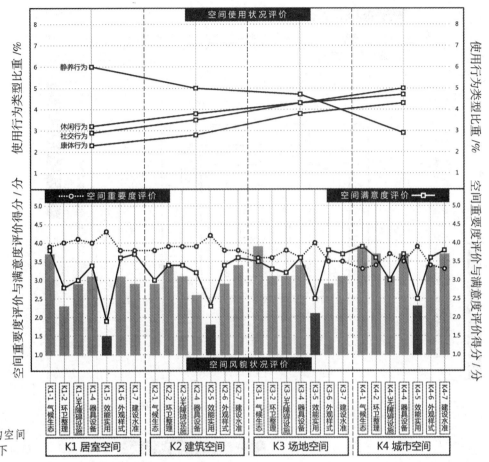

图 7-1 养老机构空间的效能实用性低下

休闲空间的形态单一，几乎全部被设计为封闭的独立房间，它们与其他房间的区别仅仅在于写着"娱乐室"的门牌，老年人的休闲交往需求在被指定的有限范围内才得到考虑，而在除此之外的广阔建筑空间当中，这些需求就不再作为被考虑的重点了，取而代之的往往是运营管理的便利性。

3）场地空间

前文已多次提到，所调查机构的场地空间资源非常有限，许多机构场地空间的功能性无从谈起，然而，在场地空间资源相对充足的机构中，其功能性也差强人意。这主要表现为室外休闲活动设施的孤立：一方面，功能流线组织不力，老年人在去往室外休闲活动设施的途中通常需要穿过机动车道和停车带，使用非常不便；另一方面，各类室外休闲设施往往随意而分散地布置在场地空间中的空旷区域，缺少凭靠与遮蔽，在此活动的老年人非但不能获得良好的观察视野，还将自己暴露在外部视线之下，这使老年人的空间环境控制感下降，从而降低了室外休闲活动设施的使用率。

4）城市空间

对入住养老机构的老年人来说，城市空间最为重要的功能意义在于提

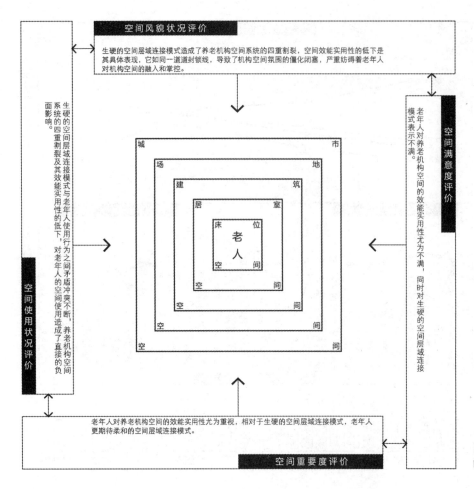

图 7-2 养老机构空间的四重割裂

供一种有机的融入城市的场所，其实现途径有两条：一是"用"，通过功能流线组织让老年人对城市空间的直接使用更为便利；二是"看"，通过空间形态处理让老年人对城市空间的间接观察更为舒适。二者都需要在养老机构空间设计过程中对城市空间进行主动的迎合，然而，我们在绝大多数机构中所见到的却是一种对城市空间的回避态度、一种试图独善其身的封闭姿态，这严重减损了城市空间对于老年人的功能价值。

7.2.1.2　空间效率

养老机构空间效率低下，难以充分发挥空间资源的潜力。

1）居室空间

居室空间资源缺少有效的整体性统筹，导致其利用效率不高，而这和居室空间与相邻空间层域之间的割裂状态密不可分，这主要表现在两个方面：一方面，居室空间的使用方式存在"二维化"倾向。居室空间中对基于地面的横向空间的利用过多，各类家具机构都摆放在地面上，显得十分拥挤，还会带来使用不便；而对基于墙面的纵向空间的利用则过少，墙面上通常只是一些临时挂钩和装饰品，空间资源利用不充分。另一方面，居室空间的使用方式存在"被动化"倾向。房间的形式与尺度被没有功能性的实体墙壁确定，各类家具设施是根据既有房间的条件后来添置的，难以做到高效率的空间资源利用。这种被动适应的做法往往伴随着蹩脚的空间形态，还很容易产生难以整理的卫生死角，甚至带来通行不便与安全隐患。

2）建筑空间

由于建筑空间与相邻空间层域之间缺少联系过渡，使在建筑空间中活动的老年人处于某种被封闭隔离的状态，行为事件没有得到充分的激发，造成空间活力和人气不足，进而导致空间利用效率的低下；与此同时，非此即彼的、明确无误的空间层域边界限定方式，未能给空间形态和尺度的推敲留出充足的余地，这造成了空间利用方式与利用价值的单一化，进一步降低了空间的利用效率。

3）场地空间

场地空间与相邻空间层域之间的割裂导致其观赏性与实用性的分离，空间的可参与性很差。这在场地空间资源相对充足的机构中体现得尤为明显，机构场地空间中设置了大量华而不实的景观绿化带，在这些景观绿化带的外围，几乎都采用栅栏或矮墙进行阻隔，使老年人只能从外部观赏而不能进入使用——效率低下的空间利用方式使老年人并未因场地空间的开阔而实际获益。

4）城市空间

僵直而冰冷的围墙扼杀了空间的活力与潜在的可能性，严重减损了空间的利用效率。调研显示，养老机构空间设计忽视了与城市空间的过渡衔接，我们在绝大多数机构中见到的做法是，沿着机构用地规划建设条件所允许的最外围的边界建围墙，将机构空间与城市空间隔离开来，只留出一个人车混用的出入口与其联系。这让机构外墙外侧的城市空间变成了一个消极的场所，然而，如果加以有效的设计，这里本可成为一个机构内部老年人与外部城市生活环境之间的良好的交流互动场所。

7.2.1.3　空间气氛

养老机构空间气氛压抑，难以形成轻松舒适的如家环境。

1）居室空间

空间私密性的缺失是最为突出的居室空间气氛问题。绝大多数的机构居室空间设定为两名以上老年人同住，却几乎没有对个人隐私空间采取任何保护，从空间操作的角度来说，以床位空间为核心的个人领域之间缺少必要的限定边界，导致了不同个人领域之间的含混与冲突。每个人都有对自身生活环境私密性的要求，老年人也不例外，他们的要求甚至可能高于一般人群。随着老年人身体状态和心理状态的起伏波动，他们有时会希望与他人交流互动，有时会希望独处，然而居室空间私密性的缺失让他们没有选择，这种没有个人隐私的集体生活环境气氛，使老年人丧失了对个人领域的掌控，从而导致了焦虑和不安的负面情绪。

2）建筑空间

走廊空间的冗长单调是最为突出的建筑空间气氛问题。多数机构的走廊平面是两条长直的平行线，缺少形态变化，容易给人造成视觉疲劳，沿线密布着居室空间的房门，由于房门与走廊空间之间缺少过渡和缓冲，当走过某个居室空间房门的时候，人们会感受到居室空间领域延伸所造成的环境压力，产生"不宜久留"的感觉，而当老年人在走廊里散步的时候，这种隐蔽的心理摩擦与冲突就将持续上演，进而化作焦躁不适的情绪。此外，广泛存在的走廊空间通风采光性能不足的问题也加剧了其压抑沉闷的气氛。

3）场地空间

场地空间气氛问题的焦点在于形式主义的空间处理手法。在场地空间资源相对充足的机构中，我们没有见到物尽其用的空间处理方式，取而代之的是老年人捉襟见肘的室外休闲活动场地，以及大量造价不菲的只有观赏和装饰作用却没有实际用途的景观绿化设施，这样的对比使场地空间中充满了虚假的气息。这种形式主义的空间设计与以人为本的服务理念背道而驰，是以一种僵化体制下的居高临下的管理者姿态，试图将机构空间打造成臆想中的对外宣传的理想形象，而非从老年人的实际使用需求出发，真诚为其提供舒适宜人的休闲场所，这很容易让老年人对养老机构生活环境心存抵触，难以真正融入。

4）城市空间

城市空间气氛问题的焦点在于孤立封闭的空间形态格局。调研显示，机构建筑与城市空间之间的形态关系大致可以归为两种情况。一种情况是，机构建筑直接临街，如同道路两侧的普通商铺一般直接暴露在嘈杂的城市环境之中，没有任何空间过渡与缓冲区域，这些机构通常没有场地空间，或者有场地空间但面积很小且不临街；另一种情况是，机构建筑不直接临街，与城市空间之间隔着场地空间，但场地空间的外围通常简单粗暴地设立围墙，刻意回避与外部城市空间环境的联系与接触。总之，养老机构空间对外联系非常不足，机构的总体形象观感仿佛一座座"孤岛"，这种空间气氛的异质化与边缘化也在很大程度上影响了入住老年人的心理，使他们容易产生一种被社会遗弃的沮丧感。

7.2.2 设计层面核心问题的主要成因

7.2.2.1 策划理念

尽管所有的养老机构都将"以人为本"作为其核心服务理念，但在很多时候这一理念只是作为形式化的标语和口号，而并没有得到真实的践行。在总体上，养老机构存在着一种"重管理轻服务"的倾向。这在公办机构中体现得尤为明显。一直以来，公办机构的生存发展都依赖着国家的各类优惠政策和大量资金补贴，久而久之，催生了一种对上负责而非对下负责的潜在情绪，使其不能很好地扮演服务者的角色，而在很大程度上持有一种管理者的姿态。

角色定位的失准与服务理念的滞后，很容易造成空间设计的本末倒置，使空间资源以一种自上而下的方式，想当然地进行计划和部署，而非以一种自下而上的方式，依据被服务者的具体需求做出理性的设置和调配，进而产生了流于形式的、缺乏诚意的养老机构空间环境表情。

公办机构的这种状态在很大程度上影响了民办机构。一方面，民办机构的大量涌现只是近十余年的事情，还未形成自己的成熟经验，许多方面参照和模仿着公办机构的做法。另一方面，民办机构与公办机构之间渊源深厚，不少民办机构与政府部门关系密切，还有一些民办机构的前身就是公办机构，此外，许多民办机构中的工作人员特别是管理人员，都有在公办机构工作或学习交流的经历。

7.2.2.2　设计视角

近代以来，自然科学领域取得了一项又一项的伟大成就，人类文明以前所未有的速度向前迈进，工业革命所带来的生产力飞跃也使人们切实地感受到了这种文明的进步。伴随着人类改造和适应自然能力的不断提高，某种自大的情绪也悄然蔓延开来，机械唯物主义哲学的市场也日渐繁盛。机械唯物主义将宇宙万物的运动全部归结为简单的机械运动，使用孤立的、静止的眼光来理解世界，得出片面的结论，比如，机械唯物主义的代表人物托马斯·霍布斯在其著作《利维坦》一书的序言中将人体等同于钟表：心脏是发条，而神经和关节则对应游丝和齿轮。我们不可否认机械唯物主义在特定时期特定领域中的正面意义，然而，当运用它来解释和处理社会科学领域中的复杂问题时则可能导致灾难。

现代主义建筑运动也受到了机械唯物主义的深刻影响。现代主义建筑依托日新月异的技术和工艺发展而来，旨在冲破旧建筑的束缚并适应新时代的需求，自从它诞生的那一刻起就带有一股豪迈的气质，而一批作为引领者的优秀建筑师们也或多或少地怀揣着乌托邦理想与英雄主义情结，试图通过建筑的手段一次性地解决庞杂的社会问题，创造美丽和谐的新世界。某种程度上，1933年《雅典宪章》的提出就可以说是机械唯物主义作用于城市建筑领域的典型例证。在国际现代建筑协会（CIAM）第十次会议上，以史密斯夫妇为代表的青年建筑师正式向国际式建筑提出挑战，质疑以功能主义、机械美学为基础的现代主义建筑理论。以此为标志，西方建筑设计实践逐步抛弃了僵化教条的原则，在反思中逐步回归到人本主义的基本路线，并呈现出多元化发展的态势。

持续的战火与动荡使我们落后于世界建筑潮流的发展，在西方建筑领域已经开始对现代主义建筑思潮进行批判和反思之时，我国建筑领域却尚未对其完全了解，而在改革开放后，快速的城市发展建设亟须成熟的设计理论和方法体系，于是在来不及深入思辨和改良的情况下，现代主义建筑理论和方法体系便被引入了我国，并深刻地影响了我国的建筑设计与实践。

在功能先行的经典现代主义建筑设计思路的影响下，养老机构的空间设计更容易从基于功能划分的静态化的横向视角展开，而不容易从基于老年人实际使用的动态化的纵向视角展开，这造成了不同空间层域之间联系的生硬，进而产生了冷漠而寡淡的养老机构空间环境。

以 LC01 李沧区社会福利院为例，该机构是青岛市域范围为数不多的几家公办公营型养老机构之一，由政府划拨土地并负责建设，同时充分享受各类政府财政补贴支持，相对于绝大多数其他机构来说，其空间环境受到经济因素掣肘的程度不算太大。调研显示，该机构空间环境的综合建设状况是很好的，其空间环境质量评价总体得分（4.5 分）在 112 家样本机构中排名第一，与空间环境质量评价总体得分不佳的大多数机构相比，非设计层面问题在其空间环境中的体现比较有限，然而，设计层面问题在其空间环境中的体现却同样显著（图 7-3）。与此同时，该机构是为养老服务而专门新建的，经历了完备的规划建筑设计流程，并由正规的建筑设计单位负责设计。机构建筑平面的功能设置完备、流线组织清晰、形态具有变化，并与建筑体量与形式的推敲相结合，乍看上去并没有什么严重的缺陷，其整体设计可谓中规中矩，或者说是遵循着教科书般的典型设计思路——受经典现代主义建筑影响而产生的时至今日仍普遍存在于我国建筑设计领域的主流设计思路（图 7-4）。但是，在这样看似合理的设

床位空间与居室空间

居室空间与建筑空间

建筑空间与场地空间

场地空间与城市空间

李沧区社会福利院(LC01)的空间环境质量评价总体得分(4.5分)在中心四区 112 家养老机构中排名第一，然而其空间层域割裂的问题依旧显著。

图 7-3 李沧区社会福利院（LC01）中的空间四重割裂

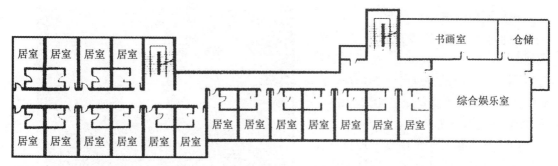

图 7-4　李沧区社会福利院（LC01）二层平面示意图

计之下，机构空间各个层域之间却存在着严重的割裂。

总而言之，在与老年人实际使用相分离的空间设计视角下，即便拥有充分的资金与设计条件，依然难以造就真正舒适宜人的养老机构空间环境。

7.2.2.3　操作技法

尽管养老机构空间设计受到诸多宏观因素的影响，但具体的空间操作仍然是影响空间设计质量的极其重要的因素，然而，调研所显示出的养老机构空间设计操作技法却差强人意。

其中，一方面的原因在于，缺少高水准建筑设计人才的介入。归根结底，设计工作是一个智慧转化的过程，是一项创造性的劳动，每一项设计成果都控制在具体操作的设计人员手中。首先，需要承认我国建筑设计人员的总体水平与世界领先水平之间存有一定差距，尽管这种差距正在迅速缩小。由于起步较晚、基础较差，我国建筑教育和人才培养总体水平有所欠缺，而在很长一段时期内，市场对于建筑设计人才的需求较大，许多建筑院校扩大招生，还有不少大学新设建筑设计专业，这些都使人才质量的保证更加困难。其次，在高速城市化的进程中，各类设计项目对速度的要求远大于对质量的要求。多数建筑设计人员受制于苛刻的设计周期，没有办法"慢工出细活"，设计成果难免粗糙劣质，与此同时，这种不良行业生态也使许多建筑设计人员错失了在设计实践过程中积累提高的机会，形成恶性循环。最后，绝大多数养老机构的设计工作难以聘请到高端建筑设计人员。建筑设计人员的业务能力等级分布呈现为一个金字塔形，高端人才稀少而低端人才较多，高端人才大多都在综合实力较强的设计单位工作，这些设计单位承接的又大多是一些工程技术复杂、投资规模巨大、社会影响力强、设计费丰厚的优质项目，而本书所调查的养老机构基本不在此列。

另一方面的原因在于，缺少有效的养老机构空间设计方法体系的引导。作为一个此前受关注度不太高的建筑类型，我国养老机构空间设计的研究与实践相对薄弱，目前并没有发展出面向自身国情的成熟的设计方法体系，尽管国外不乏成熟的相关设计经验，然而在不同的社会条件和地域文化之下，我们不能对其生搬硬套，这给养老机构空间设计质量的保证增加了困难。调研显示，一些设计师已经意识到了部分空间割裂问题的存在并试图解决，然而所采取的设计方法却略显无力。比如，在SN01青岛福彩养老院隆德路老年公寓中，设计师顺借柱子的跨度与厚度，在走廊两侧设置了若干个可放置休闲座椅的凹入区域，以此优化走廊空间的交往活力与氛围，并试图消除居室空间与建筑空间之间的割裂，尽管这种设计处理可以获取一定的效果，但是略显单一和被动，无法实质性地解决问题。（图7-5）

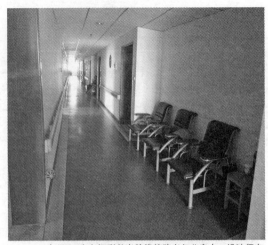

在SN01青岛福彩养老院隆德路老年公寓中，设计师在走廊两侧设置了若干个可放置休闲座椅的凹入区域，试图消除居室空间与建筑空间之间的割裂，但这种设计处理略显单一和被动，无法实质性地解决问题。

图7-5 青岛福彩养老院隆德路老年公寓（SN01）的走廊空间设计

本章小结

本章在前文各部分评价结论的基础上，从非设计和设计两个层面归纳了存在于养老机构空间系统中的核心问题，并对其主要成因进行了分析，旨在厘清设计的影响力边界，为我国养老机构空间环境的改善提供明确的着力点。

基础物质环境水平的落后，是养老机构空间非设计层面的核心问题：从宏观视角来看，机构总体栖息环境差强人意，其周边的城市基础设施质量、城市风貌环境档次、城市公共空间品质都不高；从中观视角来看，机构建设的基础条件、规范标准执行情况都比较差，绝大多数机构源自改造而非新建，先天存在诸多难以处理的问题；从微观视角来看，机构空间的材料选用较为低廉、施工工艺较为粗糙、器具设备较为简陋，总体目标定位偏低，控制建设成本的意图明显。

非设计层面核心问题产生的主要原因在于：行业总体发展缓慢，养老机构经济状况紧张，无暇顾及空间品质。

生硬的空间层域连接模式所造成的空间割裂与效能实用性低下，是养老机构空间设计层面的核心问题：机构空间功能残缺，难以满足多元复合的使用需求；机构空间效率低下，难以充分发挥空间资源的潜力；机构空间气氛压抑，难以形成轻松舒适的如家环境。这些问题普遍存在于各个空间层域。

设计层面核心问题产生的主要原因在于：策划理念的偏失带来了不恰当的设计方式，机构空间资源以"重管理轻服务"的方式自上而下地进行配置；机构空间设计深受经典现代主义建筑设计思路影响，以基于功能划分的静态化横向视角展开；机构空间设计缺少高水准设计人才介入，同时缺少有效的空间设计方法体系引导。

第八章　养老机构空间设计
优化策略建议

8.1　加强养老机构相关政策扶持

8.1.1　全面改进政策体系

优化养老机构空间的前提是增强养老机构的自我发展能力。综合来看，养老机构发展中存在的主要问题是资金缺乏。受我国传统农业社会的中庸之风影响，养老机构空间政策法规体系的形式化严重。近几年，中央和地方政府每年都出台大量鼓励养老机构发展的政策措施，但大多未得到严格的执行，最终使政策流于形式，无的放矢。从中央到地方，在政策的制定和实施过程中都存在形式化的特征。

要促进养老机构的发展，政策法规体系建设应逐步由形式化向实质化改进。首先，增加中央和地方政府相关扶持政策的实施细则。目前，养老机构扶持政策多为原则性、宏观性指导，虽有一定指导意义，但缺乏实施细则。这影响了地方政府的政策调整与细化，使基层执行部门在政策实施过程中毫无头绪，没有进行必要的可行性调研和创新性探索，在一定程度上影响了政策本身的效力。例如，在调研中发现，中央与地方政府针对养老的财政拨款过于笼统，而基层政府往往把款项用到最能体现政绩的项目中，致使机构养老的供需不平衡，机构发展遭遇瓶颈。其次，加强政策实施过程中的监督管理。政策在制定到实施的过程中，由于缺乏相应的监督和管理，使政策结果偏离了轨道，甚至违背了政策的初衷。最后，政策的顶层设计缺乏整体性。养老机构的相关政策涉及诸多利益部门，不同部门政策之间缺乏有效的衔接、互动和协调机制，甚至有时互为前置条件，"碎片化"倾向影响了政策的有效实施，因此需要明晰优惠扶持政策的维度方向和监管职责。

总之，政策法规的制定要有靶向性、可行性和灵活性，同时要协调各部门有效衔接，保证政策法规落实到位，才能使政策体系的运行在各主体之间形成良性循环。

8.1.2　加大政府投资力度

在世界各国养老机构建设的投资总量中，政府都占有主导地位。这是由于养老机构建设有较强的福利性和非营利性特征。一方面，养老机构投资规模大，资金回收周期长，平均收益低甚至无收益，需要政府补贴；另一方面，机构要发展，收取的服务费用必须高于其运作成本，当老人有入住需求却没有经济能力时，也需要政府的补贴。在我国，公办养老机构比民办机构建设水平高、经营状态好的根本原因在于公办机构能够获得政府长期稳定的投资。

针对长期以来因养老机构建设投资不足所导致的各种问题，政府在加大投资额度的同时，应建立与国家经济发展水平和财政收入同步增长的投资机制。政府可根据经济发展水平和社会对养老机构的发展需求，在财政预算时确定相应比例的资金用于机构的投资，并建立动态调整系统，及时补足因经济水平上涨而导致的投资缺漏。同时，从中央到地方严格把控资金走向，确保资金用于机构的建设与发展。

另外，政府的投资对象除机构本身外还应包括有入住需求的老人。近年来，在民政部门的推动下，养老机构的床位不断增加。但同时机构入住率却不断下降，形成供需矛盾的怪象。其原因在于有入住需求的老人没有入住能力，进而导致经营陷入困境而难以为继，形成恶性循环。根据国内经验，一个有 200~400 张床位的养老机构，如正常经营可获得 5%~8% 的利润，这说明机构本身有自我发展潜力。因此，政府应从制度层面解决机构有效需求不足的问题，使供需相匹配，推动养老机构的良性发展。

8.1.3 改善资金补贴政策

在已实施的各项机构养老补贴政策中，政府的补贴大多是床位建设费，还有与床位高度关联的运营补贴和对从业人员的补贴。看似高额度的补贴，却并没有解决机构的经营困境。调研中发现，政府补贴额度与机构规模、床位数量挂钩，导致养老机构为获得更多补贴而盲目扩大机构规模，增加床位数量。而大多数补贴仅能用于填补经营亏损，有的机构基础建设陈旧，严重影响进一步发展，却没有额外资金进行环境改善，只有勉强维持现状。

政府补贴长期固化在床位上，且多重叠加、逐年增长，但对获补标准监管不严，对未提供相应服务的机构提供过度补贴，造成财政资金的浪费，却并没有改善机构的经营状态。

应逐步建立由"补床头"到"补人头"的补贴制度，将有入住需求老人的潜在需求变为有效需求，实现"资金—服务"的有效衔接。取消现有政策中的过度补贴，改进补贴标准，使补贴得到有效利用。

8.1.4 完善管理配套政策

增强养老机构的发展活力，需要从相关管理配套政策上给予侧重。主要包括：优化并实施审批简化政策、税收优惠政策、土地优惠政策、监管与评估政策等。

简化新建或改建养老机构项目的审批手续。目前的审批手续较为繁琐，经历时间较长。政府应精简项目审批材料，加快推进各项审批服务的对接，把审批之后的监督管理作为重点，而不是在审批之前制造重重困难。对于无法通过消防许可要求的机构给予一定整改补贴；对于无证经营机构适当给予运营补贴，并加强监督核查。

完善并实施税收优惠政策。一方面，对民办非营利性养老机构免征营业税、房产税或土地使用税，以减少其经营成本；另一方面，为鼓励社会力量对机构资助，应在所得税前扣除捐赠金额。

积极落实土地优惠政策。政府对养老机构的土地供应有划拨、有偿和出让三种，相应地，政府应按照法律法规给予一定优惠。

完善监督管理与评估政策。政府补贴与机构的规模、等级等直接挂钩，所以要逐步健全养老机构的监管机制，实施等级评定和评估制度，促进机构规范化发展。在监督管理方面，首先，要加强机构自身的监管。对新建、改建和扩建的机构要按照一定标准进行规范化的设计。设计思维应以老人的需求为主，从"管理"思维向"服务"思维转变。其次，政府要加强对机构的监管。建立社会评议制度，对机构的服务和管理进行综合评价，并向社会公布评议结果，确保机构的功能符合相应的标准。在评估政策方面，要逐步建立以专家学者、社会工作者、社会组织人员等组成的第三方评估团队，定期、不定期地对机构进行评估，并公布结果。

完善支持机构发展的金融政策。进一步创新资金扶持模式，包括创新信贷产品、优化贷款审批流程、拓宽信贷抵押担保物等，特别是针对民营机构贷款难的问题，要出台相应的针对性措施。

8.1.5　积极拓宽融资渠道

国务院办公厅发布的《国务院办公厅关于进一步激发社会领域投资活力的意见》中提出，应进一步扩大养老机构的投融资渠道。要解决养老机构，特别是民营机构的资金不足问题，单靠政府的投资难以有效解决日益增长的社会需求。需要借助鼓励政策，实现机构投资主体多元化，吸引社会资源到机构建设中。

首先，加大社会福利基金对养老服务机构建设的支持力度。按照国家有关规定，社会福利基金的使用范围包括用于资助为老年人、残疾人、孤儿、革命伤残军人等特殊群体服务的社会福利事业。养老机构建设和必要的更新改造项目，显然属于社会福利基金的使用范围。近年来，我国通过发行彩票筹集的社会福利基金规模快速扩张。以福利彩票发行为例，2000年福利彩票发行筹资总额只有89.9亿元，提取的公益金只有24.2亿元，但到2010年福利彩票发行筹资总额迅速增加到968亿元，提取的公益金相应增加到近300亿元，比2000年增长了约11倍。考虑到我国未来老龄化不断加速，对养老服务机构需求快速增长，为加快养老服务机构的建设和发展，建议社会福利基金应加大对养老机构建设的支持力度，提高用于机构建设的资金比例，从而为机构建设提供又一个稳定的资金来源渠道。

其次，鼓励社会组织、个人和其他社会力量向养老机构捐赠资金。2000 年以来，我国来自企业、事业单位和社会个人的慈善捐款呈现快速增长趋势。2000 年全社会的捐赠款不到 10 亿元，2008 年（由于汶川地震）达到最高的 744.5 亿元，到 2009 年、2010 年尽管比 2008 年有所降低，也分别达到 483.7 亿元和 596.8 亿元，相当于 2000 年的 50 倍和 60 倍。这些巨额的社会捐赠款，尽管其中一部分资金因捐赠者的要求会有其特定用途，不能用于养老机构，但仍有相当一部分资金可由接受捐赠的民政部门和社会组织自行确定用途，其中还有一部分资金本身就是以养老事业或特定养老服务项目的名义募捐的。建议除特定用途的募捐款以外的资金应重点用于养老机构等公益事业建设。为加大直接从社会个人和企业募捐的资金规模，建议既有养老机构与民政部门和公益性基金会等社会组织加大合作力度，共同开展面向个人和企业的专项募捐活动，所获得的募捐款，专项用于养老服务机构的建设和运营。

8.2 建立养老机构空间设计模式语言

8.2.1 养老机构空间设计模式语言的总体构型

8.2.1.1 词源——空间模式的基本图解

使用后评价结论表明，养老机构的空间层域连接模式是生硬的，该模式造成了养老机构空间系统内部的"四重割裂"，造成了机构空间效能实用性的低下，让一种对立的状态代替了老年人与机构空间之间应有的良性互动，进而导致老年人的日常行为活动受到层层阻碍和束缚。为了改善这样的局面，基于养老机构空间层域连接现状的基本图解，本书在此提出了一个与之相对的基本图解，作为养老机构空间设计模式语言的词源（图8-1）。二者的区别在于，后者蕴含着一种联通的养老机构空间层域连接模式，它具体体现为相邻空间层域之间的中介空间，四重中介空间共同形

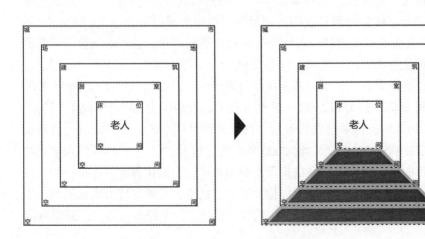

图 8-1 空间模式的基本图解

成了一个化解“四重割裂”的中介空间系统。

8.2.1.2　词汇——空间模式的分项提取

以词源为主线，结合养老机构空间设计层面核心问题的具体表现，基于大量养老机构空间设计案例与调查资料，本书提取了 18 个分项空间模式，作为养老机构空间模式语言的词汇。它们分别是：阻避模式、起居组团模式、功能边界模式、城市客厅模式、集成联合模式、短走廊模式、宽走廊模式、廊窗模式、私属介入模式、种植园地模式、探出模式、凭靠模式、入户前室模式、连续路径模式、台地模式、坑院模式、架空模式、腔体模式（图 8–2）。

8.2.1.3　语境——空间模式的适用范畴

各分项空间模式的适用范畴不尽相同，有的模式对所有割裂关系的化解都有帮助，有的模式只对某些割裂关系的化解有帮助。各分项空间模式的适用范畴共同呈现出养老机构空间设计模式语言的语境。（图 8–3）

8.2.1.4　语法——空间模式的关联组合

各分项空间模式可以独立存在并发挥作用，但在更多的情况下，不同模式之间可以进行叠加，以产生更强烈的效果。各分项空间模式之间的关

图 8–2 分项空间模式

模式01 阻避
模式02 起居组团
模式03 功能边界
模式04 城市客厅
模式05 集成联合
模式06 短走廊
模式07 宽走廊
模式08 廊窗
模式09 私属介入
模式10 种植园地
模式11 探出
模式12 凭靠
模式13 入户前室
模式14 连续路径
模式15 台地
模式16 坑院
模式17 架空
模式18 腔体

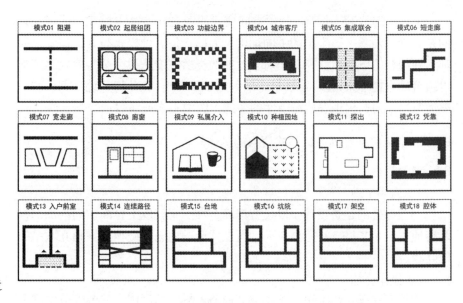

图 8–3 空间模式的适用范畴

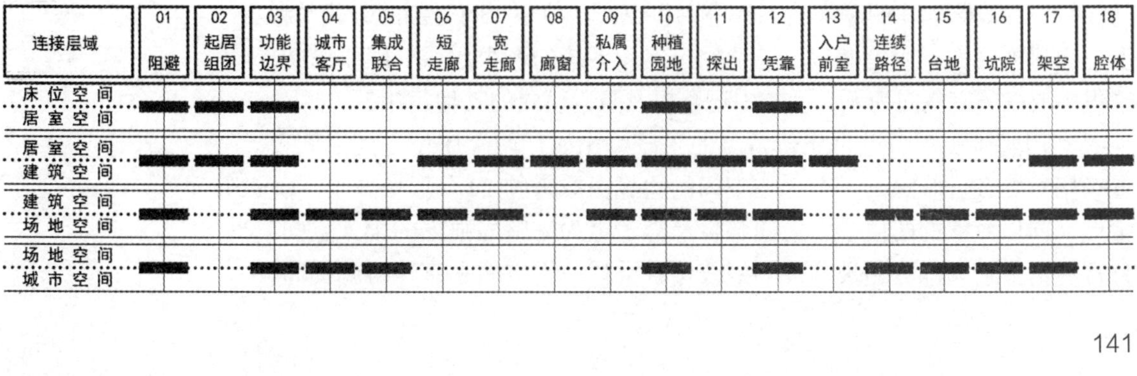

连接层域
01 阻避
02 起居组团
03 功能边界
04 城市客厅
05 集成联合
06 短走廊
07 宽走廊
08 廊窗
09 私属介入
10 种植园地
11 探出
12 凭靠
13 入户前室
14 连续路径
15 台地
16 坑院
17 架空
18 腔体
床位空间
居室空间
居室空间
建筑空间
建筑空间
场地空间
场地空间
城市空间

联组合呈现出养老机构空间设计模式语言的语法（图8-4）。不同模式之间的关联组合适宜度分为三种：

1）非常适宜：图中以实线连接的表示"非常适宜"。某些模式之间非常适合关联组合，以产生事半功倍的效果，比如，将入户前室模式、廊窗模式、功能边界模式组合后，可以非常有效地消解居室空间与建筑空间之间的割裂，并为老年人提供高效实用、美观宜人的居室入口空间。后文将结合各分项空间模式的操作解析，对此类适宜度详加描述。

2）较为适宜：图中以虚线连接的表示"较为事宜"。某些模式之间也比较适合关联组合，只是相对于"非常适宜"的情况来说，组合的效果和组合方式的典型性稍弱一些。

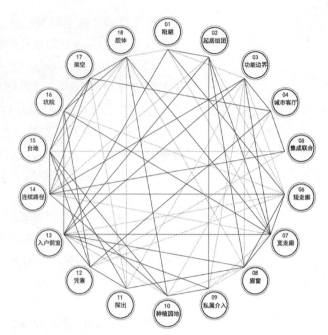

图8-4 空间模式的关联组合

3）一般适宜：由于各分项空间模式均源自同一基本模式，或者说它们是在同一词源下衍生出的不同词汇，因此，每一种模式与其他模式之间都存在组合的可能性，只是相对于此前两类适宜度来说，某些模式之间加以组合的方式不太典型，或者组合的效果不太突出，在此将其统一划入"一般适宜"之列，出于表达清晰性的考虑，图中不作连线表示。

8.2.2 养老机构空间设计模式语言的具体解析

8.2.2.1 阻避

1）内涵

通过综合的建筑设计手段设置屏障，在一定程度上打断空间内部的视线连通，但并非将空间完全切断，而是营造一种既彼此独立又相互联系的中间状态。

2）操作

阻避模式操作的关键在于把握"通而不畅"的原则，使各部分空间之间保持一种藕断丝连的暧昧状态，进一步说，是控制空间分割的方式与程度。阻避模式的运用范畴很广，适用于空间系统的各个层域，限于篇幅，这里主要以居室空间为例，后文中还会提及阻避模式的其他运用。

利用墙体实现阻避是比较常见的手段，比如在两个床位空间之间设置一堵短墙，这样一来，每个床位空间的边界由原来的"L"形变成了"C"字形，同居一室的两位老年人便各自获得了更为完整的独立的个人空间，日常生活中绝大部分的被动性的视线接触被拦截，空间私密性得到提高，

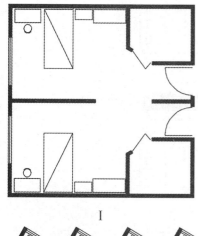

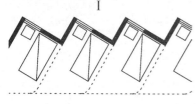

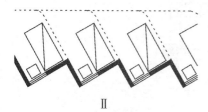

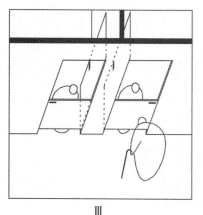

图 8-5 阻避模式解析

老年人对个人领域的掌控力大大加强，与此同时，这两个床位空间依然统属于一个完整的居室空间——与起居组团模式的结合，保持着亲近的关系。隔墙的长度、高度、材质等具体细节都可以根据实际需要进行灵活设置。（图 8-5 Ⅰ）

通过控制空间的方向也可以获得良好的阻避效果，比如将两个床位空间进行旋转，使每个床位多了一个可凭靠的面，空间变得更加独立私密。（图 8-5 Ⅱ）

除了上述两种对空间形态本身的操作以外，对器具设备的巧妙设计也能够获得事半功倍的效果，比如，通过一扇可以灵活控制开启方式的房门，既可以宣告空间领域主权又能够激发老年人的交流意愿。（图 8-5 Ⅲ）

8.2.2.2　起居组团

1）内涵

起居组团的概念是相对于起居单元的概念来说的，起居单元是指以床位空间为核心、具有完整明确的空间边界、容纳老年人各类日常活动的功能房间，起居组团是指由多个起居单元围绕其共享的各类生活设施所组织形成的布局紧凑且形态明确的空间群落。

2）操作

起居组团模式的操作核心在于共享起居空间的功能设置，及其与内部起居单元、外部交通空间的关系组织。该模式的适用范畴主要围绕着居室空间，有利于化解居室空间与床位空间、建筑空间之间的割裂。起居单元的规模可以根据具体情况进行灵活制定，其空间形态也有着广阔的发挥余地，以下结合几种比较常见的操作方式对其进行简述。

串联：交通空间为主导（图 8-6 Ⅰ）。各个起居组团在走廊空间的串联下依次排列，是一种"藤与瓜"的空间结构，共享起居空间在此作为起居单元和走廊空间之间的缓冲。

搭接：交通空间与共享起居空间共同主导（图 8-6 Ⅱ）。在起居组团内部，交通空间处于从属地位，与共享起居空间融为一体；而在起居组团外部，纵向交通空间处于主导地位，将各个组团搭接在一起。

融合：共享起居空间为主导（图 8-6 Ⅲ）。在一个由两个起居组团构成的建筑平面中，共享起居空间承担着空间组织的核心角色，而交通空间则处于从属地位，甚至可以形容为被起居组团所"吃"掉。当起居组团的规模偏大时这一点体现得更加明显，这实际上是与后文将要论述的宽走廊模式的结合。

8.2.2.3 功能边界

1）内涵

主动挖掘空间边界的潜力，积极提高空间利用的效率，让围合空间的边界不再是单一的没有实际使用价值的"面"，而是丰富的被赋予了功能意义的"体"。这样的空间边界至少拥有两方面的积极意义：一方面带来了更为灵活高效的空间功能配置方式，另一方面带来了多样化的空间形式塑造可能。

2）操作

功能边界模式广泛适用于空间系统的各个层域，其操作强调空间价值的多重赋予，空间资源的主动性利用，其核心在于增强空间界面的可用性。

在居室空间里的运用：分隔两个床位空间的界面不是一堵没有使用功能的隔墙，而是一组兼备收纳、读写功能的家具，在高效利用空间的同时还增强了床位空间的私密性，缓解了床位空间与居室空间之间的割裂，同时这也是一种与阻避模式的组合运用（图8-7 Ⅰ）。

在建筑空间里的运用：将居室空间对面的走廊窗台加宽，变成一条可供休闲的座椅，老年人可以坐在自己的门前享受阳光，观察窗外的景色，与过往的人群交流。这个窗台兼座椅的功能边界的存在，加强了居室空间与建筑空间之间的联系，老年人可以坐在自己的门前与过往的人群交流，以很小的设计动作与建设成本换取了空间效能实用的大幅提高（图8-7 Ⅱ）。

在场地空间和城市空间里的运用：在室外活动空间周围设置休闲座椅，形成"L"或"C"形的积极边界，缓解建筑空间与场地空间、场地空间与城市空间之间的割裂，以促进人群的交

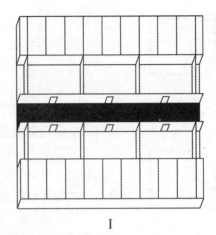

Ⅰ

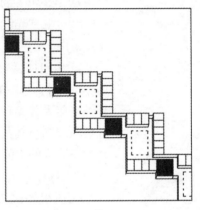

Ⅱ

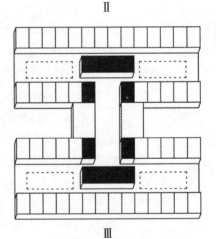

Ⅲ

图 8-6 起居组团模式解析

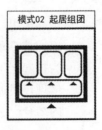

模式02 起居组团

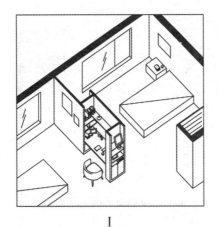

Ⅰ

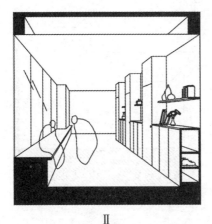

Ⅱ

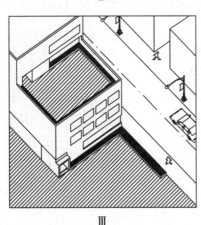

Ⅲ

图 8-7 功能边界模式解析

模式03 功能边界

1　芦原义信，2006. 街
道的美学 [M]. 尹培桐，
译. 天津：百花文艺出
版社：103.

流。其中，在地面层，可以用一段矮宽的墙坎来替代围墙，展现欢迎的姿态，给老年人和城市人群提供休闲去处，营造温和、自由的空间氛围。这里结合了城市客厅模式、凭靠模式和台地模式（图 8-7 Ⅲ）。

8.2.2.4　城市客厅

1）内涵

将养老机构的部分空间分享给城市，吸引和接纳城市各类人群来此活动，增进养老机构与城市环境的有机联系，优化机构周边的人群与活力，使老年人更多地融入和谐多元的社会生活氛围。

2）操作

城市客厅模式的要义在于"舍得"二字，有舍方有得，养老机构不应该把自己一味地封闭起来，而应该对城市街道保持一种开放友好的姿态，将自己的"地盘"拿出一部分来与其分享，吸引城市人群来此活动，让这里成为老年人的会客厅，以此获得对城市环境的有机融入。[1]

城市客厅模式非常有利于消除场地空间和城市空间之间的割裂，它可以和功能边界模式、凭靠模式、架空模式等进行组合，发挥更好的效果。该模式主要有以下几种操作方式。

依托建筑：城市客厅结合机构建筑次入口的设计来设置，老年人可以坐在两侧的条凳上观察马路上的事物，和路过的人攀谈。同时，这也是一个较小尺度的城市客厅。（图 8-8 Ⅰ）

依托场地：城市客厅结合机构大院的主入口来设置，老年人可以倚靠机构的院墙来和外界的人群交流互动。同时，这也是一个中型尺度的城市客厅。（图 8-8 Ⅱ）

依托建筑和场地：结合机构建筑底层的架空，将绝大部分的场地空间都分享为城市客厅，形成了一个城市小广场，聚集和丰富了事件和元素。同时，这也是一个较大尺度的城市客厅。（图 8-8 Ⅲ）

8.2.2.5　集成联合

1）内涵

该模式建立在城市客厅模式的基础之上，将养老机构与其他类型的城市设施进行整体性规划设计，形成既分属独立又密切联系的有机综合体，并将各个设施的全部或部分公共空间进行资源共享，提升空间整体的效率和活力，使参与其中的各个设施都获得收益。

2）操作

养老机构可以和医疗机构、幼儿园、酒店式公寓、公共服务设施等多种类型的城市设施进行组合开发建设，构建立体多元的城市空间场景与人文生态，集成联合模式非常适合与城市客厅模式组合运用。[1]

集成联合模式可以看作是城市尺度中的起居组团模式，它非常适合与城市客厅模式、连续路径模式共同发挥作用。该模式的操作核心在于把握空间共享的方式及其程度。

对于分散布局的集合设施，多数情况下，建筑适合布置在外围，从而将共享空间包裹在中间，形成一个"U"或"O"形的内聚的联合院落。根据具体情况，参与其中的每个设施既可以保有一块可大可小的"自留地"，也可以彼此完全共享场地空间。

对于集中布局的集合设施，各类设施可以选择横向集成联合，将建筑沿用地的某一条或两条边界做线性布

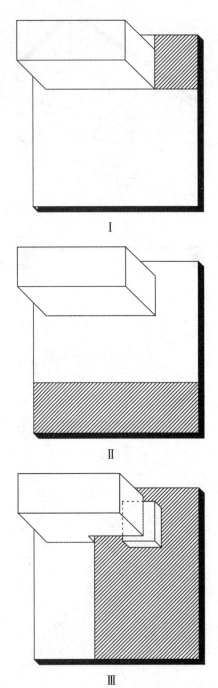

Ⅰ

Ⅱ

Ⅲ

图 8-8 城市客厅模式解析

模式04 城市客厅

1　周燕珉，2013.我国养老地产开发模式的15个先锋设想 [J]. 居业（12）：82-87.

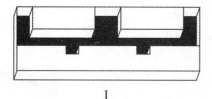

Ⅰ

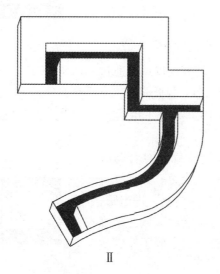

Ⅱ

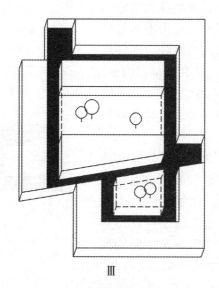

Ⅲ

图 8-9 短走廊模式解析

置，与场地空间形成并置或咬合的关系；也可以选择纵向集成联合，将点状的建筑布置在用地中心，形成场地包围建筑的关系。无论哪种布置方式，共享空间的形状和大小都可以根据具体情况灵活控制。

8.2.2.6　短走廊

1）内涵

通过综合的建筑设计手段，消解走廊空间冗长沉闷的风貌状况，优化空间节奏并提升整体活力。

2）操作

短走廊模式的操作核心在于降低走廊空间的感官长度：一方面与直接的视觉认知相关，即让走廊看上去不是很长；另一方面和间接的知觉体验相关，即让走廊感觉上不是很长。其主要操作方式包括以下几种。

打断：根据具体情况，在走廊空间两侧的合适位置插入公共休闲活动空间，刺激人群的交往和事件的发生，营造空间兴奋点，并以此来调节原本单调的走廊空间氛围。（图 8-9 Ⅰ）

变向：多数情况下，走廊空间可以说是建筑平面的脊索，那么通过控制走廊空间的线性走向，有目的性地对其进行角度或弧度的变化，以尽量规避长度过长的直线走廊中的强烈的透视灭点，既可以形成变化丰富的走廊空间节奏，又有利于促进建筑体量与周边环境的融合。（图 8-9 Ⅱ）

回路：结合上述两种方式，将走廊空间做进一步延展和编织，产生形态各异的回路，对每一段走廊来说，其长度被压缩，而对走廊整体来说，在庭院和公共休闲活动空间的协助下，很容易取得步移景异的行走体验，使其成为充满欣喜的宜人场所。（图 8-9 Ⅲ）

在实际设计过程中，我们可以根据需要综合运用上述三种空间操作方式，并与阻避模式、宽走廊模式、连续路径模式、坑院模式、腔体模式等结合。除了空间本身的操作以外，对材质和色彩加以有效设计也能够非常有效地降低走廊空间的观感长度，在短走廊模式的操作过程中也应对其多加考虑。

8.2.2.7 宽走廊

1）内涵

将走廊空间与其他空间进行复合，使其不仅仅承担通过性的任务，而且在空间系统中扮演更多的角色，与此同时，复合后的走廊宽度得以加大，有利于改观原本逼仄狭长的形象。

2）操作

宽走廊模式的操作核心在于把握功能空间的复合与叠加，吸引并容纳更多的人流，激发空间环境活力。如果说得形象一点，该模式的操作方式就是将其他空间"塞"进走廊，使走廊扩展成为一个比原先更为宽阔的综合活动区域，走廊空间内的活动流线不再是一条简单的直线，而变成了充满变化和可能性的曲线和回路。

如同珊瑚礁可以为众多海洋生物提供庇护从而将它们大量聚集一样，这些被置入走廊的大小不一、形态各异的空间也发挥了类似的作用，它们所营造出的多样空间环境为老年人的行为使用活动提供了更多的选择和余地。因此，宽走廊模式可以很好地提高机构空间环境的效能实用性，对加强居室空间和建筑空间、建筑空间和场地空间之间的联系很有帮助。

我们可以把这些被"塞"进走廊的空间划分成非功能性空间、功能性空间这两类。非功能性空间主要通过留白的方式，营造更为丰富的空间层次，比如在走廊中置入腔体或者坑院（图8-10Ⅰ）。功能性空间还可以进一步分成封闭空间、开敞空间这两类。其中，封闭的功能性空间内适合安排一些服务性空间，比如楼梯间、设备间、热水间、储藏间、护理人员休息室（图8-10Ⅱ）；开敞的功能性房间内适合安排餐饮休闲区、书报阅读区、谈话交流区之类的内容，同时可以与功能边界模式相结合，优化其形式效果与使用效率（图8-10Ⅲ）。在具体操作过程中，应该尽量对上述几种空间进行搭配，以获得虚实相间的效果。

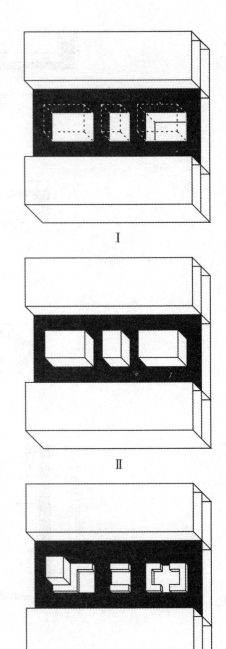

Ⅰ

Ⅱ

Ⅲ

图8-10 宽走廊模式解析

模式07 宽走廊

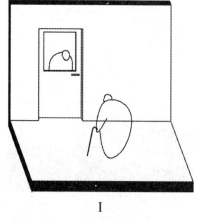

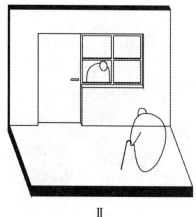

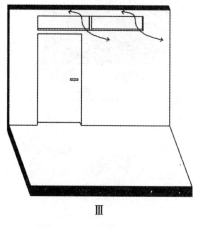

图 8-11 廊窗模式解析

8.2.2.8　廊窗

1）内涵

在居室空间与走廊空间的边界设置窗户，加强居室空间与建筑空间的联系与互动，同时改善居室空间与建筑空间的采光与通风状况。

2）操作

调研显示，绝大多数养老机构都仅仅在居室空间的建筑气候边界上设置窗户，而忽略了在建筑气候边界以内的另一个适宜开窗的位置——居室空间与走廊空间的边界。这带来了许多负面影响：一是加深了居室空间与建筑空间的割裂，二是对机构室内空间的通风和采光十分不利。这一点在调研中也得到了对比证实：拥有廊窗的居室空间的采光通风效果明显优于缺失廊窗的居室空间。

对于廊窗模式的操作，首先需要在建筑设计之初将廊窗的设置充分考虑在内，并做出适宜建筑平面的设计；其次需要把握廊窗的位置与形态。我们可以将廊窗分成两类。

开在门上的窗：这种廊窗的成本低廉，实施简便，且对养老机构的新建和改造都具有普适性，如果要进一步考虑老年人的生活隐私的话，在廊窗内侧加设拉帘即可。（图 8-11 Ⅰ）

开在墙上的窗：这一类廊窗还可以分成常规高度的廊窗（图 8-11 Ⅱ）与高窗（图 8-11 Ⅲ）两种，尽管后者不能提供居室空间内外的视线联系，但其改善通风采光的作用依然十分明显。

廊窗模式非常适合与私属介入模式、种植园地模式、功能边界模式、入户前室模式等进行组合，将廊窗打造成为老年人的个性展示平台。

8.2.2.9　私属介入

1）内涵

在公共空间中预留可供老年人放置私属物品的余地，旨在模糊公与私的权属边界，提高老年人个人生活痕迹的公共存在，进而增进老年人对养老机构空间环境的认同与归属。

2）操作

对于私属介入模式，"无为而治"的设计方式可能更为有效。在把握好机构空间总体结构的基础上，建筑师应该适度地将自己隐藏起来，提供一些空间的"留白"，任老年人去自由装点，产生"控制之内，意料之外"的效果，或者我们也可以说，这是一种反形式设计的正面意义体现。

私属介入模式非常适合与功能边界模式、起居组团模式、入户前室模式、种植园地模式、廊窗模式等进行组合运用。根据老年人私属物品的介入位置，或者说是老年人个人生活痕迹介入公共空间的层次，私属介入模式可以分成以下几种。

介入门前：私属物品出现在个人居室门前，这里也是离老年人距离最近、使用最频繁的公共空间。在此预留收纳置物空间，让老年人可以根据意愿把自己的一些盆栽、书籍、饰品等摆放在这里。（图8-12 Ⅰ）

介入大厅：在室内公共休闲大厅里预留合适的空间，用来收纳老年人日常用品，让他们的个人生活痕迹进一步扩大。（图8-12 Ⅱ）

介入花园：在室外公共花园内预留合适的空间，用来展示老年人的个人园艺作品，存放水桶、花洒、锄头、铁锹等劳动工具。（图8-12 Ⅲ）

可以看到，私属物品的出现，增强了老年人的空间影响力，从而有利于他们更好地融入机构环境。

8.2.2.10 种植园地

1）内涵

在公共空间中预留出可供老年人从事园艺活动的余地，旨在提高机构空间环境的可参与性，使老年人的日常行为活动与空间环境之间产生良好的互动。

2）操作

在养老机构空间中为老年人开辟种植园地具有多方面的积极意义：首先，这为老年增添了集休闲、娱乐、社交、健身于一体的生活方式；其次，老年人不再只能被动地接受一成不变的固有空间环境，而是可以通过自己的劳动对其进行主动性的改造；最后，生机勃勃的绿色植物不仅可以作为优美的空间装饰，还慰藉着老年人的心灵。

根据需要，种植园地可以被处理成以下几种形态。

线状：对居室窗台、阳台或门前走廊护栏的台面留槽覆土，将其打造成为老年人的微型个性景观，以低廉的建造成本换取高效的空间利用。在这里我们还可以看到种植园地模式与廊窗模式、功能边界模式、私属介入模式等进行组合的可能性。（图8-13 Ⅰ）

面状：除了开辟地面作为花园、在墙根种植爬墙类植物这些常规做法以外，还可以与功能边界模式相叠加，在建筑立面设置植草砖。在老年人参与种植的过程中，场地空间与建筑空间之间的割裂消失了。（图8-13 Ⅱ）

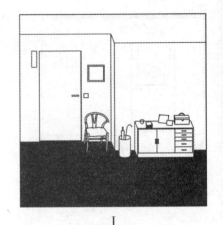

Ⅰ

Ⅱ

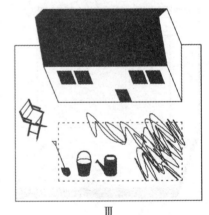

Ⅲ

图8-12 私属介入模式解析

模式09 私属介入

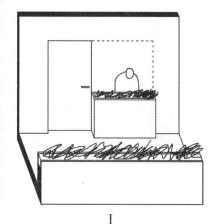

Ⅰ

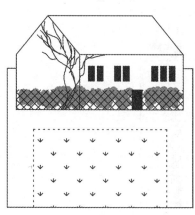

Ⅱ

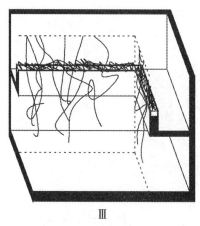

Ⅲ

图 8-13 种植园地模式解析

体状：在线状和面状种植园地的基础上，进一步与腔体模式、连续路径模式等进行组合，塑造形态丰富的立体绿色空间。（图 8-13 Ⅲ）

种植园地的存在，使老年人参与到机构空间环境塑造的过程中来，行为与空间之间产生了深层次的联结，时间静静流淌，绿色一天天变化，在三维的静态之外，空间释放出更悠远的意蕴。

8.2.2.11　探出

1）内涵

通过某部分建筑形体的凸出，扩展相邻空间的接触边界，形成建筑以更为主动的姿态与外部环境进行接触和互动的环境，激发环境事件的产生。

2）操作

探出模式的操作需要把握具体的探出尺度与实现方式，我们可以将其分成如下几类。

构造性的小幅度探出：比如，将探出模式与廊窗模式、功能边界模式、私属介入模式相结合，对居室与走廊的空间边界进行重塑。可以看到，凸出的窗户扩大了老年人的视野，加强了居室空间与建筑空间的联系，凸窗下部的空间可以用来收纳，在简便易行的手段下，空间的效能实用性得到了显著提高，进而优化了空间氛围。（图 8-14 Ⅰ）

结构性的小范围探出：比如，将居室空间的阳台探出并对其形态加以灵活处理，为老年人提供一个开阔的去处，他们在这里可以打理花草、晒太阳，和邻居聊天，或者观察外界的景物。此外，调研显示，老年人比较喜欢在有窗户的楼梯间内观察景物或与人交谈，因此我们还可以将楼梯转折平台探出，并结合功能边界模式、种植园地模式等，将其塑造成形式优美、实用高效的休闲活动场所。（图 8-14 Ⅱ）

结构性的大范围探出：在建筑总体形态推敲的层面上进行探出操作，通常还可以与台地模式相结合，形成自由活泼的建筑体态，进而使其更好地融入周边环境，比如，探出的建筑体量下部所形成的灰空间对消解建筑空间与场地空间之间的割裂很有帮助。（图 8-14 Ⅲ）

8.2.2.12　凭靠

1）内涵

在消除来自后方被观察的视线的同时，提供开阔的前方观察视野，营造一种半公共半私密的可控空间环境，吸引人群的停留和使用。

2）操作

在户外空间中，人们更喜欢逗留在既可减少自身暴露又拥有宽广观察视野的空间边缘区域。[1]亚历山大在"袋形活动场地"模式中也总结道：广场的活力是在其边缘自然形成的，如果边缘处理不好，这个空间就绝无生气。[2]凭靠模式的操作核心就在于为老年人提供这样的适宜逗留并可从事观察活动的空间边缘。

"一"形凭靠：通过对空间后方视线的遮挡，为老年人提供了一个心理安全的休憩观察场所，同时可以考虑分功能边界模式相结合。（图8-15 Ⅰ）

"L"形凭靠：在消除空间后方视线的基础上，进一步在其左、右中的一侧进行视线遮挡，身处其中的老年人可以通过改变位置来控制私密性的大小，当老年人坐在L形的转折处时，环境视角减少到只有90度，私密性明显提高。（图8-15 Ⅱ）

"凵"形凭靠：在消除空间后方视线的基础上，进一步在其左、右两侧进行视线遮挡，身处其中的老年人不仅可以通过左右位置的改变，还可以通过坐姿前后倾斜的幅度来对空间私密性进行调节。（图8-15 Ⅲ）

作为凭靠的空间边界既可以由常规的实体建筑材料构成，也可以由其他具备视线遮挡效果的非实体素材构成。比如密实的植物就是很好的选择，这可以和种植园地模式相结合：由设计师控制空间格局与形式，通过老年人的劳动参与，来实现凭靠界面的具体形态。

8.2.2.13 入户前室

1）内涵

在居室空间入口处设置过渡空间，

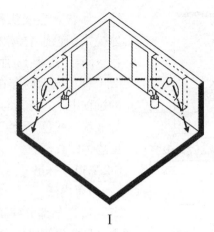

Ⅰ

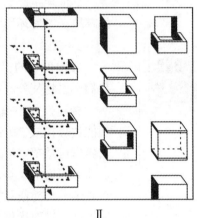

Ⅱ

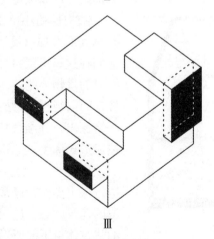

Ⅲ

图8-14 探出模式解析

1 盖尔,2002.交往与空间[M].何人可,译.4版.北京：中国建筑工业出版社：157.

2 亚历山大,伊希卡娃,西尔佛斯坦,等,2002.建筑模式语言：城镇·建筑·构造[M].王昕度,周序鸿,译.北京：知识产权出版社：1244.

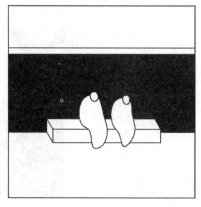

Ⅰ

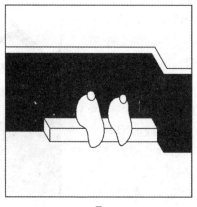

Ⅱ

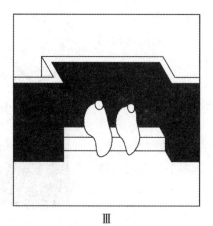

Ⅲ

图 8-15 凭靠模式解析

1　赫茨伯格，2003.建筑学教程：设计原理 [M].仲德崑，译.天津：天津大学出版社：68.

为公共领域和私密领域之间提供缓冲，提高老年人对空间环境的掌控力，促进交往活动的发生，进而增强空间的效能实用性。

2）操作

入户前室空间的权属存在模糊性，是一种介于"两者之间"[1]的空间，它虽属于建筑空间，但同时又处在居室空间的监视和控制之下，进而产生了一种可防卫性。我们可以根据规模将其分成三类。

小型：在单个居室空间的入口处设置凹入的过渡空间。并与阻避模式、功能边界模式、廊窗模式、种植园地模式、私属介入模式、凭靠模式等进行灵活组合，充分尊重每一位老人的个性和意愿，和他们一起共同营造充满生气的"如家"环境。（图 8-16 Ⅰ）

中型：在两个居室空间的入口处设置共享的凹入过渡空间。可以在上述做法的基础上，加入共享的桌椅，增进邻里关系，并提供会客交流场所。（图 8-16 Ⅱ）

大型：在不少于三个居室空间的入口处设置共享的凹入过渡空间。在这里，各类共享设施的设置方式更加多元化。（图 8-16 Ⅲ）

可以看到，入户前室模式与起居组团模式之间存有一种分形关系，即一个尺度较大的、功能较多的入户前室看上去和起居组团模式中的共享空间十分相似，但这并不意味着二者可以相互取代，恰恰相反，两种模式的作用体现在不同的尺度上，应根据实际情况对其进行组合叠加，进一步丰富过渡空间的层次。比如，在起居组团内，为各居室空间分别设置入户前室；在起居组团外，为起居组团主入口设置入户前室。

8.2.2.14 连续路径

1）内涵

在养老机构内设置连续的多层次的闭合环道，旨在有限的土地资源条件下，尽量多地为老年人提供散步健身场所，并将其与休闲空间进行结合，拓展路径的形态趣味和游走意义，进而使其成为机构空间环境的联系纽带。

2）操作

调研显示，散步是非常重要的健身活动，在老年人的康体行为中占有相当大的比重，然而步行流线的连续性很少被考虑，老年人的散步区域往往被切割成一段段孤立的部分，与此同时，绝大多数的机构走廊是尽端式的内廊，导致老年人只能在一条单调的、阴暗的并且时常伴随着拥挤的走廊两端来回折返，严重影响了老年人的使用体验，甚至还存在一定的安全隐患。

这就引出了连续路径模式的首要操作要点，即保证路径形成通畅的闭合回路，为老年人提供便利的、舒适的散步休闲场所。前文多次提到，所调查养老机构的舒适的土地资源非常紧张，因此，如何充分利用既有资源条件设计尽量长的步行路径，就成为该模式的另一个操作关键点。本书在此总结了三种连续路径模式的操作方式。

横向的路径：结合室外活动平台，在建筑外围布置一圈婉转的步行路径，并可以与起居组团模式、台地模式相结合。（图8-17Ⅰ）

纵向的路径：在机构空间中设置垂直方向的坡道以增加步行路径的长度，这种方式比较适合与腔体模式进行组合。（图8-17Ⅱ）

立体的路径：综合上述两种模式，并结合集成联合模式，在更大尺度中，以及更广的人文环境里设置多个层次的立体步行路径。（图8-17Ⅲ）

8.2.2.15 台地

1）内涵

通过营造错落有致的机构屋面形态，增强建筑对场地及城市环境的迎合，同时建立起各个屋面空间之间的视线联系，为屋面空间的高效利用奠定基础。

2）操作

调查显示，观察行为是一项非常重要的老年人日常活动，而台地空间可以为老年人的观察行为提供合适的环境。

Ⅰ

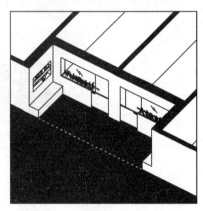

Ⅱ

Ⅲ

图8-16 入户前室模式解析

模式13 入户前室

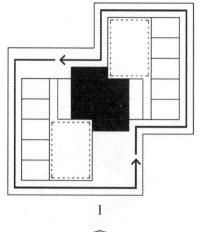

I

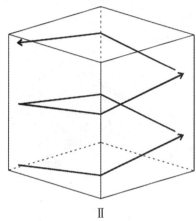

II

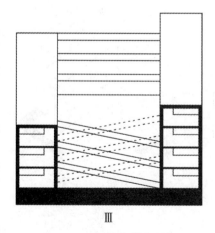

III

图 8-17 连续路径模式解析

模式14 连续路径

台地模式的操作需要注重建筑体量跌落所带来的空间方向性及其与周边环境的协调，在空间设计的过程中可以根据养老机构的具体情况，在以下几种方式里做出灵活选择。

外向的台地：将台地设置在建筑的外侧，层层退进的室外休闲活动空间让建筑谦虚地迎合周边环境，同时赋予台地空间一种外向性，为在此活动的老年人提供广阔的对外观察视野。（图 8-18 I）

内向的台地：将台地设置在建筑的内侧，产生了一种空间内向性，不同水平高度的室外休闲活动空间上的各色行为事件在此汇聚，化解了建筑空间与场地空间之间的割裂。（图 8-18 II）

兼顾内外的台地：结合上述两种方式的特点，我们还可以建立起连通养老机构空间上下与内外的立体联系。在这样的由若干不同标高和形态的屋面所构成的综合台地空间中，老年人既可以对机构外部环境事物进行自由观察，又可以融入机构内部环境行为事件的有机整体当中。（图 8-18 III）

同时，台地模式可以和多个其他模式进行组合，彼此叠加产生更强的效能，比如凭靠模式、探出模式、种植园地模式、坑院模式、架空模式等等。

8.2.2.16 坑院

1）内涵

通过置入建筑主体量中的形态与尺度各异的内向型院落，促进室内空间与室外环境的融合，并优化空间的生态气候和层次节奏。

2）操作

坑院模式是通过制造建筑内侧表皮，来让建筑空间与场地环境产生更多的接触和联系，这表明以何种方式对建筑体量实施减法，即如何来"掏"院子，是该模式操作的关键。

小而分散的坑院：在建筑中分散设置多个小尺度的内院，可以将其与宽走廊模式进行组合，院落的边界采用透明材质，营造出室内空间包裹室外空间的反差意境，也可以结合入户前室模式和种植园地模式，让它们成为老年人的入户花园，为老年人的生活环境增添阳光、空气、生命与绿色。相对来说,这种方式比较适合运用在层数较少的机构建筑中。（图 8-19 I）

大而集中的坑院：在建筑中集中设置一个大尺度的内院，并可以与连续路径模式、种植园地模式等结合，使其成为充满活力的公共活动空间，需要注意协调院落与建筑之

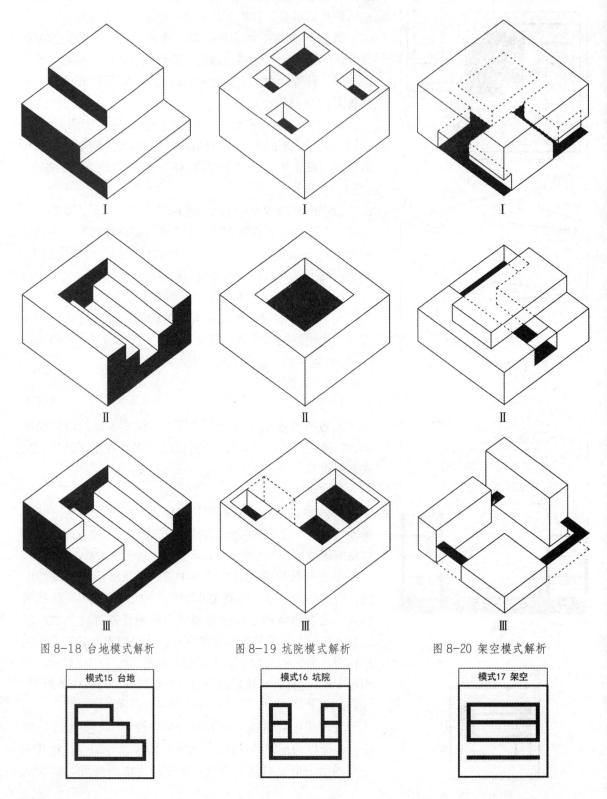

图 8-18 台地模式解析　　　　　图 8-19 坑院模式解析　　　　　图 8-20 架空模式解析

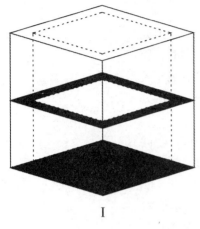

I

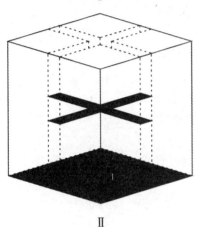

Ⅱ

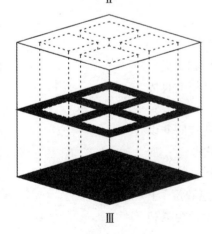

Ⅲ

图 8-21　腔体模式解析

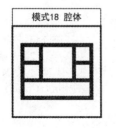

间的体量关系，保持院落空间的明确而舒适的围合感。（图 8-19 Ⅱ）

深浅不一的坑院：在建筑中分散设置多个内院，差别化地设计各个院落的底面标高，同时可以结合架空模式、台地模式、腔体模式等，增添公共活动空间的立体层次与趣味。（图 8-19 Ⅲ）

8.2.2.17　架空

1）内涵

通过在水平方向上的体量减法所产生的建筑灰空间，优化机构空间的立体层次，为机构空间增添更为高效的流线组织与休闲活动场所。

2）操作

架空模式的操作核心在于如何把握被"架"起的部分和被留"空"的部分。

发生在底部的架空：被架起的部分通常是机构建筑的主体功能体量。被留空的部分通常作为建筑主入口及其附带的休闲区域，这很容易和城市客厅模式结合起来。老年人可以在架空操作形成的灰空间里休闲停留，与此同时，老年人的视线和步行路径还可以从留空的建筑底部穿过到达另一侧的场地空间，这很好地消除了建筑空间与场地空间之间的割裂。（图 8-20 Ⅰ）

发生在顶部的架空：被架起的部分可以是完整的功能房间，也可以是交通连廊或休闲平台。被留空的部分则可以和台地模式、坑院模式相结合，使空间充满各个方向上的发展可能性，产生多个"L"形空间的套叠，塑造出丰富的空间形态和层次。同时，还可以结合种植园地模式，营造绿意盎然的室外活动场所。（图 8-20 Ⅱ）

作为连接体的架空：被架起来的部分是连接各个建筑体量的交通路径，这与连续路径模式有很好的组合条件，它们可以是封闭的拥有明确体量的廊桥，也可以是开敞的平台过道。被留空的部分则可以发挥三个方面的作用：首先可以继续承担交通功能，其次是承载老年人的休闲活动，最后，可以调节场地空间的节奏。（图 8-20 Ⅲ）

8.2.2.18　腔体

1）内涵

通过设置贯穿多层建筑空间的形态明确且边界完整的独立空间，加强室内空间的视线联系进而激发环境事件的发生，同时改善其气候生态环境。

2）操作

首先，利用烟囱效应，腔体有助于提高建筑的自然通风性能，[1]因此可以很好地改善目前养老机构室内空间中差强人意的生态气候；同时，腔体为养老机构室内空间提供了纵向的视线联系，使身处不同楼层的老年人之间可以产生更多的互动和交流；此外，腔体还为养老机构室内空间的处理形式留出了更多的可能性。

根据腔体空间与交通流线的组织关系，或者说根据老年人与腔体空间的接触方式，我们可以将其分为底部接触型、中部接触型、周边接触型三种类型。

底部接触型腔体比较常见，这类腔体空间所承载的实体性功能较少，通常可以设计得较为高耸，重点发挥其优化自然通风的作用，及其对室内空间形式效果的提升作用。

周边接触型、中部接触型腔体的诞生通常是出于某种特殊的设计考虑，例如，将腔体底部设计为仅供观赏的室内水面，因此，作为一种单纯的类型来说，它们比较少见。更常见的情况是，与底部接触型腔体相结合，形成周边/底部接触型腔体（图8–21 Ⅰ）、中部/底部接触型腔体（图8–21 Ⅱ）或中部/周边/底部接触型腔体（图8–21 Ⅲ）。

可以看到，腔体模式很适合与宽走廊模式、连续路径模式、种植园地模式等相结合。

本章小结

本章针对养老机构空间系统非设计和设计两个层面的核心问题，提出了相应的优化策略建议，旨在提供可以有效改善养老机构空间环境的具体途径。

本章第一节提出应加强养老机构相关政策扶持，以缓解机构空间非设计层面的核心问题。政策法规体系建设应逐步由形式化向实质化改进；加大政府投资力度，建立与经济发展水平同步增长的稳定投资机制；修正政府的重复补贴和过度补贴；制定并实施审批简化政策、税收优惠政策、土地优惠政策、监管与评估政策等；积极拓宽融资渠道，充分利用社会福利基金和社会捐赠资金。

本章第二节提出应建立养老机构空间设计模式语言，以缓解机构空间设计层面的核心问题。结合设计层面核心问题的具体表现，本节对养老机构空间设计模式语言进行了尝试性构建，首先从词源、词汇、语境、语法四个方面描述了养老机构空间设计模式语言的总体构型，然后从内涵和操作两个方面对所提取的18个分项空间模式进行了具体解析。

1 陈晓扬，郑彬，侯可明，等，2012.建筑设计与自然通风[M].北京：中国电力出版社：101.

附录

附录 1　空间风貌状况评价资料

附录 1-1　空间风貌状况评价样本机构调研信息概览

（每个样本机构的调研信息概览包含三部分：总平面图、形体示意、现场照片。其中，所有总平面图均采用相同的比例尺，所有总平面图的圆形边界半径均为 250 m。）

SN01	青岛福彩养老院隆德路老年公寓

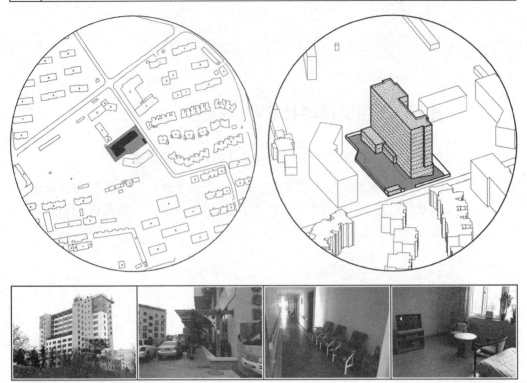

SN02	青岛市社会福利院老年公寓

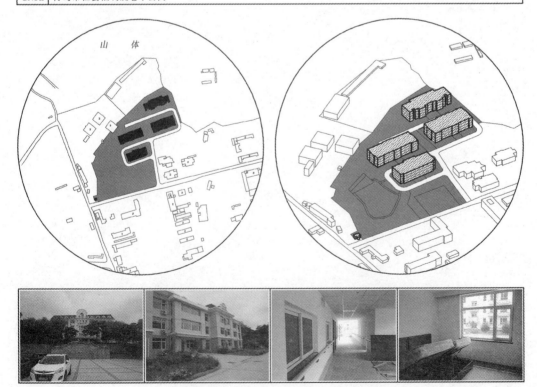

| SN03 | 市南区乐万家老年公寓四川路分院 |

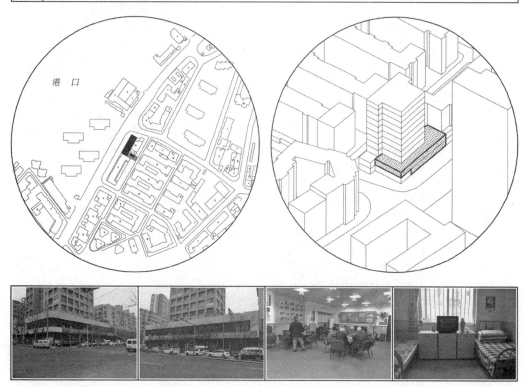

| SN04 | 市南区乐万家老年公寓湛山分院 |

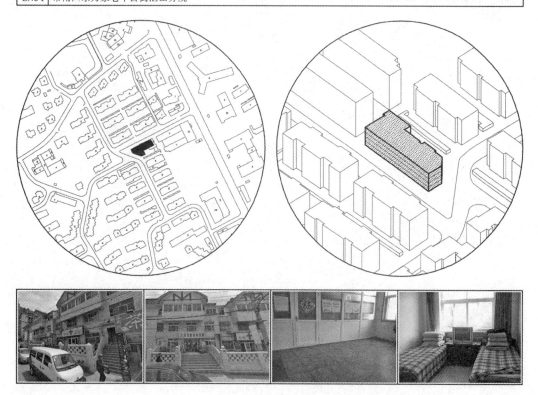

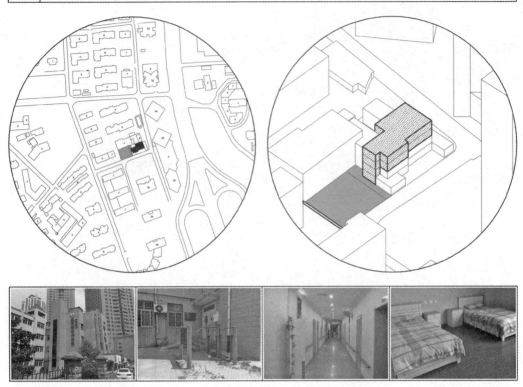

SN05 | 市南区乐万家老年公寓金坛路分院

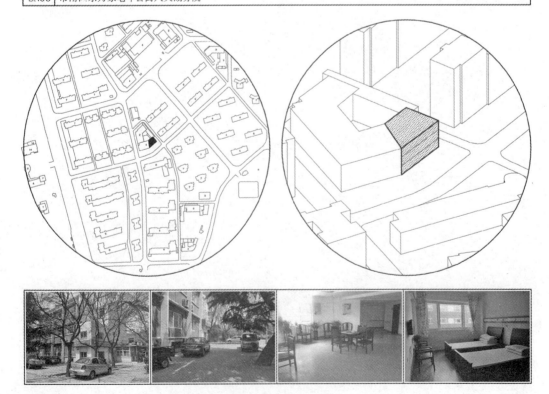

SN06 | 市南区乐万家老年公寓八大湖分院

SN07 | 青岛夕阳红老年公寓

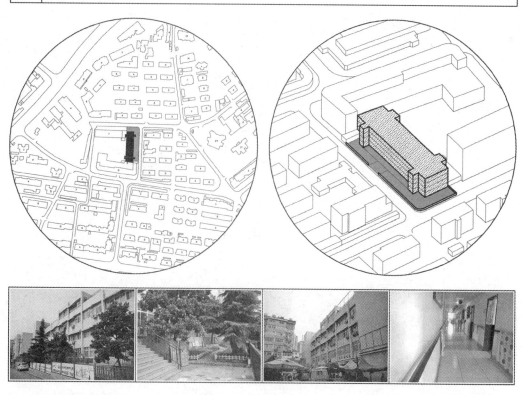

SN08 | 市南区颐和老年公寓

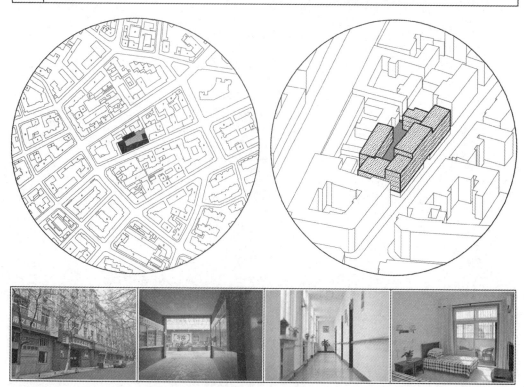

SN09 | 市南区老年爱心护理院

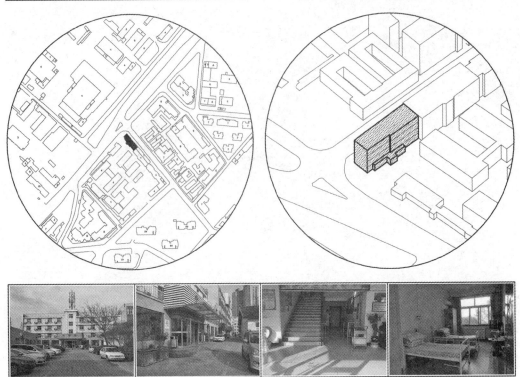

SN10 | 市南区泽雨南京路老年公寓

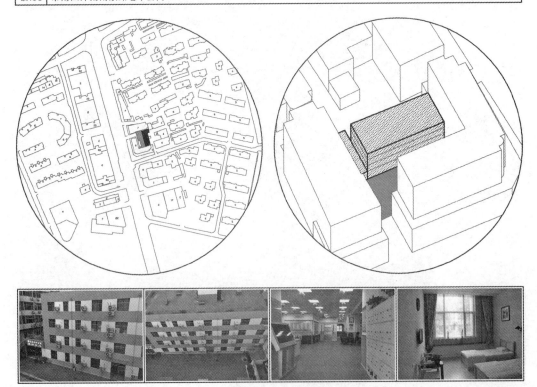

SN11	市南区福乐老年公寓

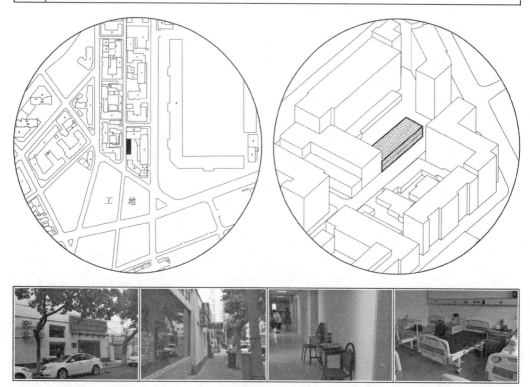

SN12	市南区台西老年公寓

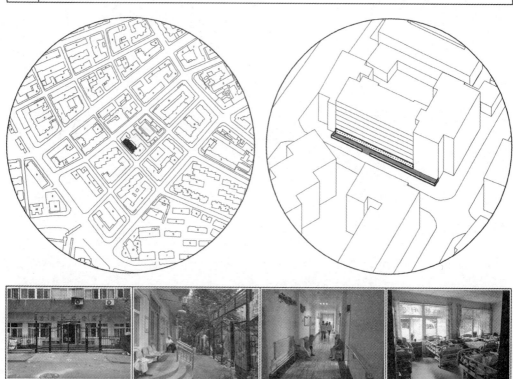

SN13	市南区台西老年公寓南阳路分院

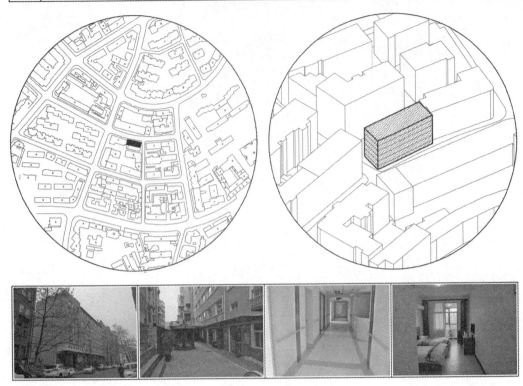

SN14	市南区锦程老年公寓

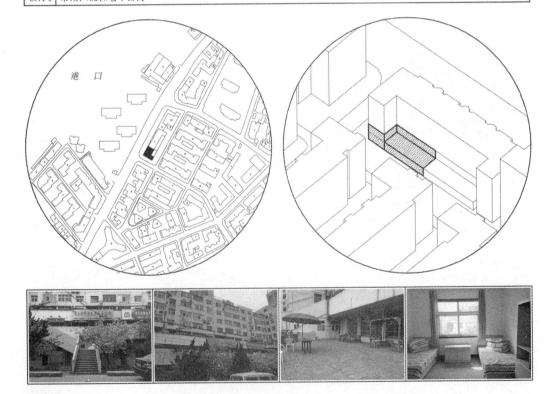

SN15	市南区温之馨老年公寓

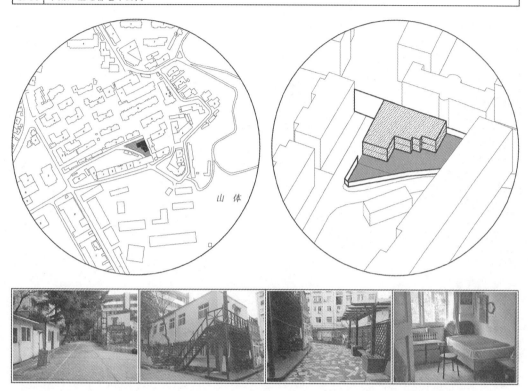

SN16	市南区日日红老年公寓

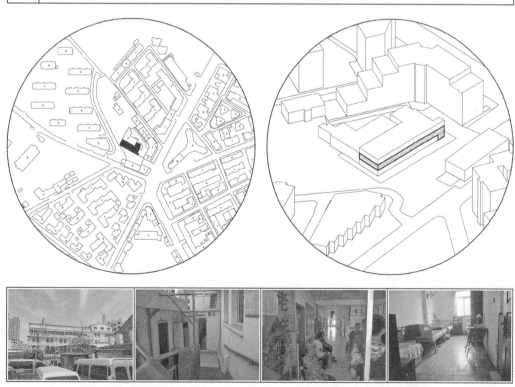

SN17	市南区乐康老年公寓

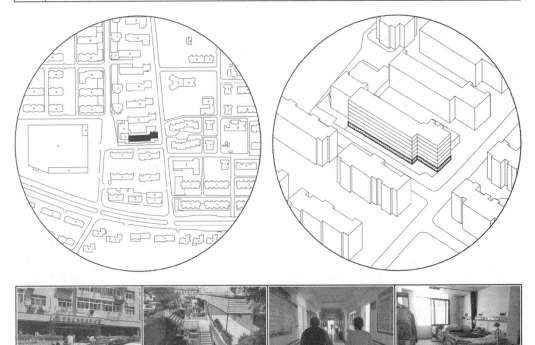

SN18	市南区福涛颐养老年公寓

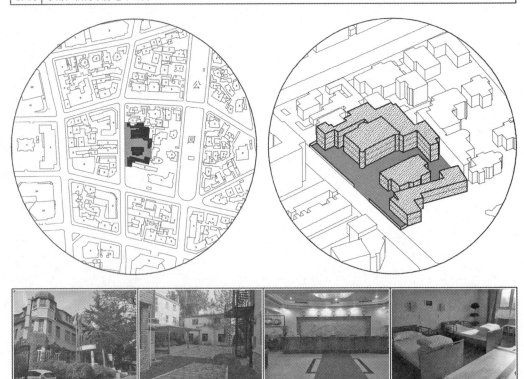

SB01	市北区济慈老年公寓

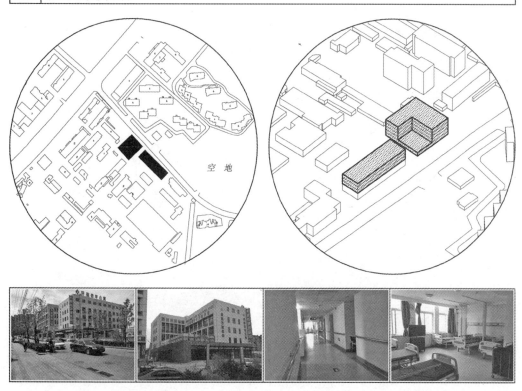

SB02	市北区兴隆路社区中心敬老院

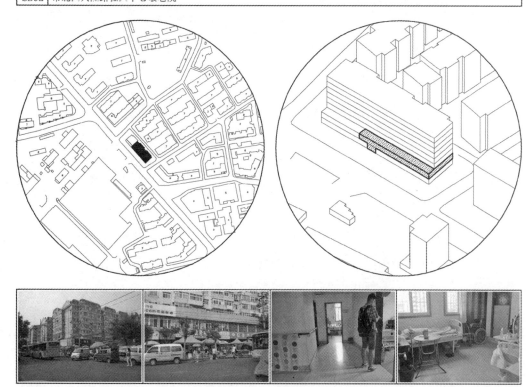

SB03	市北区百姓人家老年护理院

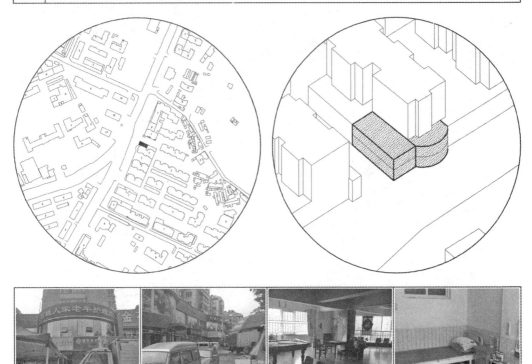

SB04	市北区慈爱敬老院

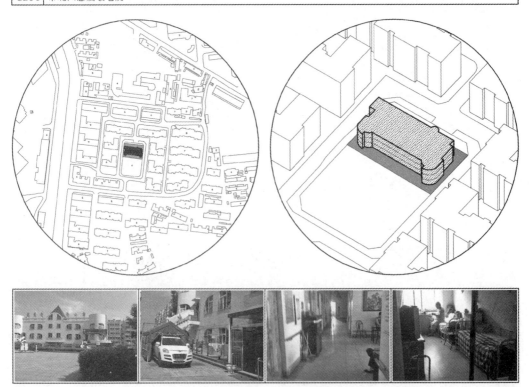

SB05	市北区伊诺金老年公寓

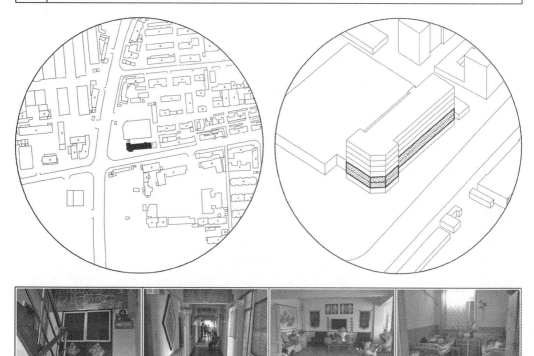

SB06	康宁敬老院

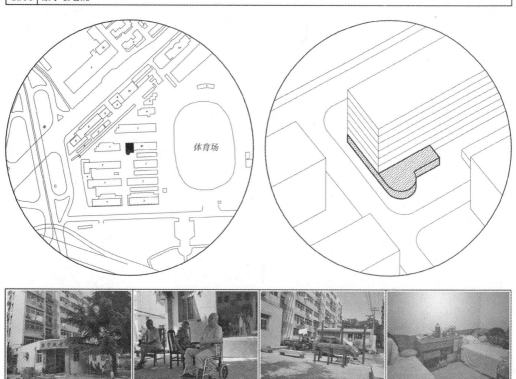

SB07 | 青岛吉祥福敬老院

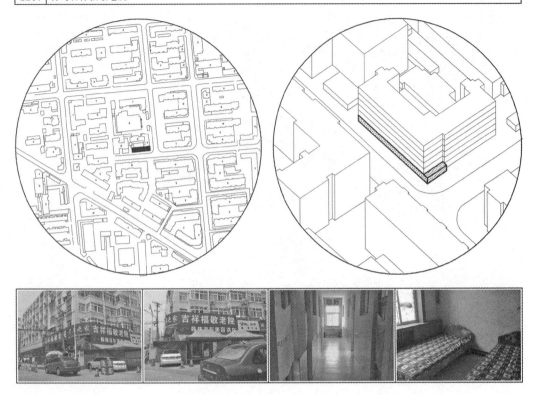

SB08 | 市北区德馨老年公寓

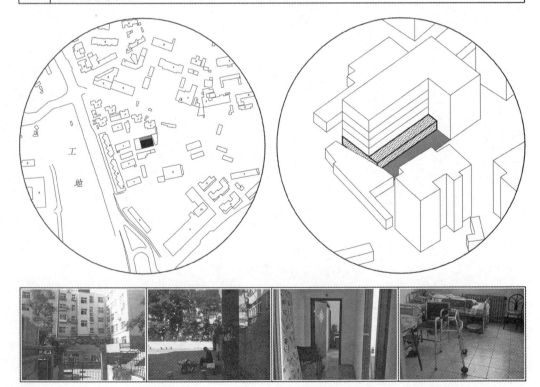

| SB09 | 青岛福彩四方瑞昌路养老院 |

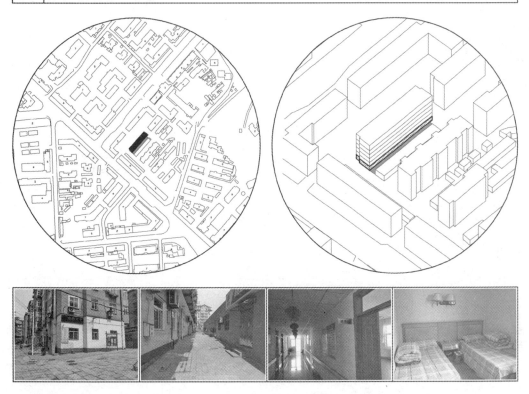

| SB10 | 德康居老年公寓 |

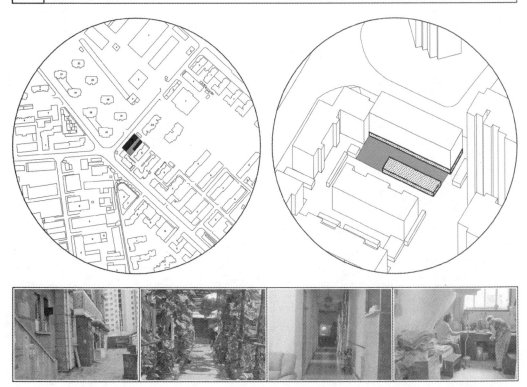

| SB11 | 青岛市市北区馨安康老年公寓 |

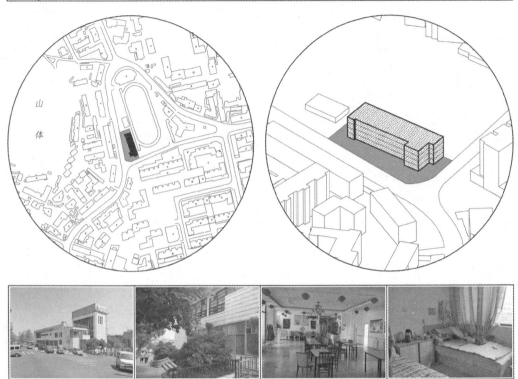

| SB12 | 青岛市市北区颐天年老年公寓 |

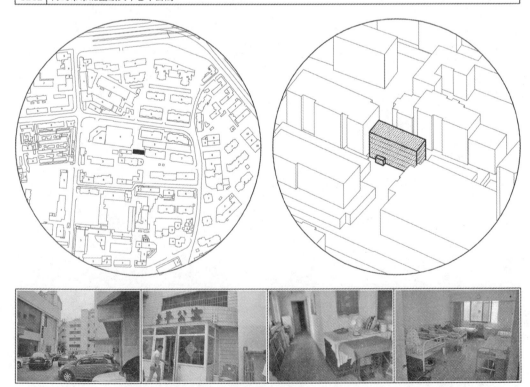

SB13 | 青岛市市北区广和老年公寓

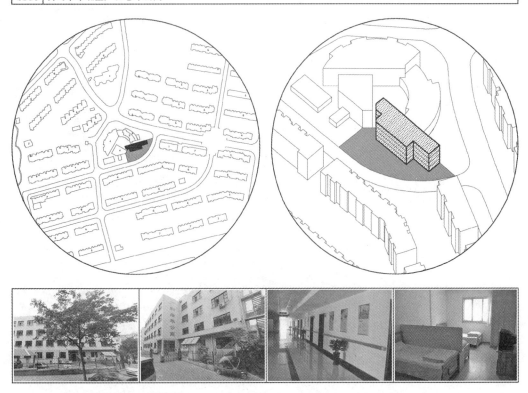

SB14 | 青岛市市北区福星老人护老院

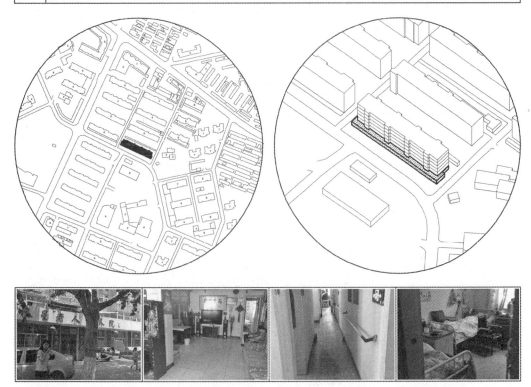

| SB15 | 东海老年公寓 |

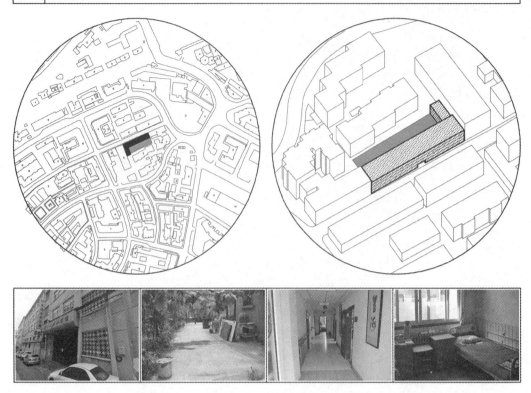

| SB16 | 青岛市市北区万科城老年公寓 |

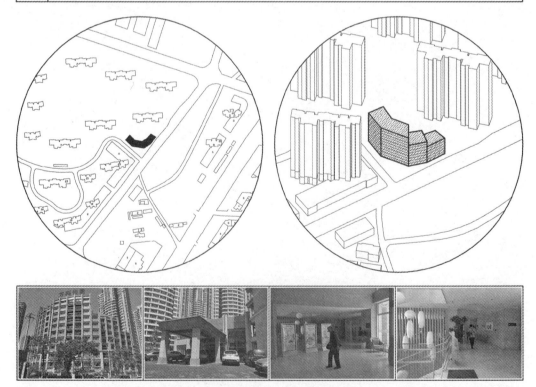

SB17	四方千年乐老年公寓

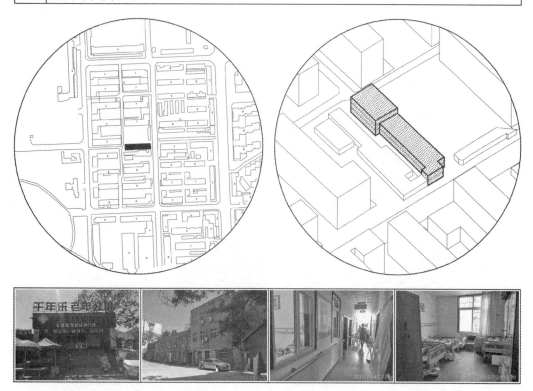

SB18	青岛市北红十字护老院

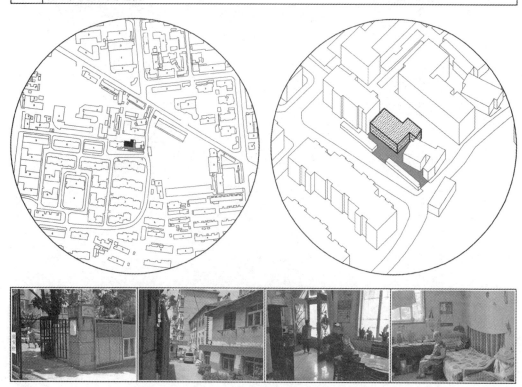

| SB19 | 青岛市市北区福寿乐老年公寓 |

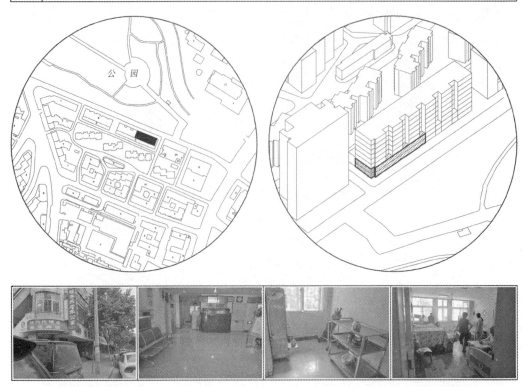

| SB20 | 青岛市市北区福寿乐护老院 |

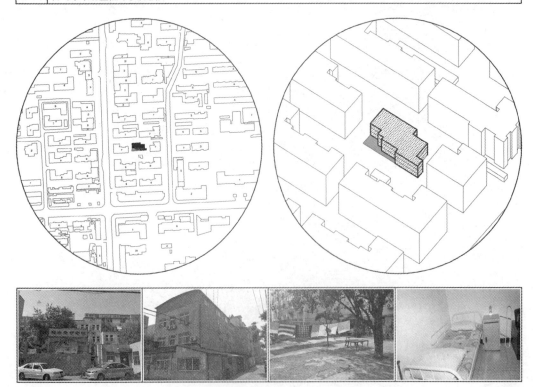

SB21	市北区舒安康老年公寓

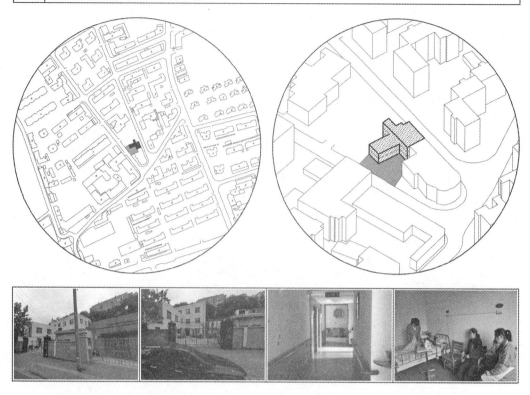

SB22	青岛福彩市北心桥爱心护理院

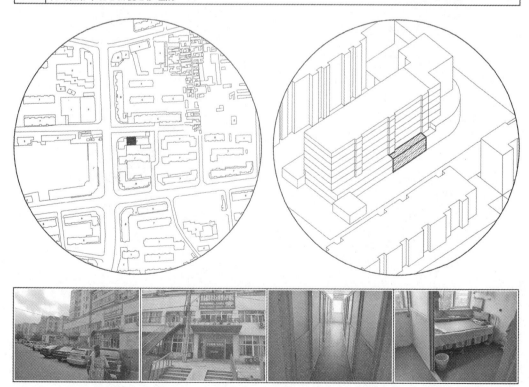

| SB23 | 青岛四方联创敬老院 |

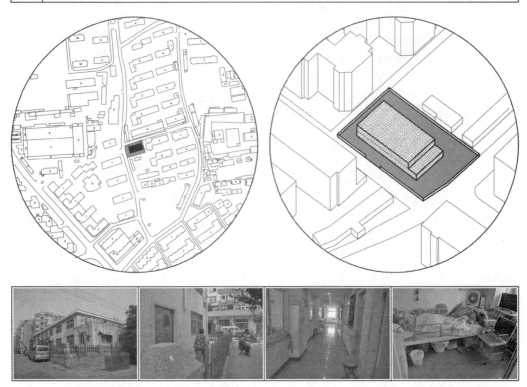

| SB24 | 青岛四方机厂老年公寓 |

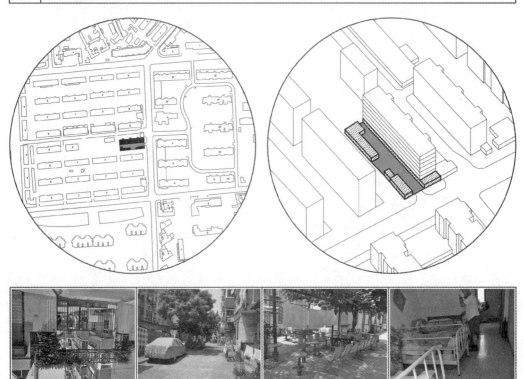

SB25	青岛市北区芙蓉山老年公寓

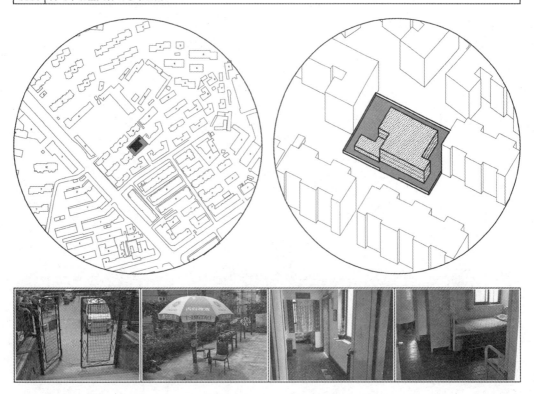

SB26	青岛市北福济老年公寓

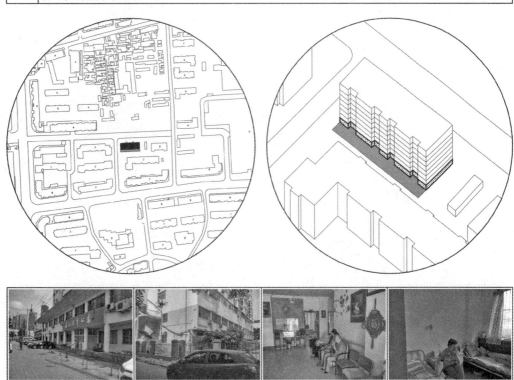

SB27 | 青岛市市北区华国老年公寓

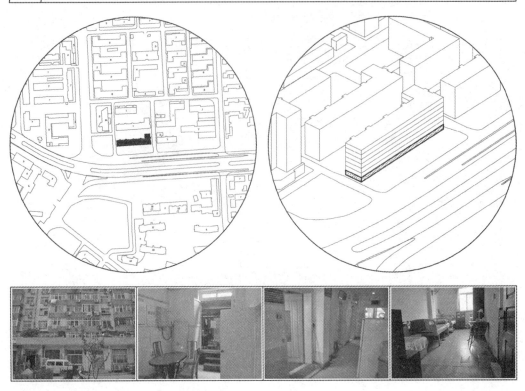

SB28 | 青岛市市北区红宇民建老年护养院

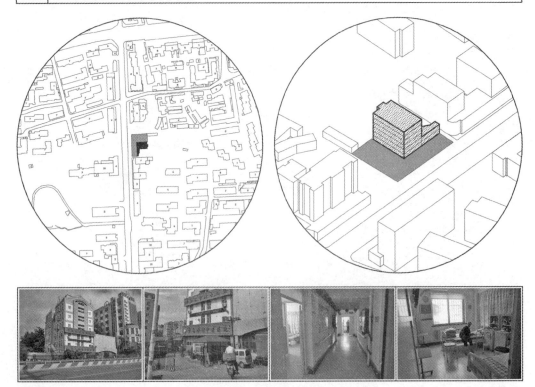

SB29 | 青岛四方哈福老年公寓

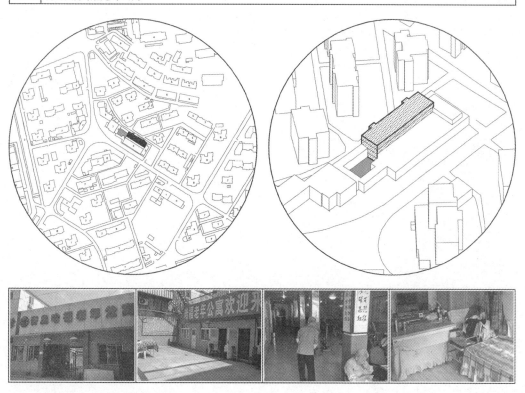

SB30 | 青岛市市北区颐和源爱心护理院

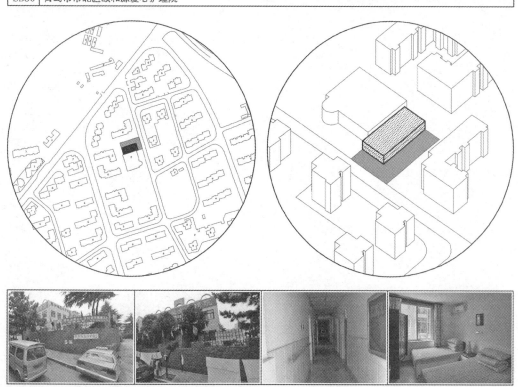

SB31 | 青岛市市北区福寿星老年公寓

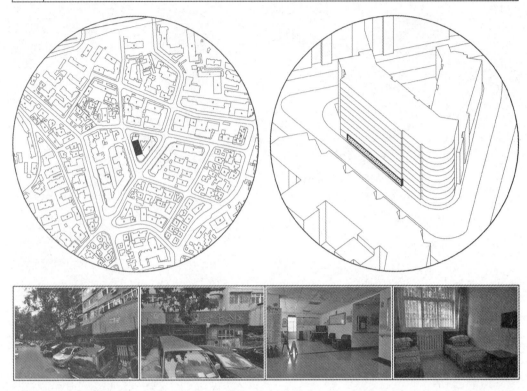

SB32 | 青岛市市北区福寿星爱心护理院

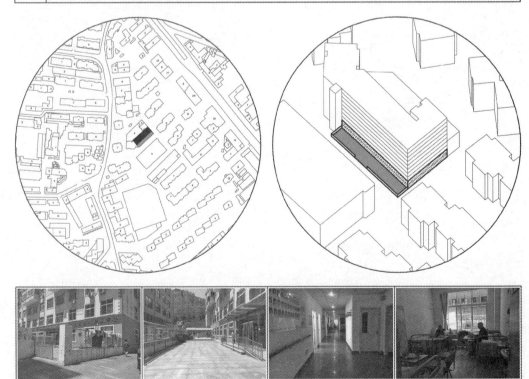

SB33 | 青岛市市北区福寿星养老护理院

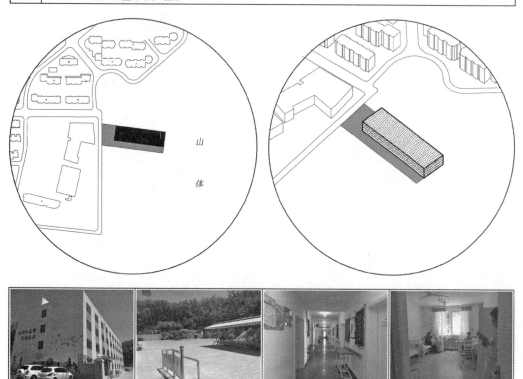

SB34 | 青岛市市北区臧毓淑颐康老年公寓

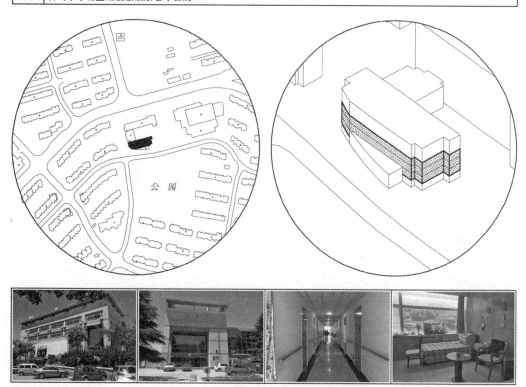

SB35 | 青岛市北康乐（广昌）老年爱心护理院

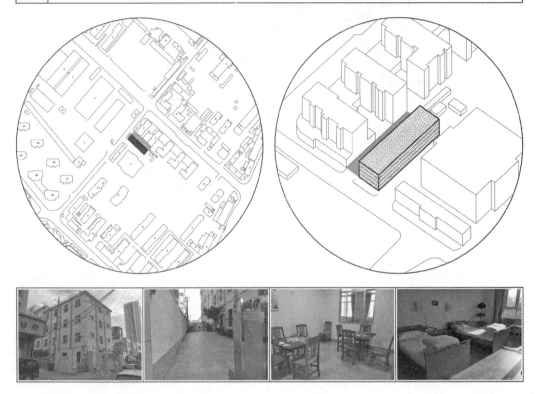

SB36 | 青岛市市北区永新老年护理院

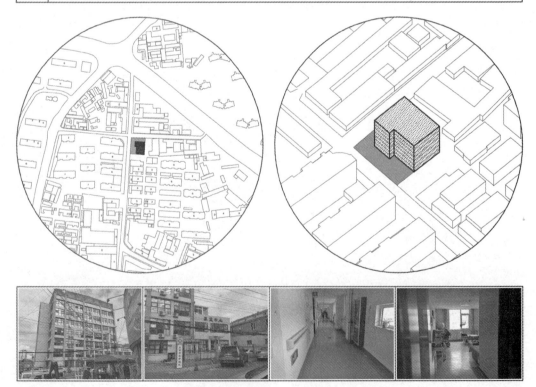

SB37	青岛市北区乐宁居老年公寓

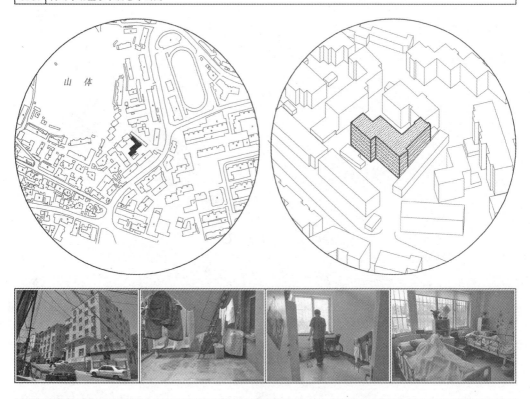

SB38	青岛市市北区鑫再康护养院

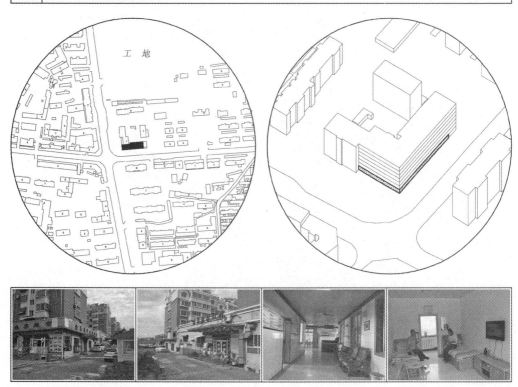

SB39	水清沟社区服务中心老年公寓

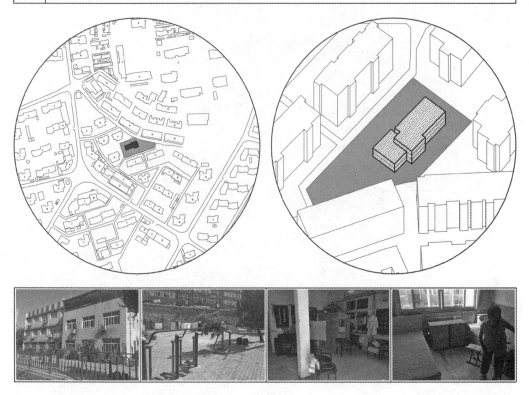

SB40	市北区康乃馨老年公寓

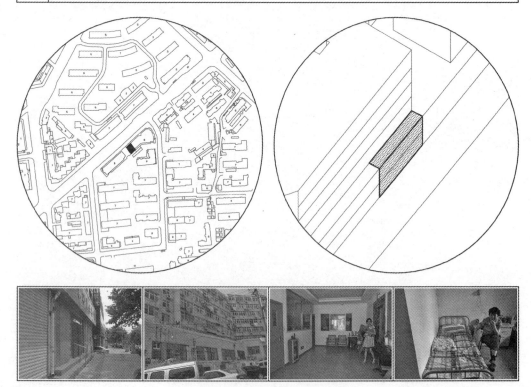

SB41 | 青岛市市北区夕阳情家园托老院

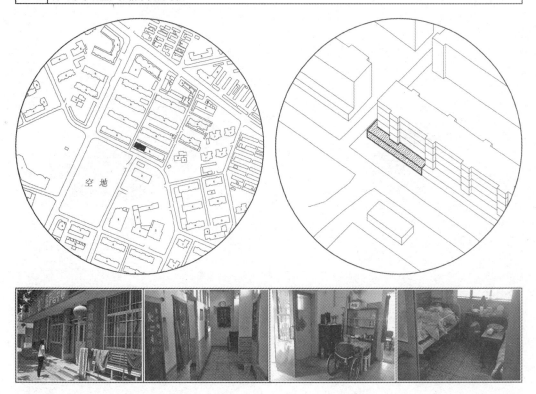

SB42 | 青岛福彩镇江路老年公寓

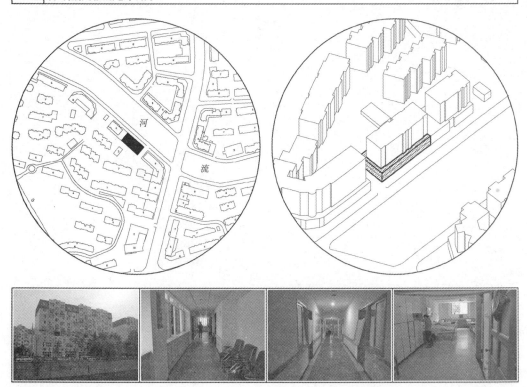

SB43	青岛市市北区福山老年公寓

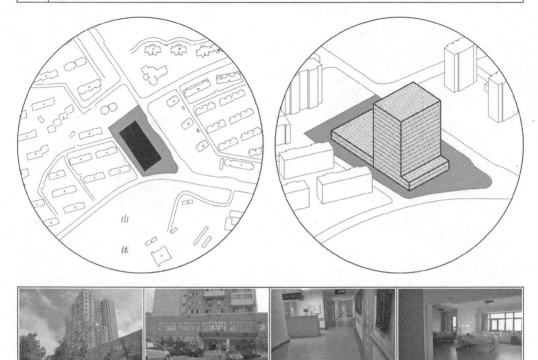

SB44	市北区福舜老年公寓

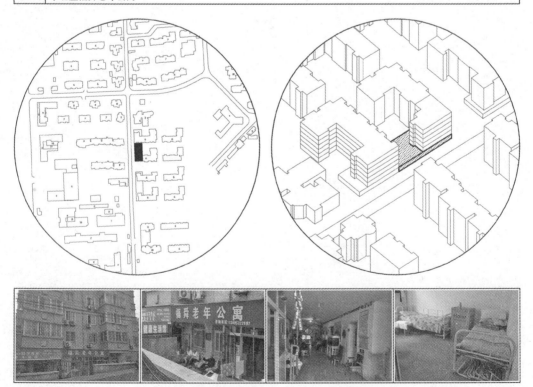

SB45	青岛市市北区新惠康老年护理院

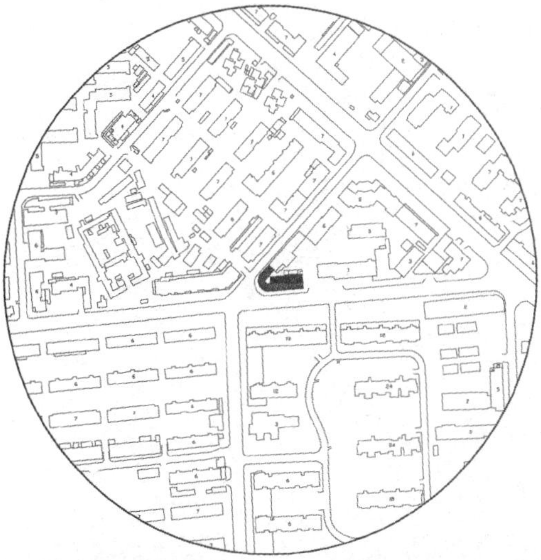
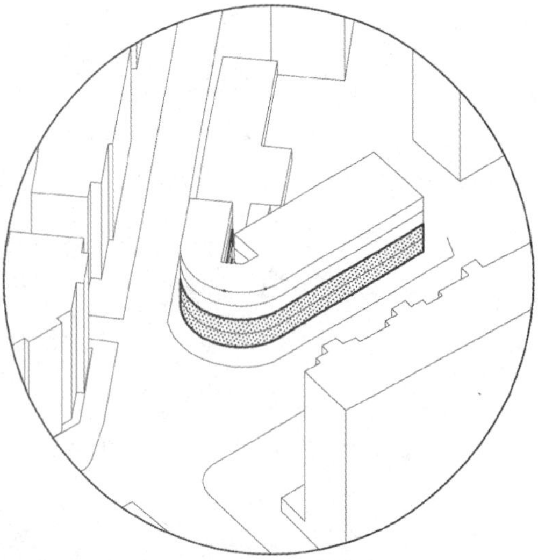
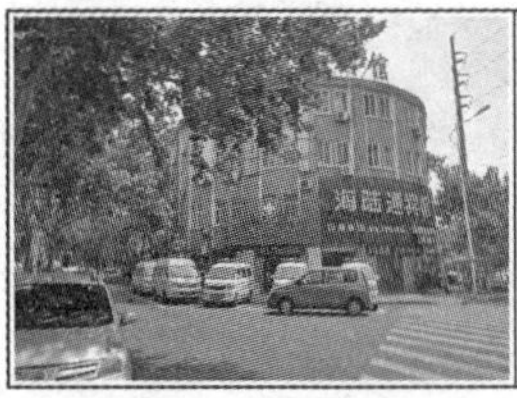
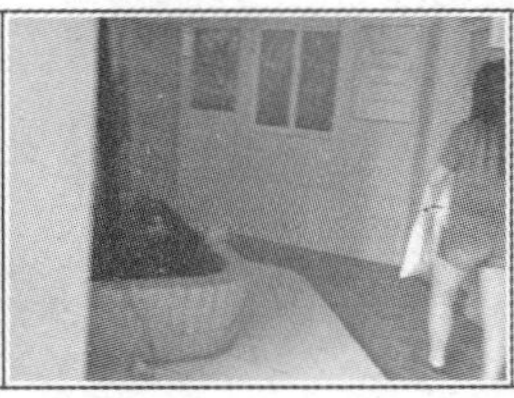
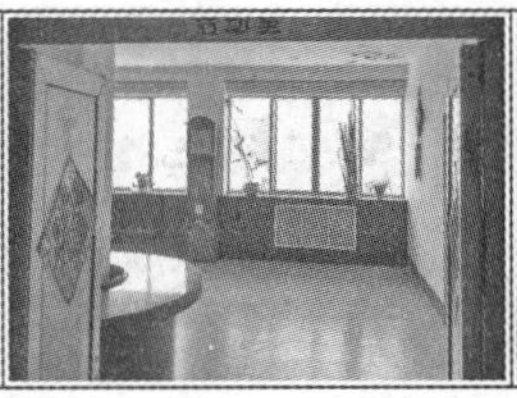
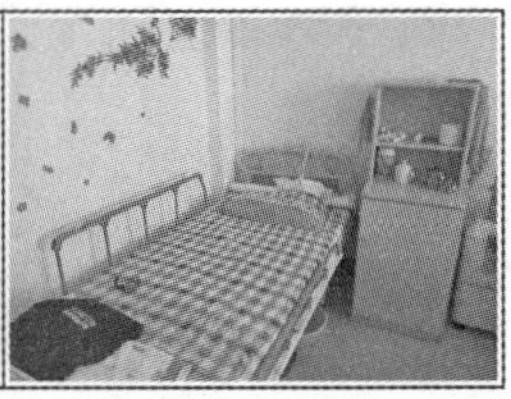

SB46	青岛市市北区同乐老年公寓

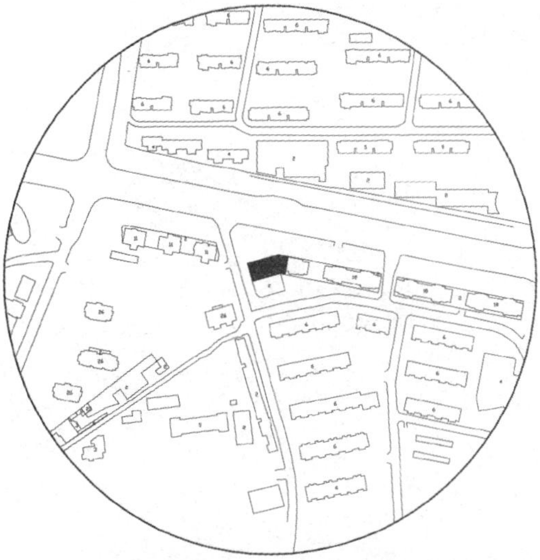
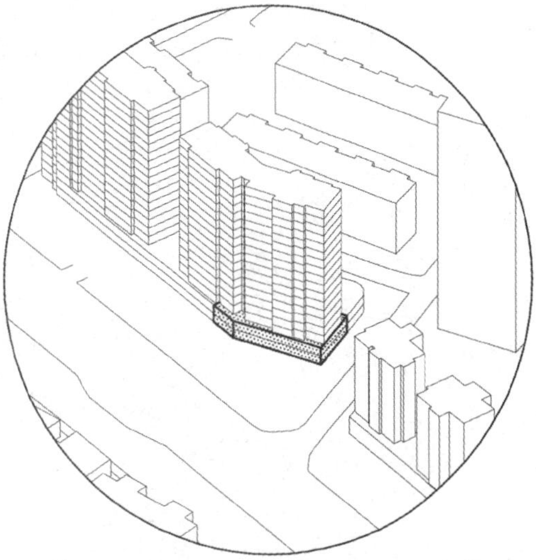
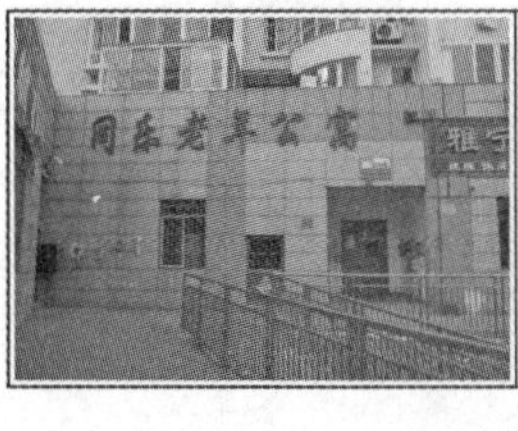

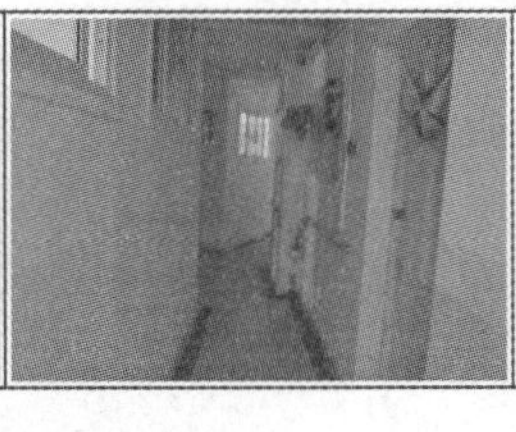
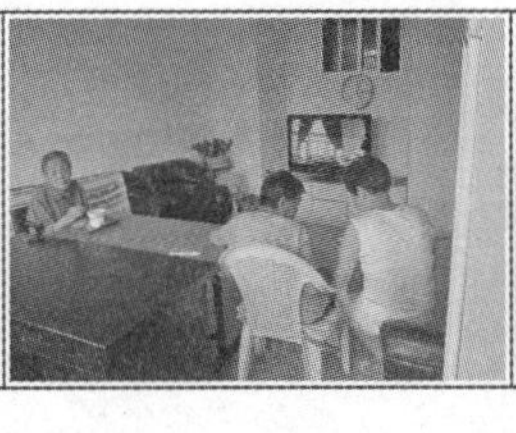
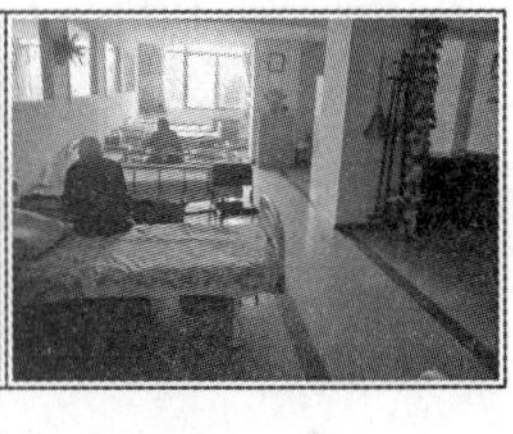

SB47	青岛红字敬老院

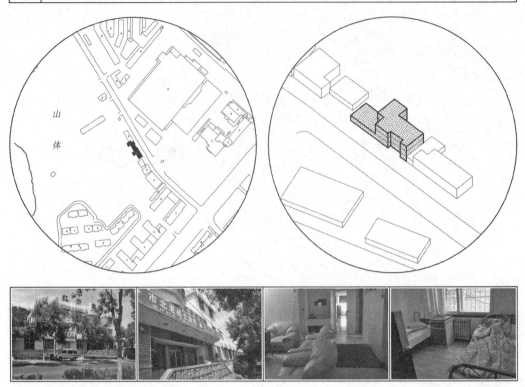

SB48	青岛市市北区爱群老年公寓

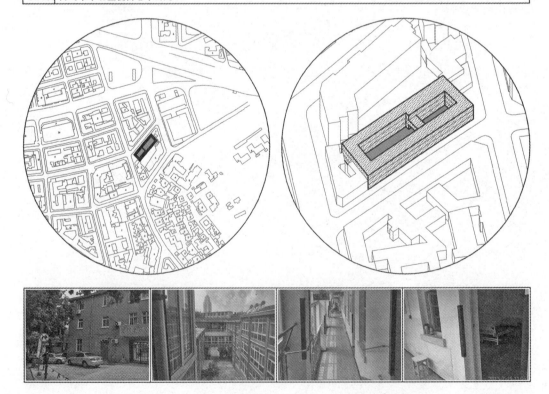

SB49	市北区汇康源老年护理院

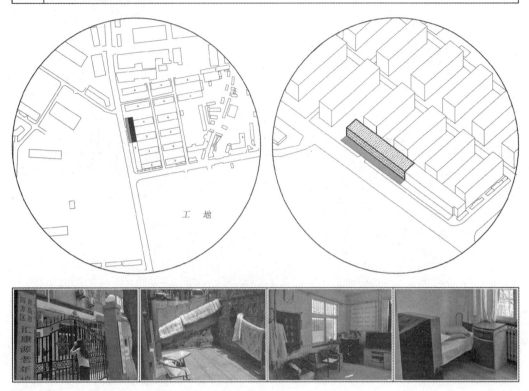

SB50	市北区同文养老院

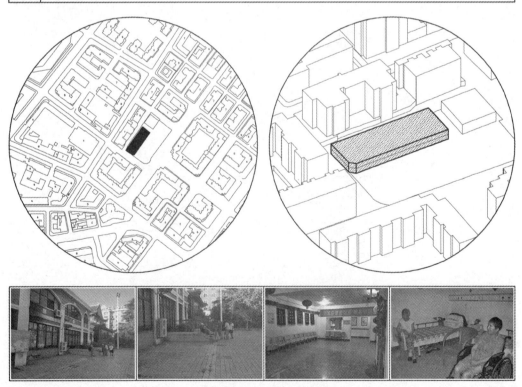

SB51 │ 青岛交运温馨护理院

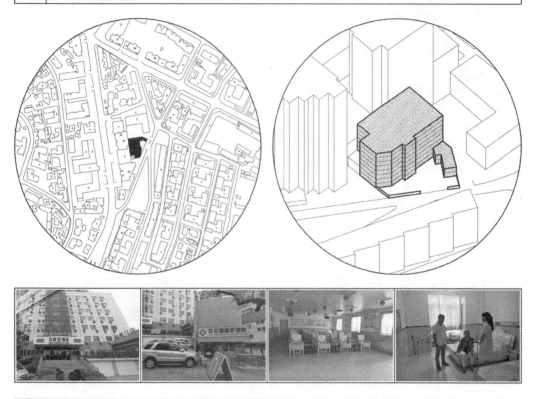

SB52 │ 青岛燕心养老院

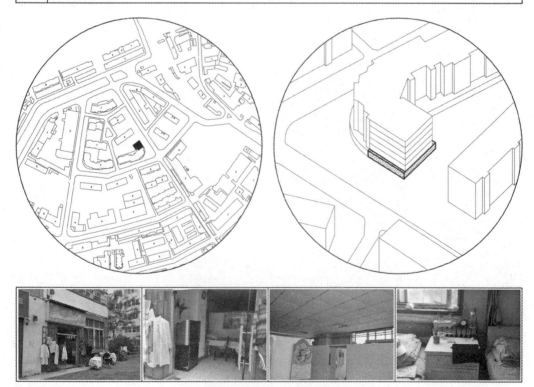

SB53 | 辽源路社区敬老院

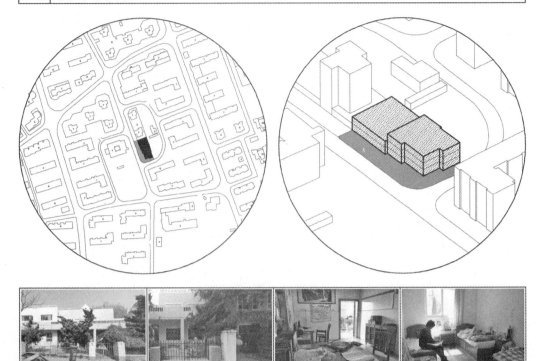

SB54 | 青岛四方福缘老年公寓

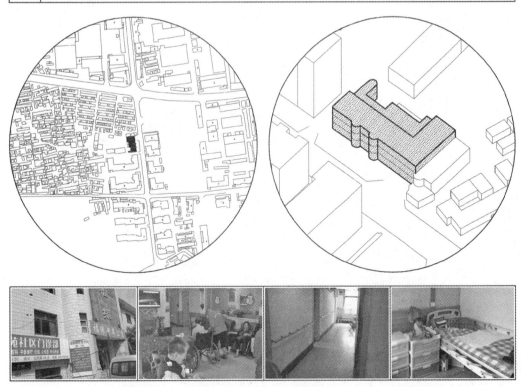

SB55	青岛福彩四方老年公寓

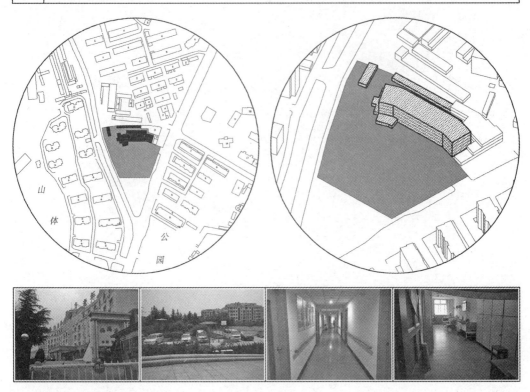

SB56	青岛恒生老年公寓

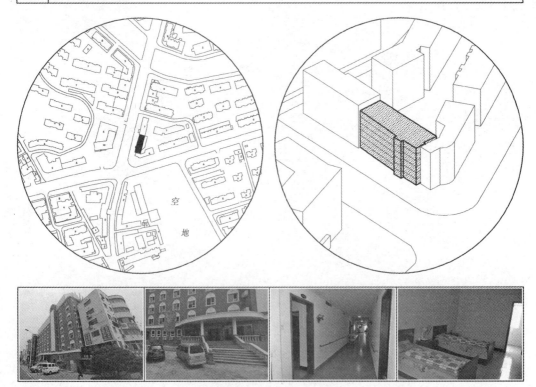

SB57 | 青岛市北区颐康敬老院

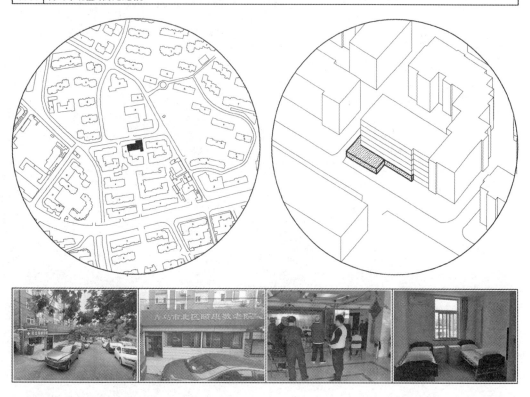

SB58 | 青岛市市北区百善老年公寓

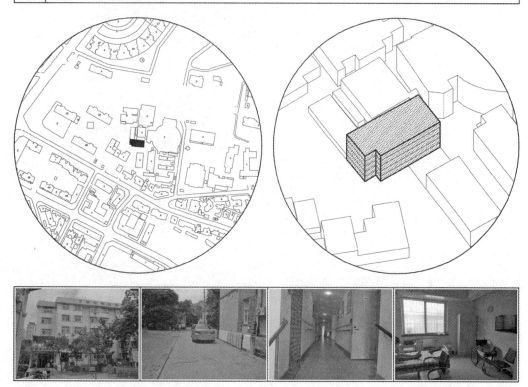

SB59	市北区康乐（前哨）老年爱心护理院

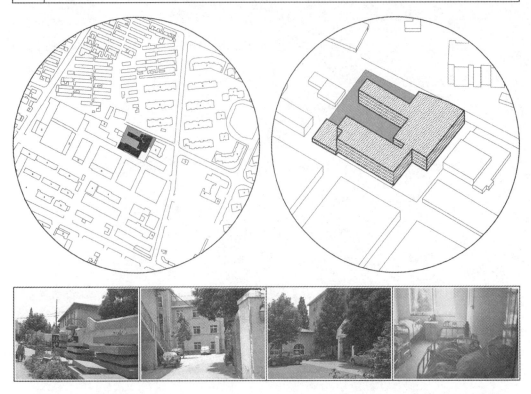

SB60	青岛市市北区老年人护养中心

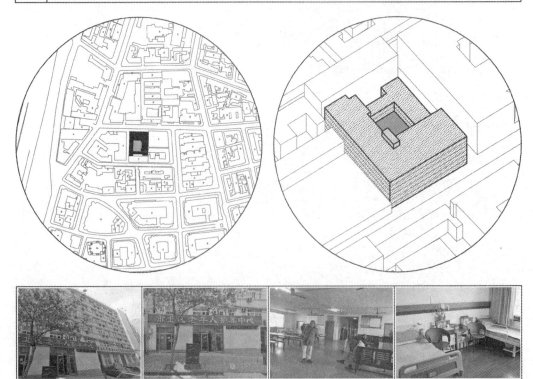

SB61 | 青岛恒星老年公寓

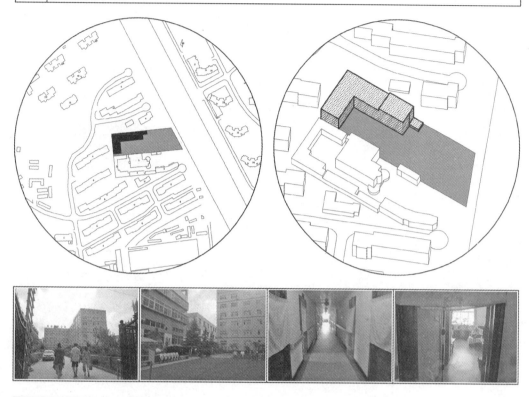

SB62 | 青岛市北区福来老年公寓

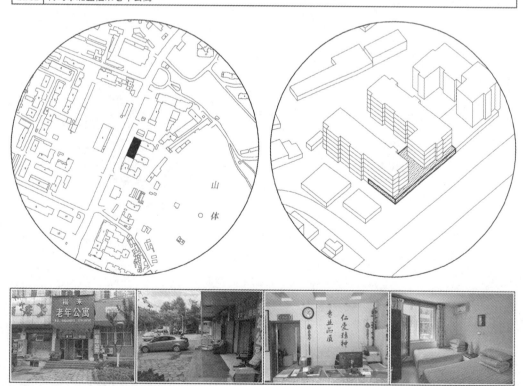

| LC01 | 李沧区社会福利院 |

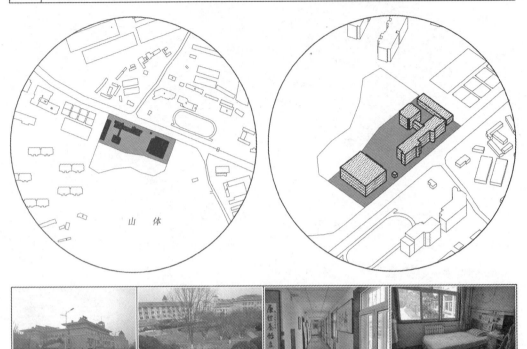

| LC02 | 李沧区圣德老年护理院 |

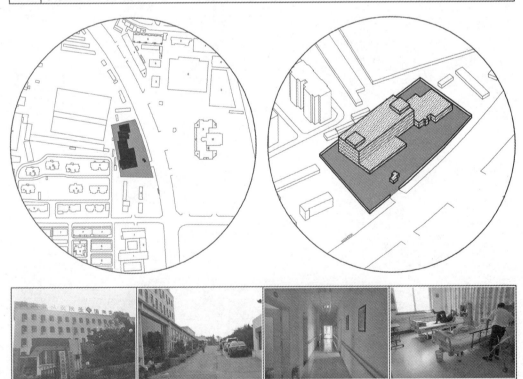

| LC03 | 李沧区建旭老年公寓 |

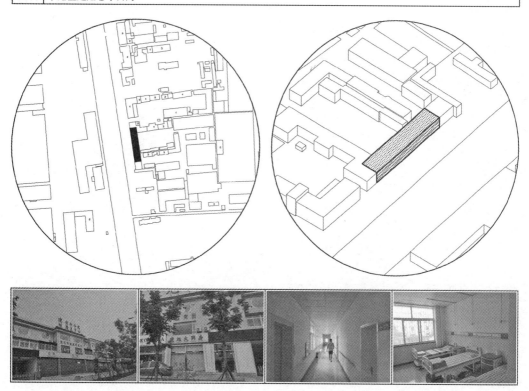

| LC04 | 李沧区阳光养老服务中心 |

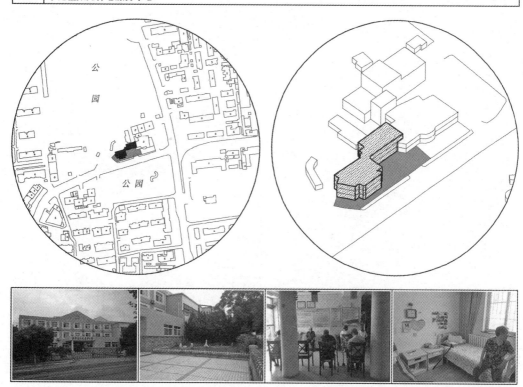

LC05 | 李沧区天海易元养老服务中心

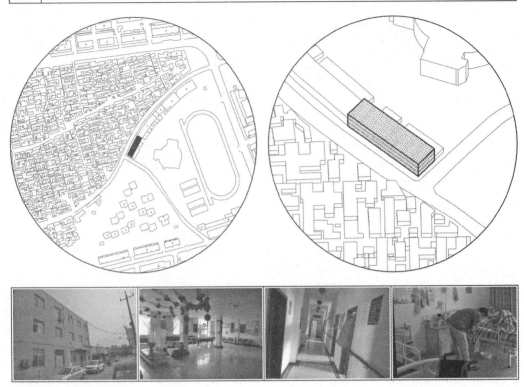

LC06 | 李沧区北山老年公寓

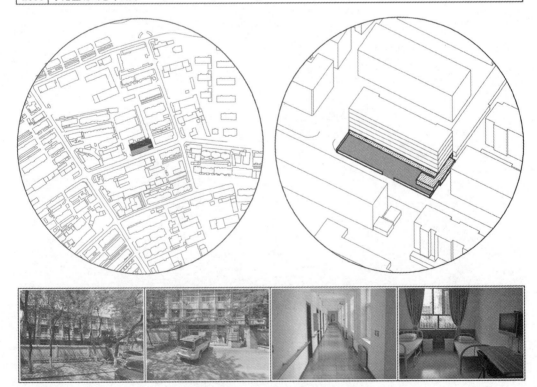

LC07 | 李沧区永平老年养护院

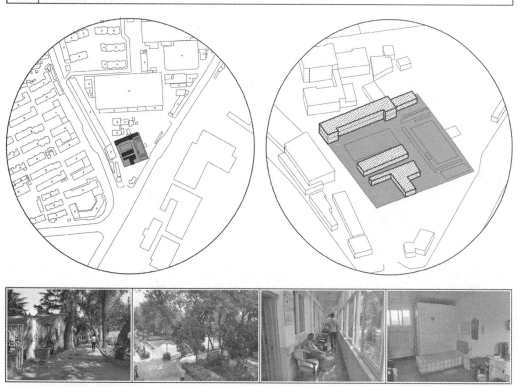

LC08 | 李沧区永安路社区养老院

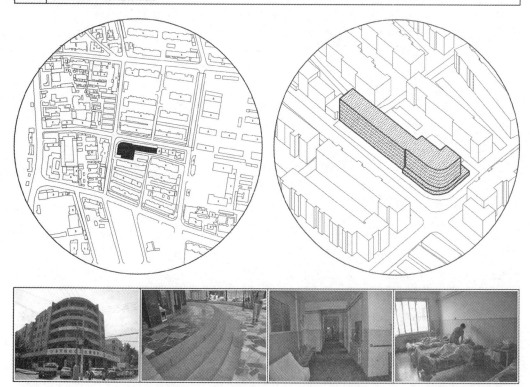

LC09 | 李沧区祥红敬老院

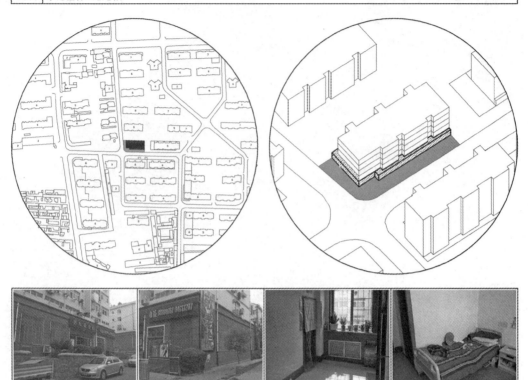

LC10 | 李沧区博爱敬老院

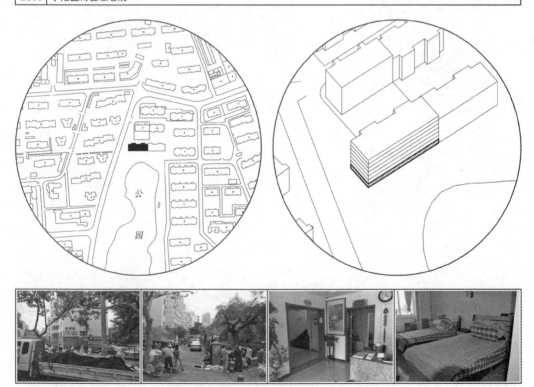

LC11 | 李沧区平安托老所

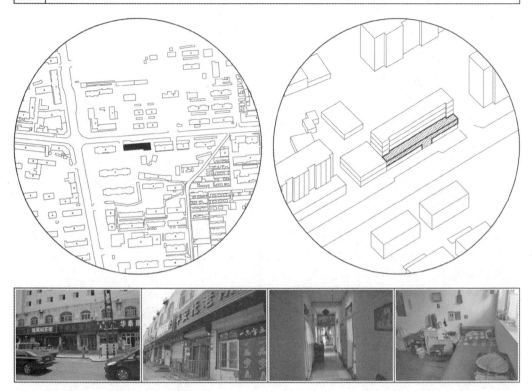

LC12 | 李沧区祥阖敬老院

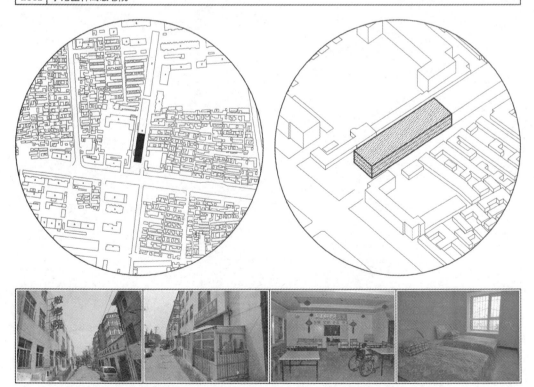

| LC13 | 李沧区浮山路社区敬老院 |

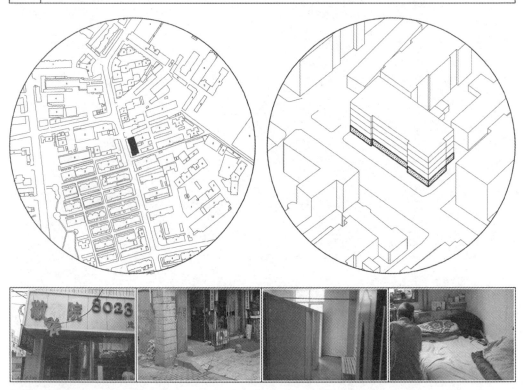

| LC14 | 李沧区顺华老年公寓 |

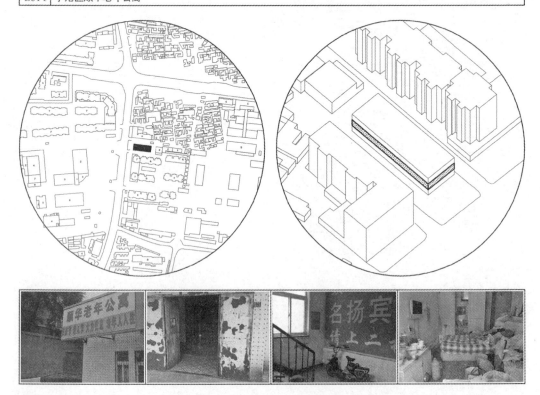

LC15 | 李沧区兴城老年护理院

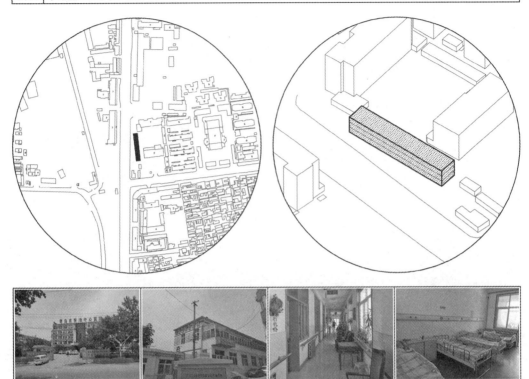

LC16 | 李沧区鑫再康养老院

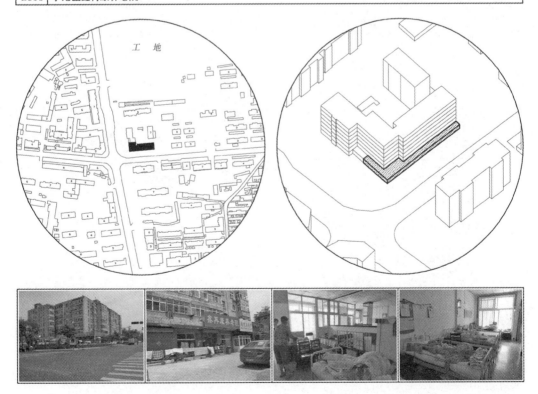

LC17 | 青岛德民老年公寓

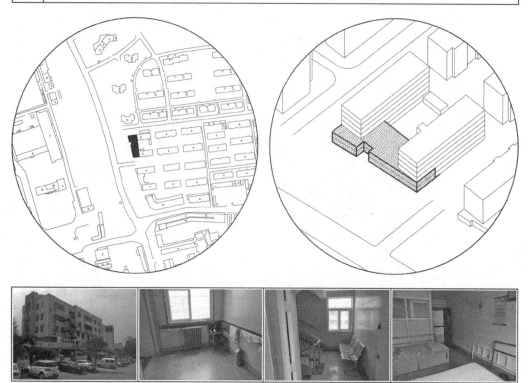

LC18 | 李沧区金水源老年护养院

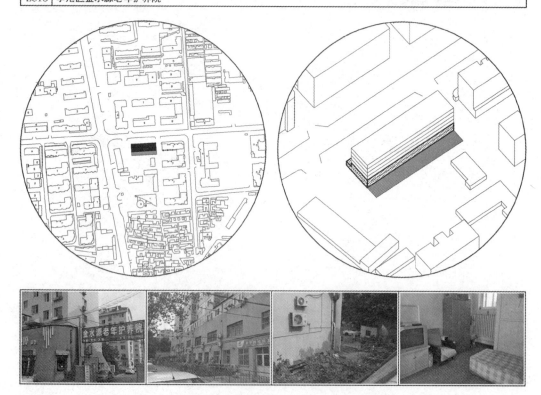

| LC19 | 李沧区允升爱心养老院 |

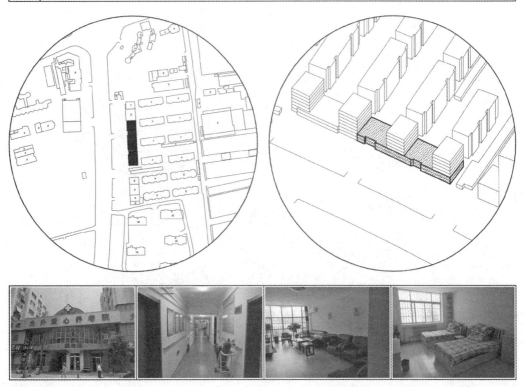

| LC20 | 李沧区华泰老年护理院 |

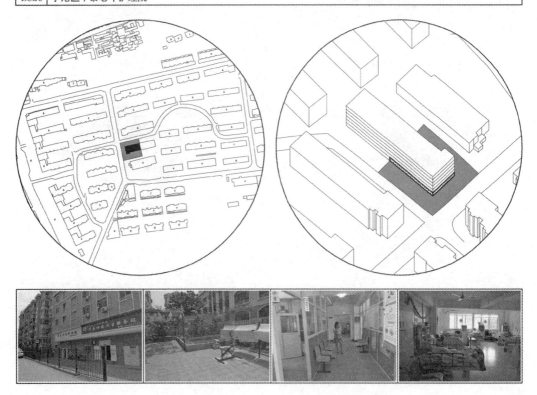

LC21 | 李沧区颐安老年公寓

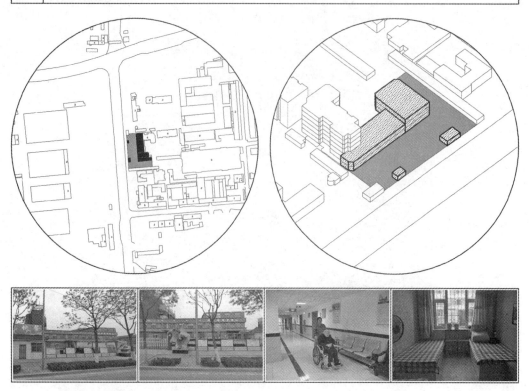

LC22 | 李沧区九久夕阳红养老服务中心

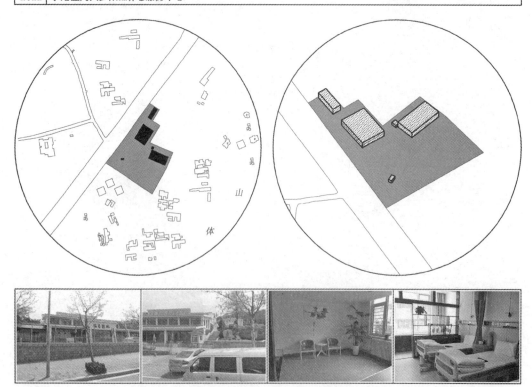

LC23	李沧区万家康老年护养院

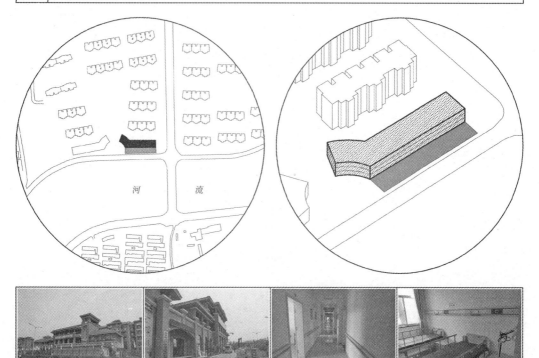

LS01	崂山区吉星老年公寓

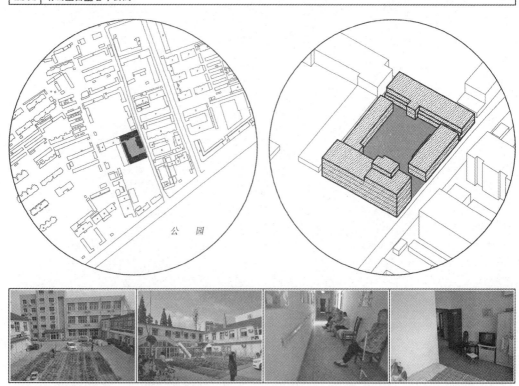

| LS02 | 崂山区恒生老年公寓 |

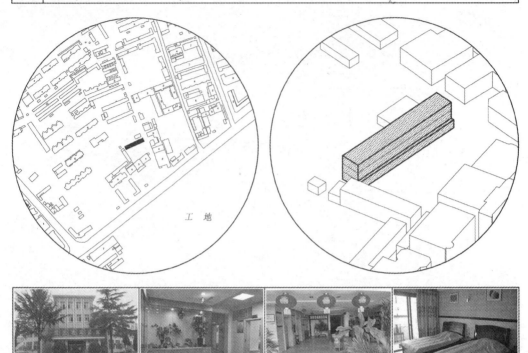

工 地

| LS03 | 福彩东部老年公寓 |

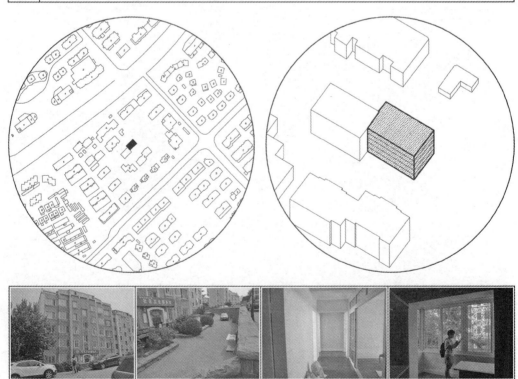

LS04 | 崂山区惠康护老中心

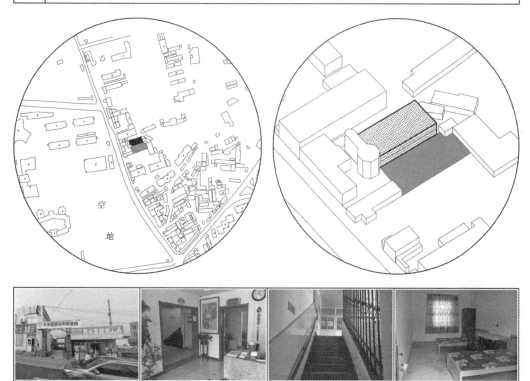

LS05 | 崂山区青山爱心护老中心

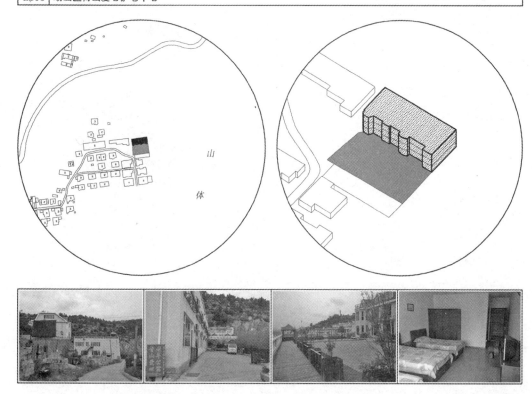

LS06 | 崂山区莲花关怀老年公寓

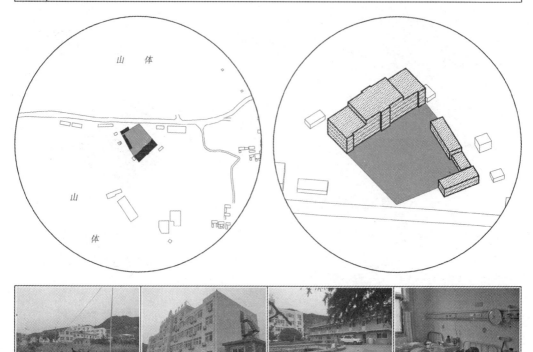

LS07 | 崂山区山水居生态养老中心

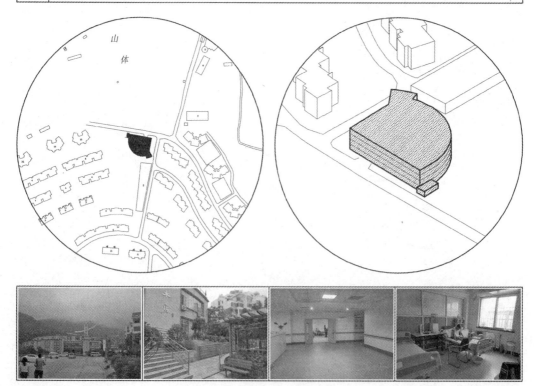

LS08	崂山区航泰老年人服务中心

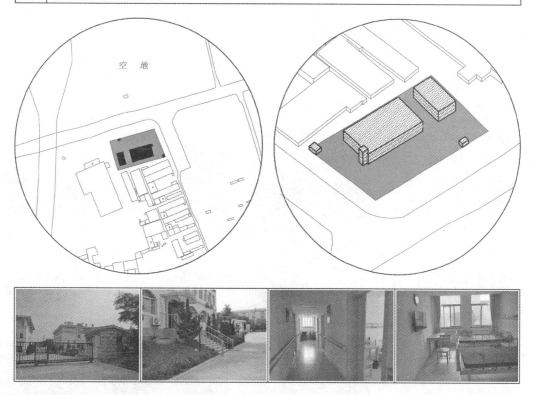

LS09	崂山区福利服务中心

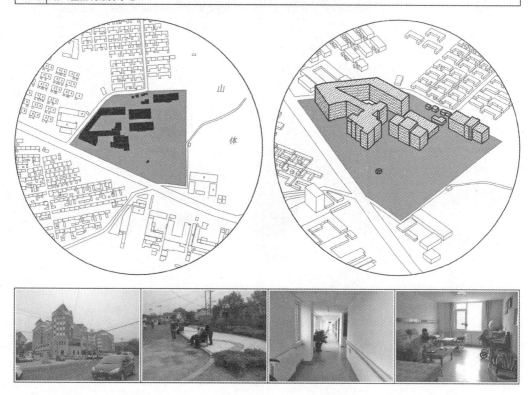

附录 1-2　空间环境质量描述性分类评价参照标准

K1-1 居室空间气候生态			
优	良	中	差
参考案例：SB48 居室的两个以上不同的墙面上有窗户，不仅拥有充分的自然采光，还拥有良好的空气对流，居室空间清新明亮	参考案例：SB55 居室空间有一个窗户，开窗面积比较充足，通风比较流畅，室内自然采光与自然通风条件良好	参考案例：SB05 居室空间有一个窗户，开窗面积不太充足，通风不太流畅，室内自然采光与自然通风条件一般	参考案例：SB06 居室空间没有窗户，或者窗户的面积很小，通风很不流畅，室内环境幽暗、潮闷，舒适度很低

K1-2 居室空间环卫整理			
优	良	中	差
参考案例：SN01 居室内储藏空间设置合理，各类物品放置有序，总体卫生状况很好	参考案例：SB55 居室内储藏空间设置比较合理，大部分物品放置有序，少量物品放置杂乱，总体卫生状况比较好	参考案例：SN16 居室内储藏空间设置不太合理，大部分物品放置杂乱，总体卫生状况一般	参考案例：LC14 居室内储藏空间设置非常不合理，各类物品放置杂乱，总体卫生状况很差

K1-3 居室空间无障碍设施			
优	良	中	差
参考案例：LS03 在必要的地方都设置了扶手，选择了美观坚固、触感舒适的高分子聚酯类材料，马桶的扶手在不用时还可以收起以节省空间	参考案例：SB55 马桶的两侧设置了扶手，材料选用容易脏的铝合金管材，扶手的设置产生了死角，增加了清洁的难度，扶手金属材料的热敏性高，舒适度稍差	参考案例：SB45 马桶采用蹲便式，给老年人的使用增添了难度，马桶侧面只有一个安装不太考究的铝合金扶手，卫生间内有未做无障碍处理的高差，存在安全隐患	参考案例：SN16 马桶采用蹲便式，淋浴和马桶的位置关系存在安全隐患，且其周边没有任何扶手，卫生间内部还堆放许多容易绊倒老年人的杂物

K1-4 居室空间器具设备			
优	良	中	差
参考案例：LS09 居室空间内老年人日常生活所需的各类家具生活设施一应俱全，还配备了医疗设备与呼救设备，主要家具的材料采用高档实木，各类电器选用的标准也都较高	参考案例：LC19 居室空间内只有比较基本的家具生活设施，没有承载复合需求的书桌、茶几等家具，主要家具的材料采用颗粒板材，各类电器比较齐全，但是选用的标准一般	参考案例：LC07 居室空间内只有比较基本的家具生活设施，没有承载复合需求的书桌、茶几等家具，品质方面也都不太高，各类家具所用的材料都比较低廉劣质，且风格不统一	参考案例：SB41 居室空间内只有最基本的家具生活设施，设施的品质低劣破败，大部分都是东拼西凑的破旧二手物品

K1-4 居室空间器具设备			
优	良	中	差

K1-5 居室空间效能实用			
优	良	中	差
参考案例：SN42 空间注重效能实用性。位于两个床位之间的桌子，其便利性和效率都比较高，并一定程度上提高了床位空间的独立性	参考案例：SB11 空间较为注重效能实用性。贴墙布置的储藏柜，较好地兼顾了形式与效率	参考案例：SB22 空间不太注重效能实用性。各类家具的摆放比较随意，便利性和效率不太高	参考案例：LC06 空间几乎不考虑效能实用性。各类家具的摆放十分随意，便利性和效率很低

K1-6 居室空间外观样式			
优	良	中	差
参考案例：SN01 空间形式新颖美观，材质与色彩处理恰当	参考案例：LS05 空间形式较为美观大方，材质与色彩处理尚可	参考案例：SN09 空间形式不太理想，材质与色彩处理一般	参考案例：LC21 空间形式杂乱无章，材质与色彩处理混乱

K1-7 居室空间建设水准			
优	良	中	差
参考案例：LS09 地面采用防水、防滑、防静电的 PVC 卷材，墙面采用优质墙纸或涂料。空间材质高级，施工考究，细节品质很高	参考案例：SN01 地面采用较好的木质地板，墙面采用较好的墙纸或涂料。空间材质较为高级，施工较为考究，细节品质较高	参考案例：SN12 地面采用普通的地板，墙面采用普通的墙纸或涂料。空间材质不太高级，施工不太考究，细节品质一般	参考案例：SB54 地面采用水泥、水磨石或低廉瓷砖，墙面采用低廉涂料。空间材质低下，施工细节粗糙，细节品质较差

K2-1 建筑空间气候生态			
优	良	中	差
参考案例：SN18 走廊两侧都有窗户，不仅获拥有充分的自然采光，还拥有良好的空气对流	参考案例：SB30 走廊的一侧有窗户，空间采光通风条件较好	参考案例：LC04 走廊的尽端有窗户，空间采光通风条件一般	参考案例：SB06 走廊中没有窗户，空间采光通风条件不好

K2-2 建筑空间环卫整理			
优	良	中	差
参考案例：LS09 空间环境清新干爽，储藏空间设置合理，物品放置有序整齐，没有随意堆放的情况发生	参考案例：SB12 空间环境比较清新干爽，储藏空间设置基本合理，大部分物品放置有序整齐，但局部存在随意堆放的情况	参考案例：SB39 空间环境比较杂乱，储藏空间设置不太合理，卫生状况比较差，物品随意放置的现象普遍	参考案例：SB62 空间环境非常混乱，储藏空间设置非常不合理，各类物品随意堆放，干湿分区不明，地面潮湿污浊，卫生状况非常差

K2-3 建筑空间无障碍设施			
优	良	中	差
参考案例：LC23 建筑空间内部没有突兀的高差，扶手的选材采用高分子聚酯材料，触感温和舒适	参考案例：SB01 建筑空间内部没有突兀的高差，扶手的选材采用铝合金，容易脏，且由于金属热敏性高，触感不温和	参考案例：SB10 建筑空间内部存在部分未处理的高差，有一定安全隐患，扶手的设置不全面，只覆盖了走廊的部分位置，且用材低劣	参考案例：SB07 建筑空间内部完全没有无障碍方面的设计考虑，和普通的建筑无异

K2-4 建筑空间器具设备			
优	良	中	差
参考案例：SN01 建筑空间内部的各类家具生活设施一应俱全，能够满足老年人的这种日常休闲娱乐活动需要，家具大多采用高档实木，总体品质很高	参考案例：SB61 建筑空间内部的家具生活设施比较丰富，基本能满足老年人的日常休闲娱乐活动需要，设施的综合品质大部分较高，少部分偏低	参考案例：SB40 建筑空间内部的家具生活设施不太丰富，只能部分满足老年人的日常休闲娱乐活动需要，设施的综合品质大部分较低，少部分偏高	参考案例：LC04 建筑空间内部的家具生活设施非常欠缺，既有的设施也基本上是廉价的、简易的，不能满足老年人的日常休闲娱乐活动需要

K2-5 建筑空间效能实用			
优	良	中	差
参考案例：SN01 空间注重效能实用性。凹入的休闲空间提高了空间效率，并有助于提高建筑空间的活力	参考案例：LC04 空间较为注重效能实用性。布置在走廊里的沙发有助于提高建筑空间活力，但要牺牲一定的交通功能	参考案例：SB06 空间不太注重效能实用性。适宜的休闲活动空间较少，需要老年人的自发适应	参考案例：SB52 空间完全不注重效能实用性。建筑空间的功能标准很低，空间活力很差

K2-6 建筑空间外观样式			
优	良	中	差
参考案例：LC01 空间形式美观大方，材质与色彩处理恰当	参考案例：SB01 空间形式较为美观大方，材质与色彩处理较为恰当	参考案例：SN17 空间形式不太理想，材质与色彩处理一般	参考案例：SB07 空间形式杂乱无章，材质与色彩处理较差

K2-7 建筑空间建设水准			
优	良	中	差
参考案例：SN01 建筑空间内部的材料高档，施工考究	参考案例：LC01 建筑空间内部的材料比较高档，施工比较考究	参考案例：SB40 建筑空间内部的材料档次一般，施工不太考究	参考案例：SB27 建筑空间内部的材料档次很差，施工很不考究

K3-1 场地空间气候生态			
优	良	中	差
参考案例：SB61 场地面积充足，空间内部种植了数量品类丰富的乔木灌木与青草花卉，景观绿化层次丰富，环境优美	参考案例：LS08 场地面积充足，空间内部种植了数量品类尚可的乔木灌木与青草花卉，景观绿化组织的层次性一般	参考案例：SN12 场地面积狭小，空间内部种植了一些树木和花卉，但总体数量稀少，品类比较单一，景观绿化缺少层次	参考案例：SB44 场地面积狭小，空间内部完全没有景观绿化设施，并且被各类晾晒衣物与生活杂物所占据，总体环境感受很差

K3-2 场地空间环卫整理			
优	良	中	差
参考案例：LC01 场地空间环境齐整有序，清新明快，没有杂物堆放的现象	参考案例：LS01 场地空间环境总体比较干爽齐整，局部有杂物堆放	参考案例：SN12 场地空间环境一般，有较多杂物	参考案例：SB04 场地空间环境混乱，受到杂物和车辆的双重侵占

K3-3 场地空间无障碍设施			
优	良	中	差
参考案例：LS07 对场地主要高差做了符合规范要求的无障碍设计，且形式处理较好	参考案例：SB61 对主要场地高差做了无障碍处理，但某些部分的设置标准不高，比如人车共用入口坡道	参考案例：SN12 仅对部分场地高差做了无障碍处理，不符合相关规范要求，勉强可以满足使用需求	参考案例：SB24 无视场地高差，无障碍设施缺失严重，无法满足老年人使用需求

K3-4 场地空间器具设备			
优	良	中	差
参考案例：LC01 各类休闲活动设施数量充足，综合品质上乘，组织有序合理，能够满足老年人需求	参考案例：SB61 各类设施的数量和种类比较充足，大部分设施的品质比较高，少数设施的品质一般	参考案例：SB04 休闲活动设施组织比较随意，各类设施的数量和种类不太充足，且设施的品质很一般	参考案例：SB48 各类设施的数量和种类十分不足

K3-5 场地空间效能实用			
优	良	中	差
参考案例：LS05 空间注重效能实用性。院子边缘的座椅提高了效率与活力	参考案例：LS07 空间较为注重效能实用性。休闲区域的效率和活力尚可	参考案例：LC04 空间不太注重效能实用性。景观绿地的利用效率不高	参考案例：SB38 空间完全不注重效能实用性。空间功能混乱，效率低下

K3-6 场地空间外观样式			
优	良	中	差
参考案例：SN01 空间形式美观大方，材质与色彩处理恰当	参考案例：SB08 空间形式较为美观大方，材质与色彩处理较好	参考案例：SN16 空间形式略显局促，材质与色彩处理尚可	参考案例：LC14 空间形式较为散乱，材质与色彩处理较差

K3-7 场地空间建设水准			
优	良	中	差
参考案例：LC01 场地空间材料好，施工考究，细节品质好	参考案例：LC04 场地空间材料尚可，施工比较考究，细节品质较好	参考案例：SB24 场地空间材料一般，施工比较粗糙，细节品质一般	参考案例：LC07 场地空间材料低廉，施工粗糙，细节品质粗糙

K4-1 城市空间气候生态			
优	良	中	差
参考案例：LS06 周边城市空间地形连绵起伏，视野开阔，山清水秀，草木丰茂，景色十分动人	参考案例：SN12 周边的景观视野虽然不太开阔，但是有很多生长茂盛的树木，景色比较宜人	参考案例：SB04 周边城市空间的自然景观没有什么特色，仅有的绿色是道路两侧长势普通的树木	参考案例：LC03 周边城市自然景观缺乏，树木长势不佳，视野范围内只能见到散乱的少量绿色

K4-2 城市空间环卫整理			
优	良	中	差
参考案例：SB16 周边有少量车辆停放，以及少量规范的沿街商业	参考案例：SN01 周边有较多车辆停放，以及少量规范的沿街商业	参考案例：SB44 周边有很多车辆停放，有较多的沿街商铺	参考案例：SB03 周边有许多不规范的商业经营活动，大量车辆随意停放

K4-3 城市空间无障碍设施			
优	良	中	差
参考案例：SB01 无障碍设施内容丰富，形式处理到位	参考案例：SB38 无障碍设施内容较为丰富，形式处理比较到位	参考案例：SB24 无障碍设施内容较为不足，形式处理不太到位	参考案例：LS01 无障碍设施缺失严重

K4-4 城市空间器具设备			
优	良	中	差
参考案例：LC04 养老机构周边城市空间内拥有免费开发的品质高档的大型城市公园或公共绿地	参考案例：SB55 养老机构周边城市空间内拥有免费开放的小型城市公园或公共绿地	参考案例：SB06 周边虽然没有成规模的休闲活动设施，但是有很多可以利用的小型场所	参考案例：SB04 周边没有成规模的休闲活动设施，有一些可以利用的小型场所，但都被车辆等占据

K4-5 城市空间效能实用			
优	良	中	差
参考案例：LC04 空间注重效能实用性。公共空间的效率和活力高	参考案例：SB06 空间较为注重效能实用性。公共空间的效率和活力较高	参考案例：SN11 空间不太注重效能实用性。公共空间的效率和活力一般	参考案例：SB48 空间不注重效能实用性。公共空间的效率和活力低下

K4-6 城市空间外观样式			
优	良	中	差
参考案例：LS07 周边环境美观大方，建筑形式处理恰当	参考案例：SB34 周边环境较为美观，建筑形式处理尚可	参考案例：SB15 周边环境比较一般，建筑形式处理一般	参考案例：SB48 周边环境较为衰败，建筑形式处理不佳

K4-7 城市空间建设水准			
优	良	中	差
参考案例：SB16 周边属于最近十年之内开发建设的城市区域，各方面建设的标准和品质都很高	参考案例：SN01 周边属于最近十至二十年建设的城市区域，各方面建设的标准和品质比较高	参考案例：SB24 周边属于二十年以前开发建设的城市区域，各方面建设标准和品质偏低	参考案例：LS05 周边属于建设年代杂乱不明的城乡接合部，各方面建设的标准和品质很低

附录 1-3 空间组织模式描述性分类评价参照标准

JS-1：依据床位数量划分的居室空间模式类型		
模式编号：JS-1-1	模式编号：JS-1-2	模式编号：JS-1-3
模式名称：单人空间	模式名称：双人空间	模式名称：多人空间
模式说明：居室空间内仅设置一个床位，空间内部的各项功能配置及其形态尺度根据单个床位的需求展开	模式说明：居室空间内设置两个床位，空间内部的各项功能配置及其形态尺度围绕两位老年人的生活需求展开	模式说明：居室空间内设置三个及以上的床位，空间内部的各项功能配置及其形态尺度围绕三位及以上老年人的生活需求展开

JS-2：依据床位布局划分的居室空间模式类型		
模式编号：JS-2-1	模式编号：JS-2-2	模式编号：JS-2-3
模式名称：客房式	模式名称：病房式	模式名称：自适应式
模式说明：这种空间模式类似于宾馆酒店的客房，空间设计的首要目的是保证居住的舒适性，床位空间是其功能组织核心。它还可以分为单间和套间两类，前者占绝大多数，后者占少数。其中，单间内通常有洗手间，个别还配有简易厨房；套间基本与普通公寓住宅无异，设置有厨房、起居室、储藏间等独立房间。这类居室空间的床位数量通常不超过三个	模式说明：这种空间模式类似于医院里的普通病房，空间功能组织的核心是一个四面通达的宽敞过厅，其空间设计的首要目的是提高照护与管理的便利度和效率。在这一类型的居室空间中，除了床以外，往往只有最基本最简单的几样家具，如床头柜、椅凳之类，和常规的家庭生活空间环境存在明显的差异。这类居室空间通常比较大，所容纳的床位数量也比较多，基本不会低于四个，以六个和八个床位最为多见	模式说明：除了前面两种模式以外的其他情况，基本都可以归为自适应式，它的空间形态和尺度多变无章，也没有明显的空间设计侧重点。这是因为目前有相当一部分的养老机构是在其他建筑的基础上进行相应改造而成的，这些建筑原本的性质多样，住宅、学校、宾馆、办公楼、商业、厂房等不一而足，在改造过程中存在很多难以解决的矛盾和困难，为了尽量适应既存的物质现实条件，空间的处理被迫进行了妥协

JZ-1：依据走廊形式划分的建筑空间模式类型		
模式编号：JZ-1-1	模式编号：JZ-1-2	模式编号：JZ-1-3
模式名称：外廊式	模式名称：内廊式	模式名称：复合式
模式说明：走廊空间位于建筑的外部，走廊空间至少有一侧可以接收自然光线和空气	模式说明：走廊空间位于建筑内部，走廊空间的绝大部分位置不能接收自然光线和空气	模式说明：外廊式和内廊式的结合，兼有二者的特点

JZ-2：依据流线形态划分的建筑空间模式类型		
模式编号：JZ-2-1	模式编号：JZ-2-2	模式编号：JZ-2-3
模式名称：尽端式	模式名称：回路式	模式名称：复合式
模式说明：建筑功能流线呈现出一种放射状，不可闭合，存在两个或以上的尽端。该模式的具体表现有很多，最简单的是直线形，多条直线形组合后可以产生包括"L"形、"T"形、"U"形、"S"形、"E"形、"工"形、"王"形等在内的很多平面形态	模式说明：建筑功能流线呈现出一种首尾相接的闭合环线状，不存在流线尽端。该模式的具体表现也有很多，最基本的是"口"形，及其几何变体"△"形和"○"形等，通过基本形的叠加组合，还会出现"日"形、"目"形、"田"形等多种形态	模式说明：尽端式和回路式的结合，兼有二者的特点，"6"形、"P"形、"R"形等平面形态都属于该模式

JZ-2：依据流线形态划分的建筑空间模式类型		
模式编号：JZ-2-1	模式编号：JZ-2-2	模式编号：JZ-2-3
模式名称：尽端式	模式名称：回路式	模式名称：复合式

CD-1：依据外部空间关系划分的场地空间模式类型		
模式编号：CD-1-1	模式编号：CD-1-2	模式编号：CD-1-3
模式名称：分体式	模式名称：连体式	模式名称：附属式
模式说明：养老机构拥有独立完整的建筑，与邻近建筑相互独立	模式说明：养老机构所辖空间与其邻近建筑空间连接在一起，是其主要组成部分之一	模式说明：养老机构所辖空间与其邻近建筑空间连接在一起，是其附属部分

CD-2：依据内部空间关系划分的场地空间模式类型				
模式编号：CD-2-1	模式编号：CD-2-2	模式编号：CD-2-3	模式编号：CD-2-4	模式编号：CD-2-5
名称：场地包围建筑式	名称：建筑包围场地式	名称：场地建筑并立式	名称：场地建筑交错式	名称：无场地式
说明：场地空间处于外部，将建筑包围	说明：建筑空间处于外部，将场地包围	说明：建筑空间与场地空间平行分立	说明：建筑空间与场地空间相互咬合交融	说明：养老机构缺失场地空间

CS-1：依据周边建筑性质划分的城市空间模式类型		
模式编号：CS-1-1	模式编号：CS-1-2	模式编号：CS-1-3
模式名称：住宅主导型	模式名称：均衡型	模式名称：非住宅主导型
模式说明：机构周边的建筑以住宅为主，其他性质的建筑为辅	模式说明：机构周边的住宅建筑约占一半，其他性质的建筑占一半	模式说明：机构周边的住宅建筑占少数，其他性质的建筑占多数

CS-2：依据周边建筑密度划分的城市空间模式类型		
模式编号：CS-2-1	模式编号：CS-2-2	模式编号：CS-2-3
模式名称：高密度型	模式名称：中密度型	模式名称：低密度型
模式说明：机构周边的建筑基本没有高层，几乎没有未经开发的土地，总体上绿地率偏低，建筑密度很大	模式说明：机构周边的建筑包含各类高度，几乎没有未经开发的土地，总体上绿地率中等，建筑密度中等	模式说明：机构周边建筑以高层为主，或含有较大面积未经开发的土地，总体上绿地率很高，建筑密度不大

附录 1-4　空间环境质量描述性分类评价数据统计

序号	K1	K1-1	K1-2	K1-3	K1-4	K1-5	K1-6	K1-7	K2	K2-1	K2-2	K2-3	K2-4	K2-5	K2-6	K2-7	K3	K3-1	K3-2	K3-3	K3-4	K3-5	K3-6	K3-7	K4	K4-1	K4-2	K4-3	K4-4	K4-5	K4-6	K4-7	总体
SN01	★	良	优	良	优	良	优	优	★	优	优	优	优	良	优	良	★	中	中	良	良	中	优	良	★	良	良	良	中	良	优	良	V
SN02	★	优	优	优	良	优	优	优	★	优	优	优	良	优	优	优	★	良	良	良	良	优	优	良	★	良	良	优	中	优	优	良	V
SN03	☆	中	中	中	中	中	中	中	★	中	中	差	良	良	中	良	☆	中	中	中	中	良	良	中	★	中	良	中	中	良	优	良	III
SN04	☆	良	中	中	中	中	中	中	☆	良	中	中	中	中	良	中	☆	良	良	中	中	中	优	中	☆	中	中	中	差	中	中	中	I
SN05	★	良	良	良	良	差	良	优	★	中	中	中	良	中	优	良	☆	—	—	—	—	—	—	—	☆	良	良	中	中	中	中	良	II
SN06	★	中	中	中	中	中	中	良	☆	差	差	差	差	中	良	中	★	优	良	中	中	中	良	良	☆	良	良	良	良	差	中	中	II
SN07	☆	良	良	良	差	差	中	中	☆	中	差	中	中	中	中	中	☆	—	—	—	—	—	—	—	☆	良	中	良	中	良	中	中	II
SN08	★	良	中	良	差	差	中	良	★	差	差	差	良	差	中	良	☆	中	中	差	良	中	中	良	☆	中	差	中	良	中	中	中	III
SN09	☆	良	中	中	中	中	中	良	☆	良	中	良	良	优	中	良	☆	—	—	—	—	—	—	—	☆	中	中	中	中	差	良	良	II
SN10	★	中	中	良	差	差	优	良	★	中	中	中	中	差	中	中	☆	中	中	良	良	中	良	中	☆	良	差	良	中	中	良	良	III
SN11	☆	优	优	良	优	良	优	良	☆	优	中	中	优	中	中	中	☆	—	—	—	—	—	—	—	☆	中	中	中	中	良	中	良	II
SN12	☆	中	中	中	中	中	中	中	★	中	中	中	良	中	中	中	☆	中	中	差	中	中	良	良	☆	良	良	中	中	中	中	良	II
SN13	★	优	优	良	优	良	良	良	★	优	优	良	优	优	优	中	☆	—	—	—	—	—	—	—	☆	中	中	良	优	中	优	中	III
SN14	☆	优	优	良	中	良	优	中	☆	中	中	中	中	良	中	中	☆	—	—	—	—	—	—	—	★	中	良	中	差	中	中	中	I
SN15	☆	优	良	良	良	良	优	良	☆	中	良	中	中	良	中	中	★	良	中	良	良	中	优	优	☆	良	差	良	中	良	中	中	III
SN16	★	良	中	良	中	中	优	良	★	差	差	差	中	中	中	优	☆	—	—	—	—	—	—	—	☆	中	中	优	差	中	优	中	I
SN17	☆	优	良	良	优	良	优	良	★	优	优	中	优	中	优	优	☆	—	—	—	—	—	—	—	★	中	良	中	差	良	中	优	I
SN18	☆	中	中	良	差	中	优	良	☆	中	中	中	良	良	中	中	★	优	中	差	中	中	中	差	☆	中	差	差	差	差	优	中	V
SB01	☆	中	差	差	差	良	优	良	★	差	差	差	差	差	中	中	☆	—	—	—	—	—	—	—	☆	中	差	中	差	差	中	中	III
SB02	☆	中	差	差	差	差	中	中	☆	差	中	中	差	差	中	差	☆	—	—	—	—	—	—	—	☆	中	中	中	中	中	中	中	I
SB03	☆	差	差	差	差	差	差	中	☆	差	良	差	中	差	差	差	★	—	—	—	—	—	—	—	☆	中	中	差	差	中	中	中	I
SB04	☆	中	差	中	差	差	中	差	☆	中	中	中	差	差	中	中	☆	中	中	差	中	差	差	差	☆	中	中	中	中	差	中	中	I
SB05	☆	中	差	差	差	差	中	中	☆	差	中	中	良	差	中	差	☆	—	—	—	—	—	—	—	☆	中	中	差	中	差	中	中	I
SB06	☆	差	中	良	中	中	中	差	☆	差	中	差	差	差	差	差	☆	—	—	—	—	—	—	—	☆	良	差	差	中	中	中	中	I
SB07	☆	差	差	差	中	差	差	差	☆	中	良	中	中	中	差	差	★	良	良	差	差	差	良	良	☆	差	中	中	差	中	中	中	I
SB08	☆	差	中	中	中	中	差	差	☆	中	良	良	良	差	差	差	★	中	中	差	中	差	中	中	☆	良	中	差	差	中	中	中	II
SB09	☆	良	差	差	差	差	中	差	☆	差	中	中	中	差	差	差	★	良	中	差	差	差	良	良	☆	差	差	差	差	差	良	中	I
SB10	☆	良	差	中	中	差	中	差	☆	差	中	差	差	差	差	差	☆	良	良	差	差	差	中	中	☆	良	差	差	差	差	良	良	I
SB11	★	良	中	中	良	良	良	良	★	中	中	中	中	差	差	差	☆	中	中	差	差	中	差	差	★	中	中	良	中	良	良	良	IV

续表

序号	K1	K1-1	K1-2	K1-3	K1-4	K1-5	K1-6	K1-7	K2	K2-1	K2-2	K2-3	K2-4	K2-5	K2-6	K2-7	K3	K3-1	K3-2	K3-3	K3-4	K3-5	K3-6	K3-7	K4	K4-1	K4-2	K4-3	K4-4	K4-5	K4-6	K4-7	总体
SB12	☆	良	中	中	差	良	差	中	☆	中	中	中	中	良	差	中	☆	中	—	—	—	—	—	—	☆	中	差	中	中	良	中	中	I
SB13	☆	良	中	中	良	中	中	中	★	中	良	良	良	中	中	良	★	中	中	良	良	中	—	良	☆	中	中	中	中	中	良	良	III
SB14	☆	中	中	中	差	差	中	差	☆	差	差	中	差	差	中	差	☆	—	—	—	—	—	良	—	☆	良	中	中	差	差	中	中	I
SB15	★	良	中	中	中	中	优	优	☆	良	良	优	良	中	中	中	★	良	良	中	良	中	—	中	☆	中	差	良	中	中	中	中	II
SB16	☆	良	良	良	优	差	中	中	★	差	优	中	良	中	优	良	☆	—	—	—	—	—	良	—	☆	中	中	差	中	中	良	优	III
SB17	☆	良	中	差	差	差	差	中	☆	差	差	差	差	差	中	差	☆	—	—	良	—	差	—	—	☆	差	中	中	差	差	差	中	I
SB18	☆	良	差	中	差	差	中	中	☆	差	差	差	差	差	中	差	☆	良	中	—	良	—	—	中	☆	中	中	中	差	中	差	中	I
SB19	☆	良	中	差	差	良	中	良	☆	中	中	中	中	中	差	中	☆	—	—	中	中	差	中	—	☆	中	中	差	中	差	中	良	I
SB20	☆	差	中	中	良	良	差	差	☆	中	中	中	良	差	中	良	☆	中	中	差	—	良	—	中	☆	中	中	中	差	良	差	中	I
SB21	☆	中	差	差	差	中	差	中	★	差	良	良	差	良	中	差	☆	差	良	—	—	—	中	中	☆	中	中	差	差	中	中	中	II
SB22	☆	良	中	中	中	良	差	中	☆	良	中	中	良	中	中	中	☆	—	良	差	差	差	中	—	☆	中	中	中	中	良	中	中	I
SB23	☆	良	中	中	差	良	良	良	★	差	中	中	中	良	差	中	★	中	中	差	良	良	差	差	☆	中	中	中	差	良	中	中	II
SB24	☆	良	中	中	差	差	差	中	☆	差	中	中	中	良	差	中	★	良	—	—	良	差	良	中	☆	中	中	差	差	差	中	中	II
SB25	☆	良	中	中	中	差	良	良	☆	中	良	差	差	差	中	差	☆	良	中	差	差	差	良	—	☆	中	中	差	差	差	中	中	II
SB26	★	良	差	中	差	良	中	中	☆	差	中	中	良	差	差	中	☆	良	良	中	—	—	差	差	☆	差	中	中	差	中	中	中	I
SB27	☆	中	差	中	中	良	良	中	☆	差	中	良	中	中	良	中	☆	—	—	—	中	良	—	中	☆	良	中	中	中	良	中	中	I
SB28	★	良	中	差	中	中	中	中	☆	中	中	良	中	良	差	中	★	良	良	中	差	良	良	中	☆	中	中	中	差	良	中	中	II
SB29	☆	良	良	中	差	中	优	优	☆	差	中	中	中	良	良	良	☆	—	—	—	中	中	差	中	☆	中	中	中	中	中	中	中	I
SB30	★	良	差	中	中	中	中	中	★	差	中	中	中	中	中	中	☆	中	中	良	—	—	良	—	☆	中	良	中	差	中	良	优	III
SB31	★	良	良	中	差	中	中	中	★	中	良	中	良	良	良	良	★	差	良	良	中	中	—	良	★	优	中	中	中	良	良	良	I
SB32	☆	中	差	中	良	差	中	中	★	良	中	中	中	良	良	良	☆	—	—	—	—	—	良	优	☆	中	良	中	中	中	中	中	II
SB33	★	中	差	中	差	良	良	良	☆	中	中	良	中	良	优	良	☆	中	中	中	差	良	良	—	☆	中	中	中	差	良	良	良	IV
SB34	★	中	中	中	差	差	差	差	★	差	中	良	中	良	中	中	☆	—	—	—	—	—	—	中	★	中	良	差	差	良	中	中	IV
SB35	☆	中	良	中	良	差	差	中	☆	良	中	中	中	差	中	良	☆	差	差	差	中	差	中	—	☆	差	良	良	良	中	良	良	I
SB36	☆	中	中	中	差	良	良	中	☆	差	差	差	差	良	中	中	☆	—	—	—	—	—	—	中	☆	中	中	中	差	差	中	中	II
SB37	☆	中	良	中	中	差	良	中	☆	中	良	中	良	差	中	良	★	中	中	良	良	中	中	—	☆	中	良	差	中	差	良	良	II
SB38	☆	中	差	中	良	中	差	良	☆	中	中	中	中	差	中	中	☆	—	—	—	—	—	—	良	☆	良	良	中	差	中	中	中	I
SB39	☆	良	良	中	差	差	中	中	☆	中	良	中	中	中	差	良	★	良	—	—	—	—	中	—	☆	中	差	中	中	差	中	良	II
SB40	☆	中	良	中	差	差	差	中	☆	良	差	差	差	差	差	差	☆	—	—	—	—	—	—	—	☆	中	差	中	中	差	中	中	I
SB41	☆	中	差	中	差	差	差	中	☆	中	差	差	差	差	中	中	☆	—	—	—	—	—	—	—	☆	中	差	中	中	差	中	中	I

续表

序号	K1	K1-1	K1-2	K1-3	K1-4	K1-5	K1-6	K1-7	K2	K2-1	K2-2	K2-3	K2-4	K2-5	K2-6	K2-7	K3	K3-1	K3-2	K3-3	K3-4	K3-5	K3-6	K3-7	K4	K4-1	K4-2	K4-3	K4-4	K4-5	K4-6	K4-7	总体
SB42	★	良	良	良	中	良	良	良	★	中	优	良	中	良	良	良	☆	—	优	优	中	中	良	优	☆	中	中	优	中	良	中	中	III
SB43	★	良	优	优	中	中	良	优	★	差	优	优	中	良	良	优	★	良	中	差	差	差	良	优	★	良	优	良	中	良	良	优	V
SB44	☆	中	中	中	差	中	中	中	☆	差	差	差	差	差	良	中	☆	差	中	差	差	差	良	差	☆	良	差	中	差	差	中	中	I
SB45	☆	良	良	中	中	中	良	中	☆	中	良	差	中	差	良	中	☆	—	—	—	—	—	—	—	☆	中	中	中	差	中	中	中	I
SB46	☆	良	良	中	中	差	良	良	☆	中	中	中	良	中	中	良	☆	—	—	—	—	—	—	—	☆	良	良	差	中	良	良	良	I
SB47	☆	良	中	良	差	差	良	良	☆	优	良	良	中	中	良	良	☆	—	—	—	差	中	—	中	★	良	中	差	优	中	良	中	II
SB48	☆	中	中	良	中	中	中	中	★	中	中	中	差	中	中	中	☆	中	中	中	中	中	中	中	☆	良	中	差	差	差	中	中	II
SB49	☆	优	中	良	差	中	良	中	☆	差	良	良	良	中	良	良	☆	—	—	良	良	中	—	中	☆	良	中	差	差	中	中	中	I
SB50	☆	中	良	差	良	差	良	良	★	差	中	差	差	差	中	差	☆	—	—	—	—	—	—	—	☆	良	良	差	差	差	中	中	II
SB51	★	差	差	良	中	差	中	差	★	差	差	差	差	差	中	中	☆	—	—	—	—	—	—	中	★	良	良	差	差	差	中	中	III
SB52	☆	良	良	良	差	良	差	良	☆	中	中	中	中	差	中	中	☆	中	中	良	良	中	良	中	☆	中	良	中	差	良	中	中	I
SB53	☆	良	差	良	差	差	中	良	☆	差	中	中	差	差	中	中	☆	—	—	良	中	差	—	中	☆	良	良	良	差	良	良	良	II
SB54	☆	中	中	优	优	中	中	良	☆	中	中	中	良	中	良	良	☆	—	中	中	良	中	良	中	☆	良	中	中	差	良	良	优	I
SB55	★	优	优	中	中	中	中	优	★	中	优	中	中	良	良	优	★	优	优	中	优	中	良	中	★	优	优	良	优	良	优	优	V
SB56	☆	中	中	良	良	差	中	中	☆	中	良	中	中	差	中	中	☆	—	—	中	中	中	良	中	☆	良	中	中	中	差	优	良	II
SB57	☆	中	优	中	中	中	优	中	★	中	良	良	良	良	中	中	☆	—	—	中	中	中	良	中	☆	良	中	中	差	优	中	优	I
SB58	☆	中	良	中	中	中	优	良	☆	差	中	中	中	差	中	中	☆	—	—	良	中	中	优	良	☆	中	良	中	中	良	良	良	II
SB59	☆	中	中	中	中	差	中	良	☆	中	良	中	良	中	中	良	★	—	—	良	良	中	良	中	☆	中	差	良	中	中	良	中	II
SB60	☆	良	良	中	中	差	中	良	☆	中	中	良	中	差	良	良	☆	优	良	良	中	中	中	良	☆	良	差	良	差	良	良	中	II
SB61	☆	良	中	中	良	中	中	优	★	中	优	良	中	中	良	优	★	优	优	良	良	中	优	中	★	良	优	良	优	良	良	优	IV
SB62	☆	良	中	良	中	优	优	中	☆	优	优	良	中	中	优	中	☆	—	—	中	中	中	—	优	☆	优	优	优	优	优	良	中	I
LC01	★	优	优	良	中	良	优	良	★	中	优	优	中	良	优	良	★	良	优	良	优	良	优	良	★	优	良	中	中	优	良	优	V
LC02	★	中	中	中	中	良	优	良	★	优	优	优	中	中	优	良	★	良	良	中	中	中	优	优	☆	中	良	中	优	良	中	中	IV
LC03	★	良	中	中	中	中	良	良	★	中	优	优	中	中	中	良	☆	—	中	—	中	中	良	中	☆	中	良	中	中	中	差	良	III
LC04	☆	中	中	中	良	差	良	良	☆	中	中	良	中	中	中	良	★	良	良	—	中	中	中	良	★	优	良	良	优	中	良	良	III
LC05	☆	良	良	中	中	中	良	中	★	中	中	优	中	中	良	良	☆	—	—	—	良	中	—	—	☆	中	中	良	良	中	差	差	II

续表

序号	K1	K1-1	K1-2	K1-3	K1-4	K1-5	K1-6	K1-7	K2	K2-1	K2-2	K2-3	K2-4	K2-5	K2-6	K2-7	K3	K3-1	K3-2	K3-3	K3-4	K3-5	K3-6	K3-7	K4	K4-1	K4-2	K4-3	K4-4	K4-5	K4-6	K4-7	总体
LC06	★	良	良	中	良	良	良	良	☆	良	中	良	中	良	良	中	☆	优	良	中	中	中	良	中	☆	中	中	中	中	良	差	中	II
LC07	☆	良	良	中	良	良	良	中	☆	中	中	良	良	良	良	中	★	优	良	中	良	良	良	中	☆	中	良	中	中	中	中	中	II
LC08	☆	良	中	中	差	差	中	中	☆	中	中	中	中	中	中	差	☆	—	—	—	差	—	—	—	☆	中	中	中	差	差	差	中	I
LC09	☆	良	中	中	良	中	中	良	☆	中	良	中	良	中	中	中	☆	中	中	良	差	中	中	中	☆	良	差	中	中	中	中	良	I
LC10	☆	良	中	中	中	差	中	中	☆	良	中	差	中	中	中	中	☆	—	—	—	—	—	—	—	☆	差	差	中	中	中	中	良	I
LC11	☆	良	中	中	中	差	差	中	☆	中	中	差	中	差	中	中	☆	—	—	—	—	—	—	—	☆	中	中	中	差	差	中	中	I
LC12	☆	中	中	中	差	中	中	中	☆	中	中	差	中	差	差	差	☆	—	—	—	—	—	—	—	☆	中	中	差	差	中	差	差	I
LC13	☆	中	差	差	差	差	中	中	☆	良	良	中	良	中	中	中	☆	—	—	—	—	—	—	—	☆	中	中	中	中	差	中	中	I
LC14	☆	良	差	中	中	中	中	良	★	中	良	良	良	中	中	良	☆	—	—	—	—	—	—	—	☆	中	中	中	中	中	差	差	I
LC15	☆	中	中	中	中	良	中	差	☆	良	良	良	良	良	良	差	☆	—	—	—	—	—	—	—	☆	中	中	中	差	良	差	差	II
LC16	☆	中	差	中	中	中	中	中	☆	良	良	中	中	中	中	良	☆	—	—	—	—	—	—	—	☆	中	中	良	差	中	中	中	I
LC17	☆	中	中	中	良	中	良	中	☆	中	良	中	中	中	中	中	☆	—	—	—	—	—	—	—	☆	中	中	中	差	中	中	差	I
LC18	☆	中	中	良	中	中	优	中	★	中	中	中	中	中	中	中	☆	—	中	良	良	中	中	中	★	差	中	良	中	中	中	良	I
LC19	☆	良	良	中	中	中	中	中	☆	中	中	良	良	中	良	良	☆	良	良	中	良	良	优	良	☆	中	中	中	中	中	良	中	II
LC20	☆	良	中	中	中	中	中	中	★	中	中	中	良	中	良	良	★	—	优	良	良	良	优	优	★	优	良	良	中	良	中	良	I
LC21	☆	良	良	中	中	中	优	中	☆	中	中	中	中	中	优	良	★	优	优	良	良	中	优	优	★	良	良	中	中	中	中	差	III
LC22	☆	良	优	优	优	中	良	中	★	中	良	中	中	中	优	良	★	优	优	良	良	优	优	优	★	优	良	差	良	良	良	优	IV
LC23	☆	中	差	中	优	中	中	中	★	中	中	中	中	中	良	良	☆	中	良	良	良	中	良	优	★	优	良	差	良	良	中	差	III
LS01	☆	良	良	差	差	中	良	中	☆	中	良	良	中	中	良	良	☆	优	优	良	良	差	良	中	★	良	良	差	差	良	良	差	II
LS02	☆	良	中	中	差	差	良	优	☆	优	中	良	优	良	优	优	☆	中	良	中	中	—	—	中	★	中	优	优	优	中	差	中	I
LS03	★	良	良	优	优	良	优	中	☆	优	中	良	差	良	优	中	☆	—	—	—	良	—	良	—	★	中	良	中	良	中	良	良	IV
LS04	☆	中	良	良	差	中	良	中	☆	中	良	中	差	中	中	良	★	—	良	—	良	优	良	良	★	优	优	差	良	中	良	良	II
LS05	☆	良	良	优	良	中	良	中	☆	中	中	差	良	中	良	良	★	中	良	中	良	中	良	良	★	优	优	优	良	良	良	差	III
LS06	☆	良	优	优	良	中	优	优	☆	良	优	优	优	中	优	良	★	—	—	—	—	—	—	—	★	优	良	优	良	良	差	差	III
LS07	★	良	良	优	良	中	优	优	★	优	优	优	优	良	优	良	☆	良	—	—	—	—	良	良	★	优	良	良	良	良	优	优	IV
LS08	★	优	优	良	优	中	优	优	★	中	优	优	优	中	优	良	★	良	良	良	良	中	优	优	☆	中	良	优	良	良	优	良	IV
LS09	★	良	优	优	优	优	优	优	★	优	优	良	优	优	优	优	★	良	优	优	优	良	优	优	☆	良	中	中	良	良	中	良	V

附录 1-5　空间组织模式描述性分类评价数据统计

（灰色部分为空间满意度、重要度、使用状况评价样本机构）

序号	JS-1			JS-2			JZ-1	JZ-2	CD-1	CD-2	CS-1	CS-2	CS-3
SN01	JS-1-1	JS-1-2	—	—	JS-2-2	—	JZ-1-2	JZ-2-1	CD-1-1	CD-2-1	CS-1-1	CS-2-2	CS-3-2
SN02	JS-1-1	JS-1-2	—	JS-2-1	—	—	JZ-1-3	JZ-2-1	CD-1-1	CD-2-1	CS-1-3	CS-2-3	CS-3-2
SN03	—	JS-1-2	—	JS-2-1	—	JS-2-3	JZ-1-2	JZ-2-3	CD-1-3	CD-2-4	CS-1-1	CS-2-2	CS-3-2
SN04	—	JS-1-2	—	JS-2-1	—	—	JZ-1-2	JZ-2-1	CD-1-1	CD-2-5	CS-1-1	CS-2-2	CS-3-2
SN05	—	JS-1-2	JS-1-3	JS-2-1	—	—	JZ-1-2	JZ-2-1	CD-1-3	CD-2-1	CS-1-1	CS-2-2	CS-3-2
SN06	—	JS-1-2	JS-1-3	JS-2-1	—	JS-2-3	JZ-1-2	JZ-2-1	CD-1-1	CD-2-5	CS-1-1	CS-2-2	CS-3-3
SN07	—	JS-1-2	JS-1-3	JS-2-1	—	—	JZ-1-2	JZ-2-1	CD-1-1	CD-2-3	CS-1-1	CS-2-1	CS-3-2
SN08	—	JS-1-2	JS-1-3	JS-2-1	—	JS-2-3	JZ-1-2	JZ-2-2	CD-1-2	CD-2-2	CS-1-1	CS-2-2	CS-3-3
SN09	—	—	—	JS-2-1	JS-2-2	—	JZ-1-2	JZ-2-1	CD-1-2	CD-2-5	CS-1-1	CS-2-2	CS-3-2
SN10	—	—	—	JS-2-1	JS-2-2	—	JZ-1-2	JZ-2-1	CD-1-2	CD-2-3	CS-1-1	CS-2-3	CS-3-1
SN11	—	JS-1-2	JS-1-3	—	—	—	JZ-1-2	JZ-2-1	CD-1-3	CD-2-5	CS-1-2	CS-2-1	CS-3-2
SN12	—	JS-1-2	JS-1-3	JS-2-1	JS-2-2	JS-2-3	JZ-1-2	JZ-2-1	CD-1-2	CD-2-3	CS-1-1	CS-2-1	CS-3-3
SN13	JS-1-1	JS-1-2	JS-1-3	JS-2-1	—	—	JZ-1-2	JZ-2-1	CD-1-3	CD-2-5	CS-1-2	CS-2-2	CS-3-3
SN14	—	JS-1-2	JS-1-3	—	—	JS-2-3	JZ-1-2	JZ-2-1	CD-1-1	CD-2-4	CS-1-1	CS-2-2	CS-3-3
SN15	JS-1-1	JS-1-2	—	—	—	JS-2-3	JZ-1-2	JZ-2-1	CD-1-1	CD-2-5	CS-1-1	CS-2-2	CS-3-2
SN16	JS-1-1	JS-1-2	JS-1-3	—	JS-2-2	JS-2-3	JZ-1-2	JZ-2-1	CD-1-1	CD-2-5	CS-1-1	CS-2-1	CS-3-2
SN17	JS-1-1	JS-1-2	—	JS-2-1	—	—	JZ-1-2	JZ-2-3	CD-1-1	CD-2-4	CS-1-3	CS-2-3	CS-3-3
SN18	—	JS-1-2	JS-1-3	—	JS-2-2	—	JZ-1-2	JZ-2-1	CD-1-3	CD-2-5	CS-1-1	CS-2-2	CS-3-3
SB01	—	JS-1-2	JS-1-3	—	—	—	JZ-1-2	JZ-2-1	CD-1-1	CD-2-5	CS-1-1	CS-2-2	CS-3-1
SB02	—	JS-1-2	JS-1-3	JS-2-1	—	JS-2-3	JZ-1-2	JZ-2-1	CD-1-3	CD-2-5	CS-1-1	CS-2-2	CS-3-3
SB03	—	JS-1-2	—	—	—	JS-2-3	JZ-1-2	JZ-2-1	CD-1-3	CD-2-5	CS-1-1	CS-2-2	CS-3-2
SB04	—	JS-1-2	JS-1-3	JS-2-1	—	JS-2-3	JZ-1-2	JZ-2-2	CD-1-1	CD-2-1	CS-1-1	CS-2-2	CS-3-3
SB05	—	JS-1-2	JS-1-3	—	—	JS-2-3	JZ-1-2	JZ-2-1	CD-1-3	CD-2-5	CS-1-3	CS-2-3	CS-3-2
SB06	—	JS-1-2	—	JS-2-1	JS-2-2	JS-2-3	JZ-1-2	JZ-2-1	CD-1-3	CD-2-5	CS-1-3	CS-2-2	CS-3-1
SB07	—	JS-1-2	JS-1-3	—	—	JS-2-3	JZ-1-2	JZ-2-1	CD-1-3	CD-2-5	CS-1-1	CS-2-3	CS-3-3
SB08	—	JS-1-2	—	—	—	JS-2-3	JZ-1-2	JZ-2-1	CD-1-3	CD-2-3	CS-1-2	CS-2-1	CS-3-2
SB09	—	JS-1-2	—	JS-2-1	—	—	JZ-1-2	JZ-2-1	CD-1-3	CD-2-4	CS-1-1	CS-2-1	CS-3-3
SB10	—	JS-1-2	—	JS-2-1	—	—	JZ-1-2	JZ-2-1	CD-1-3	CD-2-4	CS-1-2	CS-2-2	CS-3-2

续表

序号	JS-1			JS-2			JZ-1	JZ-2	CD-1	CD-2	CS-1	CS-2	CS-3
SB11	—	JS-1-2	—	—	—	—	JZ-1-2	JZ-2-1	CD-1-1	CD-2-3	CS-1-1	CS-2-2	CS-3-2
SB12	—	JS-1-2	JS-1-3	JS-2-1	JS-2-2	—	JZ-1-2	JZ-2-1	CD-1-1	CD-2-5	CS-1-1	CS-2-1	CS-3-2
SB13	—	JS-1-2	—	JS-2-1	JS-2-2	JS-2-3	JZ-1-2	JZ-2-1	CD-1-1	CD-2-4	CS-1-1	CS-2-2	CS-3-2
SB14	—	JS-1-2	JS-1-3	—	—	JS-2-3	JZ-1-2	JZ-2-1	CD-1-3	CD-2-5	CS-1-1	CS-2-2	CS-3-3
SB15	—	JS-1-2	—	JS-2-1	—	—	JZ-1-2	JZ-2-1	CD-1-2	CD-2-4	CS-1-1	CS-2-1	CS-3-3
SB16	—	JS-1-2	JS-1-3	JS-2-1	—	—	JZ-1-2	JZ-2-1	CD-1-1	CD-2-5	CS-1-1	CS-2-3	CS-3-1
SB17	—	JS-1-2	JS-1-3	JS-2-1	JS-2-2	—	JZ-1-2	JZ-2-1	CD-1-1	CD-2-5	CS-1-1	CS-2-2	CS-3-3
SB18	—	JS-1-2	—	JS-2-1	—	JS-2-3	JZ-1-2	JZ-2-1	CD-1-2	CD-2-4	CS-1-1	CS-2-1	CS-3-2
SB19	—	JS-1-2	JS-1-3	JS-2-1	—	JS-2-3	JZ-1-2	JZ-2-1	CD-1-3	CD-2-5	CS-1-3	CS-2-2	CS-3-3
SB20	—	JS-1-2	—	JS-2-1	—	JS-2-3	JZ-1-2	JZ-2-1	CD-1-1	CD-2-4	CS-1-1	CS-2-2	CS-3-2
SB21	—	JS-1-2	JS-1-3	JS-2-1	—	JS-2-3	JZ-1-2	JZ-2-1	CD-1-2	CD-2-4	CS-1-1	CS-2-1	CS-3-2
SB22	—	JS-1-2	—	—	—	JS-2-3	JZ-1-2	JZ-2-1	CD-1-3	CD-2-5	CS-1-2	CS-2-2	CS-3-2
SB23	—	JS-1-2	JS-1-3	JS-2-1	—	—	JZ-1-2	JZ-2-1	CD-1-1	CD-2-4	CS-1-1	CS-2-2	CS-3-2
SB24	—	—	JS-1-3	JS-2-1	—	—	JZ-1-2	JZ-2-1	CD-1-3	CD-2-4	CS-1-1	CS-2-2	CS-3-2
SB25	—	JS-1-2	—	JS-2-1	—	JS-2-3	JZ-1-2	JZ-2-1	CD-1-1	CD-2-1	CS-1-1	CS-2-2	CS-3-2
SB26	—	JS-1-2	—	JS-2-1	—	JS-2-3	JZ-1-2	JZ-2-1	CD-1-3	CD-2-3	CS-1-1	CS-2-2	CS-3-2
SB27	—	JS-1-2	JS-1-3	—	—	—	JZ-1-2	JZ-2-1	CD-1-3	CD-2-5	CS-1-1	CS-2-2	CS-3-2
SB28	—	JS-1-2	—	JS-2-1	JS-2-2	—	JZ-1-2	JZ-2-1	CD-1-1	CD-2-4	CS-1-1	CS-2-2	CS-3-2
SB29	—	JS-1-2	—	—	—	—	JZ-1-2	JZ-2-1	CD-1-2	CD-2-3	CS-1-2	CS-2-2	CS-3-2
SB30	—	JS-1-2	—	JS-2-1	—	JS-2-3	JZ-1-2	JZ-2-1	CD-1-2	CD-2-4	CS-1-1	CS-2-3	CS-3-3
SB31	—	JS-1-2	JS-1-3	JS-2-1	—	JS-2-3	JZ-1-2	JZ-2-1	CD-1-3	CD-2-5	CS-1-1	CS-2-1	CS-3-3
SB32	—	JS-1-2	JS-1-3	—	—	JS-2-3	JZ-1-2	JZ-2-1	CD-1-3	CD-2-3	CS-1-1	CS-2-2	CS-3-1
SB33	—	JS-1-2	JS-1-3	JS-2-1	—	—	JZ-1-2	JZ-2-1	CD-1-1	CD-2-3	CS-1-1	CS-2-3	CS-3-1
SB34	—	JS-1-2	—	JS-2-1	—	—	JZ-1-2	JZ-2-1	CD-1-3	CD-2-5	CS-1-1	CS-2-2	CS-3-2
SB35	—	JS-1-2	—	JS-2-1	—	—	JZ-1-2	JZ-2-1	CD-1-1	CD-2-3	CS-1-2	CS-2-1	CS-3-2
SB36	—	JS-1-2	JS-1-3	JS-2-1	JS-2-2	—	JZ-1-2	JZ-2-2	CD-1-1	CD-2-3	CS-1-2	CS-2-1	CS-3-2
SB37	—	JS-1-2	—	JS-2-1	JS-2-2	—	JZ-1-2	JZ-2-1	CD-1-1	CD-2-5	CS-1-1	CS-2-2	CS-3-2

续表

序号	JS-1			JS-2			JZ-1	JZ-2	CD-1	CD-2	CS-1	CS-2	CS-3
SB38	—	JS-1-2	—	—	—	JS-2-3	JZ-1-2	JZ-2-2	CD-1-3	CD-2-5	CS-1-1	CS-2-2	CS-3-2
SB39	—	JS-1-2	—	—	—	JS-2-3	JZ-1-2	JZ-2-1	CD-1-1	CD-2-1	CS-1-1	CS-2-2	CS-3-3
SB40	—	JS-1-2	—	JS-2-1	—	JS-2-3	JZ-1-2	JZ-2-1	CD-1-3	CD-2-5	CS-1-1	CS-2-2	CS-3-2
SB41	—	JS-1-2	JS-1-3	JS-2-1	—	JS-2-3	JZ-1-2	JZ-2-1	CD-1-3	CD-2-5	CS-1-1	CS-2-2	CS-3-3
SB42	—	JS-1-2	JS-1-3	JS-2-1	JS-2-2	—	JZ-1-2	JZ-2-1	CD-1-3	CD-2-5	CS-1-1	CS-2-3	CS-3-2
SB43	—	—	JS-1-3	JS-2-1	JS-2-2	—	JZ-1-2	JZ-2-2	CD-1-1	CD-2-1	CS-1-1	CS-2-3	CS-3-2
SB44	—	JS-1-2	JS-1-3	—	—	JS-2-3	JZ-1-2	JZ-2-1	CD-1-3	CD-2-5	CS-1-1	CS-2-3	CS-3-1
SB45	—	JS-1-2	—	JS-2-1	JS-2-2	—	JZ-1-2	JZ-2-1	CD-1-3	CD-2-5	CS-1-2	CS-2-2	CS-3-2
SB46	—	—	JS-1-3	—	—	JS-2-3	JZ-1-2	JZ-2-1	CD-1-3	CD-2-5	CS-1-3	CS-2-3	CS-3-1
SB47	—	JS-1-2	—	JS-2-1	—	JS-2-3	JZ-1-2	JZ-2-1	CD-1-2	CD-2-2	CS-1-1	CS-2-3	CS-3-3
SB48	—	JS-1-2	JS-1-3	JS-2-1	—	—	JZ-1-1	JZ-2-2	CD-1-2	CD-2-3	CS-1-3	CS-2-3	CS-3-3
SB49	—	JS-1-2	JS-1-3	JS-2-1	—	—	JZ-1-2	JZ-2-1	CD-1-1	CD-2-5	CS-1-1	CS-2-1	CS-3-2
SB50	—	—	JS-1-3	JS-2-1	JS-2-2	—	JZ-1-1	JZ-2-1	CD-1-1	CD-2-5	CS-1-1	CS-2-1	CS-3-3
SB51	—	—	JS-1-3	JS-2-1	JS-2-2	—	JZ-1-2	JZ-2-3	CD-1-2	CD-2-4	CS-1-1	CS-2-1	CS-3-3
SB52	—	JS-1-2	—	—	—	JS-2-3	JZ-1-2	JZ-2-1	CD-1-3	CD-2-5	CS-1-1	CS-2-2	CS-3-2
SB53	—	—	JS-1-3	JS-2-1	JS-2-2	—	JZ-1-2	JZ-2-1	CD-1-1	CD-2-4	CS-1-1	CS-2-1	CS-3-3
SB54	—	JS-1-2	—	JS-2-1	—	JS-2-3	JZ-1-2	JZ-2-1	CD-1-2	CD-2-5	CS-1-1	CS-2-1	CS-3-2
SB55	JS-1-1	JS-1-2	JS-1-3	JS-2-1	JS-2-2	—	JZ-1-2	JZ-2-1	CD-1-1	CD-2-4	CS-1-1	CS-2-3	CS-3-2
SB56	—	JS-1-2	JS-1-3	JS-2-1	—	—	JZ-1-2	JZ-2-1	CD-1-2	CD-2-5	CS-1-1	CS-2-2	CS-3-3
SB57	—	JS-1-2	JS-1-3	—	—	JS-2-3	JZ-1-2	JZ-2-2	CD-1-2	CD-2-5	CS-1-2	CS-2-2	CS-3-2
SB58	—	JS-1-2	—	JS-2-1	—	—	JZ-1-2	JZ-2-1	CD-1-1	CD-2-4	CS-1-3	CS-2-1	CS-3-1
SB59	—	JS-1-2	JS-1-3	JS-2-1	—	—	JZ-1-2	JZ-2-1	CD-1-1	CD-2-4	CS-1-2	CS-2-1	CS-3-2
SB60	—	JS-1-2	—	JS-2-1	JS-2-2	—	JZ-1-2	JZ-2-2	CD-1-1	CD-2-5	CS-1-1	CS-2-2	CS-3-1
SB61	JS-1-1	JS-1-2	JS-1-3	JS-2-1	JS-2-2	—	JZ-1-2	JZ-2-1	CD-1-1	CD-2-4	CS-1-1	CS-2-3	CS-3-1
SB62	—	JS-1-2	—	JS-2-1	—	—	JZ-1-2	JZ-2-1	CD-1-3	CD-2-5	CS-1-1	CS-2-3	CS-3-2
LC01	JS-1-1	JS-1-2	—	JS-2-1	JS-2-2	—	JZ-1-1	JZ-2-1	CD-1-1	CD-2-3	CS-1-3	CS-2-3	CS-3-1
LC02	—	JS-1-2	JS-1-3	JS-2-1	JS-2-2	—	JZ-1-2	JZ-2-1	CD-1-1	CD-2-1	CS-1-3	CS-2-3	CS-3-1
LC03	—	JS-1-2	JS-1-3	JS-2-1	JS-2-2	—	JZ-1-2	JZ-2-1	CD-1-2	CD-2-5	CS-1-3	CS-2-3	CS-3-1

续表

序号	JS-1			JS-2			JZ-1	JZ-2	CD-1	CD-2	CS-1	CS-2	CS-3
LC04	—	JS-1-2	—	JS-2-1	—	—	JZ-1-2	JZ-2-1	CD-1-1	CD-2-4	CS-1-1	CS-2-2	CS-3-2
LC05	—	JS-1-2	JS-1-3	JS-2-1	—	—	JZ-1-2	JZ-2-1	CD-1-2	CD-2-5	CS-1-1	CS-2-1	CS-3-2
LC06	—	JS-1-2	—	—	—	JS-2-3	JZ-1-2	JZ-2-1	CD-1-3	CD-2-4	CS-1-1	CS-2-1	CS-3-2
LC07	—	JS-1-2	—	—	—	—	JZ-1-3	JZ-2-1	CD-1-1	CD-2-4	CS-1-2	CS-2-3	CS-3-2
LC08	—	—	JS-1-3	JS-2-1	—	—	JZ-1-2	JZ-2-1	CD-1-1	CD-2-5	CS-1-1	CS-2-1	CS-3-3
LC09	—	JS-1-2	—	JS-2-1	—	JS-2-3	JZ-1-2	JZ-2-1	CD-1-3	CD-2-4	CS-1-1	CS-2-2	CS-3-3
LC10	—	JS-1-2	—	JS-2-1	—	—	JZ-1-2	JZ-2-1	CD-1-3	CD-2-5	CS-1-1	CS-2-2	CS-3-3
LC11	—	JS-1-2	—	JS-2-1	—	—	JZ-1-2	JZ-2-1	CD-1-3	CD-2-5	CS-1-1	CS-2-2	CS-3-1
LC12	—	JS-1-2	JS-1-3	JS-2-1	—	—	JZ-1-2	JZ-2-1	CD-1-2	CD-2-5	CS-1-1	CS-2-1	CS-3-2
LC13	—	JS-1-2	JS-1-3	—	—	JS-2-3	JZ-1-2	JZ-2-1	CD-1-3	CD-2-5	CS-1-1	CS-2-1	CS-3-3
LC14	—	JS-1-2	—	JS-2-1	—	JS-2-3	JZ-1-2	JZ-2-1	CD-1-3	CD-2-5	CS-1-2	CS-2-1	CS-3-2
LC15	—	—	JS-1-3	—	—	—	JZ-1-1	JZ-2-1	CD-1-3	CD-2-5	CS-1-1	CS-2-2	CS-3-2
LC16	—	—	JS-1-3	JS-2-1	—	JS-2-3	JZ-1-1	JZ-2-1	CD-1-3	CD-2-5	CS-1-1	CS-2-2	CS-3-1
LC17	—	JS-1-2	—	JS-2-1	—	JS-2-3	JZ-1-2	JZ-2-1	CD-1-3	CD-2-5	CS-1-1	CS-2-2	CS-3-2
LC18	—	JS-1-2	—	JS-2-1	—	—	JZ-1-2	JZ-2-1	CD-1-3	CD-2-3	CS-1-1	CS-2-1	CS-3-2
LC19	—	JS-1-2	—	JS-2-1	—	JS-2-3	JZ-1-2	JZ-2-1	CD-1-3	CD-2-5	CS-1-1	CS-2-3	CS-3-2
LC20	—	—	JS-1-3	—	—	—	JZ-1-2	JZ-2-1	CD-1-3	CD-2-1	CS-1-1	CS-2-2	CS-3-2
LC21	—	JS-1-2	—	JS-2-1	JS-2-2	—	JZ-1-2	JZ-2-1	CD-1-2	CD-2-4	CS-1-3	CS-2-3	CS-3-1
LC22	JS-1-1	JS-1-2	—	JS-2-1	JS-2-2	—	JZ-1-2	JZ-2-1	CD-1-2	CD-2-4	CS-1-3	CS-2-3	CS-3-1
LC23	—	JS-1-2	JS-1-3	JS-2-1	JS-2-2	—	JZ-1-2	JZ-2-1	CD-1-3	CD-2-3	CS-1-1	CS-2-3	CS-3-1
LS01	—	JS-1-2	—	JS-2-1	—	JS-2-3	JZ-1-1	JZ-2-1	CD-1-1	CD-2-2	CS-1-1	CS-2-2	CS-3-1
LS02	—	JS-1-2	—	JS-2-1	—	—	JZ-1-2	JZ-2-1	CD-1-1	CD-2-5	CS-1-1	CS-2-2	CS-3-1
LS03	—	JS-1-2	JS-1-3	JS-2-1	—	JS-2-3	JZ-1-2	JZ-2-1	CD-1-2	CD-2-5	CS-1-1	CS-2-2	CS-3-1
LS04	—	JS-1-2	JS-1-3	JS-2-1	—	—	JZ-1-2	JZ-2-1	CD-1-2	CD-2-3	CS-1-1	CS-2-3	CS-3-1
LS05	—	—	—	JS-2-1	—	JS-2-3	JZ-1-2	JZ-2-1	CD-1-1	CD-2-3	CS-1-1	CS-2-3	CS-3-1
LS06	—	JS-1-2	JS-1-3	JS-2-1	JS-2-2	—	JZ-1-2	JZ-2-1	CD-1-1	CD-2-4	CS-1-1	CS-2-3	CS-3-1
LS07	JS-1-1	JS-1-2	JS-1-3	JS-2-1	JS-2-2	—	JZ-1-2	JZ-2-1	CD-1-1	CD-2-5	CS-1-1	CS-2-3	CS-3-2
LS08	—	JS-1-2	—	JS-2-1	JS-2-2	—	JZ-1-2	JZ-2-1	CD-1-1	CD-2-4	CS-1-3	CS-2-3	CS-3-1
LS09	JS-1-1	JS-1-2	—	JS-2-1	JS-2-2	—	JZ-1-1	JZ-2-3	CD-1-1	CD-2-4	CS-1-1	CS-2-2	CS-3-1

附录 1-6　空间总体环境质量等级划归数据统计

评级	全体（112家）数量/家	比重/%	市南（18家）数量/家	比重/%	市北（62家）数量/家	比重/%	李沧（23家）数量/家	比重/%	崂山（9家）数量/家	比重/%
Ⅰ	47	42	4	22	31	50	11	48	1	11
Ⅱ	32	29	6	33	19	31	5	22	2	22
Ⅲ	17	15	5	28	6	10	4	17	2	22
Ⅳ	9	8	0	0	4	6	2	9	3	33
Ⅴ	7	6	3	17	2	3	1	4	1	11

附录 1-7　一级评价要素空间环境质量等级划归数据统计

评级"★"	全体（112家）数量/家	比重/%	市南（18家）数量/家	比重/%	市北（62家）数量/家	比重/%	李沧（23家）数量/家	比重/%	崂山（9家）数量/家	比重/%
K1 居室空间	28	25	9	50	11	18	4	17	4	44
K2 建筑空间	41	37	8	44	20	32	9	39	4	44
K3 场地空间	29	26	6	33	13	21	6	26	4	44
K4 城市空间	24	21	6	33	7	11	4	17	7	78

附录 1-8　二级评价要素空间环境质量等级划归数据统计

K1 居室空间评级	K1-1 气候生态 数量/家	比重/%	K1-2 环卫整理 数量/家	比重/%	K1-3 无障碍设施 数量/家	比重/%	K1-4 器具设备 数量/家	比重/%	K1-5 效能实用 数量/家	比重/%	K1-6 外观样式 数量/家	比重/%	K1-7 建设水准 数量/家	比重/%
优	3	3	7	6	5	4	5	4	4	4	9	8	6	5
良	75	57	27	24	16	14	22	20	7	6	35	31	37	33
合计	78	60	34	30	21	18	27	24	11	10	44	39	43	38
中	29	36	66	59	78	70	54	48	55	49	56	50	61	54
差	5	4	12	11	13	12	31	28	46	41	12	11	8	7
合计	34	40	78	70	91	82	85	76	101	90	68	61	69	61

K2 建筑空间评级	K2-1 气候生态 数量/家	比重/%	K2-2 环卫整理 数量/家	比重/%	K2-3 无障碍设施 数量/家	比重/%	K2-4 器具设备 数量/家	比重/%	K2-5 效能实用 数量/家	比重/%	K2-6 外观样式 数量/家	比重/%	K2-7 建设水准 数量/家	比重/%
优	6	5	9	8	7	6	5	4	2	2	8	7	7	6
良	23	21	47	42	39	35	35	31	12	11	42	38	43	38
合计	29	26	56	50	46	41	40	35	14	13	50	45	50	44
中	62	55	48	43	51	46	50	45	51	46	51	46	49	44
差	21	19	8	7	15	13	22	20	47	41	11	10	13	12
合计	83	74	56	50	66	59	72	65	98	87	62	56	62	56

K3 场地空间评级	K3-1 气候生态 数量/家	比重/%	K3-2 环卫整理 数量/家	比重/%	K3-3 无障碍设施 数量/家	比重/%	K3-4 器具设备 数量/家	比重/%	K3-5 效能实用 数量/家	比重/%	K3-6 外观样式 数量/家	比重/%	K3-7 建设水准 数量/家	比重/%
优	8	7	4	4	2	2	7	6	5	4	7	6	7	6
良	23	21	26	23	17	15	22	20	10	8	35	31	21	19
合计	31	28	30	27	19	17	29	26	15	12	42	37	28	25
中	20	18	27	24	31	28	20	21	27	24	15	13	26	23
差	8	7	2	2	9	8	11	10	19	17	3	3	5	4
合计	28	25	29	26	40	36	35	27	46	41	18	16	31	27

续表

K4 城市空间评级	K4-1 气候生态		K4-2 环卫整理		K4-3 无障碍设施		K4-4 器具设备		K4-5 效能实用		K4-6 外观样式		K4-7 建设水准	
	数量/家	比重/%	数量/家	比重/%	数量/家	比重/%	数量/家	比重/%	数量/家	比重/%	数量/家	比重/%	数量/家	比重/%
优	7	6	3	3	3	3	6	5	7	6	6	5	8	7
良	41	37	39	35	31	27	26	23	16	14	34	30	40	36
合计	48	43	42	38	34	30	32	28	23	20	40	35	48	43
中	56	50	55	49	67	60	41	37	40	36	62	55	56	50
差	8	7	15	13	11	10	39	35	49	44	11	10	8	7
合计	64	57	70	62	78	70	80	72	89	80	73	65	64	57

附录 1-9 空间环境质量赋值得分数据统计

一级评价要素		二级评价要素						
K1 居室空间		K1-1 气候生态	K1-2 环卫整理	K1-3 无障碍设施	K1-4 器具设备	K1-5 效能实用	K1-6 外观样式	K1-7 建设水准
空间环境质量总体平均得分 2.4 分	市南	2.7	3.2	2.7	2.5	2.3	2.0	2.9	2.8
	市北	2.6	3.2	2.6	2.4	2.2	1.9	2.7	2.7
	李沧	2.9	3.4	2.9	2.8	2.7	2.1	3.0	2.9
	崂山	3.3	3.5	3.6	3.3	2.7	2.3	3.2	3.3
	全体	2.6	3.2	2.7	2.5	2.3	2.0	2.8	2.8
K2 建筑空间		K2-1 气候生态	K2-2 环卫整理	K2-3 无障碍设施	K2-4 器具设备	K2-5 效能实用	K2-6 外观样式	K2-7 建设水准
	市南	2.5	2.5	3.0	3.2	2.6	2.0	2.8	2.9
	市北	2.7	2.4	3.0	3.0	2.6	1.9	2.5	2.8
	李沧	3.1	3.1	3.4	3.0	2.9	2.0	2.6	3.0
	崂山	3.3	3.1	3.7	3.3	2.9	2.3	3.1	3.6
	全体	2.7	2.5	3.0	3.2	2.6	1.9	2.6	2.9
K3 场地空间		K3-1 气候生态	K3-2 环卫整理	K3-3 无障碍设施	K3-4 器具设备	K3-5 效能实用	K3-6 外观样式	K3-7 建设水准
	市南	1.5	1.6	1.6	1.6	1.8	1.4	1.9	1.6
	市北	1.3	1.5	1.6	1.5	1.7	1.2	1.7	1.5
	李沧	1.7	1.8	1.9	1.6	1.9	1.3	2.0	1.9
	崂山	2.1	2.1	2.5	2.4	2.3	1.8	2.4	2.2
	全体	1.6	1.6	1.6	1.6	2.0	1.2	1.8	1.6
K4 城市空间		K4-1 气候生态	K4-2 环卫整理	K4-3 无障碍设施	K4-4 器具设备	K4-5 效能实用	K4-6 外观样式	K4-7 建设水准
	市南	3.0	2.9	3.0	3.1	2.9	2.4	3.0	3.1
	市北	2.5	2.7	2.5	2.5	2.8	2.2	2.5	2.7
	李沧	2.7	2.9	2.9	2.3	2.7	2.0	2.4	2.5
	崂山	3.2	3.6	3.4	2.8	3.5	2.2	3.0	2.6
	全体	2.6	2.8	2.7	2.6	2.8	2.2	2.6	2.8

附录 1–10　空间组织模式类型划归数据统计

模式类型			全体（112家）		市南（18家）		市北（62家）		李沧（23家）		崂山（9家）	
			数量/个	比重/%	数量/个	比重/%	数量/个	比重/%	数量/个	比重/%	数量/个	比重/%
居室空间	JS-1	JS-1-1 单人空间	11	10	5	28	2	3	2	9	2	22
		JS-1-2 双人空间	99	88	16	89	55	89	19	83	9	100
		JS-1-3 多人空间	54	48	9	50	29	48	10	43	4	44
	JS-2	JS-2-1 客房式	83	74	14	78	42	68	18	78	9	100
		JS-2-2 病房式	32	29	6	33	17	27	5	22	4	44
		JS-2-3 自适应式	47	42	7	39	30	48	7	30	3	33
建筑空间	JZ-1	JZ-1-1 外廊式	23	20	0	0	2	3	2	9	1	11
		JZ-1-2 内廊式	88	79	17	94	60	97	20	87	8	89
		JZ-1-3 复合式	1	1	1	6	0	0	1	4	0	0
	JZ-2	JZ-2-1 尽端式	99	88	14	78	54	87	23	100	8	89
		JZ-2-2 回路式	9	8	2	11	7	11	0	0	0	0
		JZ-2-3 复合式	4	4	2	11	1	2	0	0	1	11
场地空间	CD-1	CD-1-1 分体式	46	41	8	44	24	39	7	30	7	78
		CD-1-2 连体式	22	20	4	22	11	18	5	22	2	22
		CD-1-3 附属式	44	39	6	33	27	44	11	48	0	0
	CD-2	CD-2-1 场地包围建筑式	9	8	3	17	4	6	2	9	0	0
		CD-2-2 建筑包围场地式	4	4	1	6	2	3	0	0	1	11
		CD-2-3 场地建筑交错式	18	16	4	22	12	20	3	13	2	22
		CD-2-4 建筑场地并立式	28	25	3	17	16	26	6	26	3	33
		CD-2-5 无场地式	53	47	7	39	37	60	14	63	3	33
城市空间	CS-1	CS-1-1 住宅主导型	84	75	13	72	47	76	16	70	7	80
		CS-1-2 均衡型	13	12	3	17	8	13	2	9	0	0
		CS-1-3 非住宅主导型	15	13	2	11	7	11	5	22	1	11
	CS-2	CS-2-1 高密度型	24	21	5	28	12	19	7	30	0	0
		CS-2-2 中密度型	59	53	11	61	36	58	8	35	4	44
		CS-2-3 低密度型	29	26	2	11	14	23	8	35	5	56
	CS-3	CS-3-1 大型街区	26	23	1	6	10	16	7	30	8	89
		CS-3-2 中型街区	57	51	10	56	34	55	12	52	1	11
		CS-3-3 小型街区	29	26	7	39	18	29	4	17	0	0

附录 2 空间满意度评价资料

附录 2-1 青岛市养老机构空间满意度调查问卷

（实际使用的调查问卷与此不同，文字更大。）

尊敬的老前辈！您好！ 　　受青岛市民政相关部门的委托，我们正在开展一项研究，目的是系统深入地了解当前养老院空间的设计与使用情况，发现其中存在的问题，并提出相应的改进措施。为此，我们希望能够了解到您的一些真实看法。 　　请您根据您日常生活中的真实感受和体验，来完成下面这些题目。	
在您答题之前，请先了解一下关于空间类型的解释： 　　居室空间——是指您日常生活所在的房间。 　　建筑空间——是指在建筑物的内部，除了您的房间以外的公共部分。 　　场地空间——是指养老院用地范围内的室外空间。您可以理解为"养老院的院子"。 　　城市空间——是指养老院周边的城市空间的公共部分。您可以理解为"平时到养老院外面散步或闲逛所去的那些地方"。	
单项选择题，请在您想选的答案上打"√"。	
您对您所在的这所养老机构的总体空间环境满意吗？ A. 非常满意　　B. 比较满意　　C. 一般　　D. 不太满意　　E. 很不满意	
K1	您对居室空间环境满意吗？ A. 非常满意　　B. 比较满意　　C. 一般　　D. 不太满意　　E. 很不满意
K1-1	您对居室空间的气候生态（采光通风条件、环境噪声水平等方面的综合）满意吗？ A. 非常满意　　B. 比较满意　　C. 一般　　D. 不太满意　　E. 很不满意
K1-2	您对居室空间的环卫整理（储藏空间的数量与合理性、各类物品归置的合理性与齐整性、环境卫生情况等多方面的综合）满意吗？ A. 非常满意　　B. 比较满意　　C. 一般　　D. 不太满意　　E. 很不满意
K1-3	您对居室空间的无障碍设施（各类提高老年人使用便利性、安全性等方面专门设计的综合，比如扶手、坡道、防滑地面、提示标牌等）满意吗？ A. 非常满意　　B. 比较满意　　C. 一般　　D. 不太满意　　E. 很不满意
K1-4	您对居室空间的器具设备（各类家具、电器、设备、器械等生活服务用品的综合）满意吗？ A. 非常满意　　B. 比较满意　　C. 一般　　D. 不太满意　　E. 很不满意
K1-5	您对居室空间的效能实用（功能必要性、功能合理性、使用便利性、使用舒适性等多方面的综合）满意吗？ A. 非常满意　　B. 比较满意　　C. 一般　　D. 不太满意　　E. 很不满意
K1-6	您对居室空间的外观样式（空间的样式形状、环境装饰、色彩搭配、材料质感等多方面的综合）满意吗？ A. 非常满意　　B. 比较满意　　C. 一般　　D. 不太满意　　E. 很不满意
K1-7	您对居室空间的建设水准（空间的新旧程度、用料档次、施工水平等多方面的综合）满意吗？ A. 非常满意　　B. 比较满意　　C. 一般　　D. 不太满意　　E. 很不满意
K2	您对建筑空间环境满意吗？ A. 非常满意　　B. 比较满意　　C. 一般　　D. 不太满意　　E. 很不满意
K2-1	您对建筑空间的气候生态（采光条件、通风条件、噪声水平、环境温度等多方面的综合）满意吗？ A. 非常满意　　B. 比较满意　　C. 一般　　D. 不太满意　　E. 很不满意
K2-2	您对建筑空间的环卫整理（储藏空间的数量与合理性、各类物品归置的合理性与齐整性、环境卫生情况等多方面的综合）满意吗？ A. 非常满意　　B. 比较满意　　C. 一般　　D. 不太满意　　E. 很不满意

续表

K2-3	您对建筑空间的无障碍设施（各类提高老年人使用便利性、安全性等方面专门设计的综合，比如扶手、坡道、防滑地面、提示标牌等）满意吗？ A. 非常满意　　B. 比较满意　　C. 一般　　D. 不太满意　　E. 很不满意
K2-4	您对建筑空间的器具设备（各类家具、电器、设备、器械等生活服务用品的综合）满意吗？ A. 非常满意　　B. 比较满意　　C. 一般　　D. 不太满意　　E. 很不满意
K2-5	您对建筑空间的效能实用（功能必要性、功能合理性、使用便利性、使用舒适性等多方面的综合）满意吗？ A. 非常满意　　B. 比较满意　　C. 一般　　D. 不太满意　　E. 很不满意
K2-6	您对建筑空间的外观样式（空间的样式形状、环境装饰、色彩搭配、材料质感等多方面的综合）满意吗？ A. 非常满意　　B. 比较满意　　C. 一般　　D. 不太满意　　E. 很不满意
K2-7	您对建筑空间的建设水准（空间的新旧程度、用料档次、施工水平等多方面的综合）满意吗？ A. 非常满意　　B. 比较满意　　C. 一般　　D. 不太满意　　E. 很不满意
K3	您对场地空间环境满意吗？ A. 非常满意　　B. 比较满意　　C. 一般　　D. 不太满意　　E. 很不满意
K3-1	您对场地空间的气候生态（采光条件、空气质量、噪声水平、景观绿化等多方面的综合）满意吗？ A. 非常满意　　B. 比较满意　　C. 一般　　D. 不太满意　　E. 很不满意
K3-2	您对场地空间的环卫整理（各类车辆的停放情况、各类物品归置的合理性与齐整性、环境卫生情况等多方面的综合）满意吗？ A. 非常满意　　B. 比较满意　　C. 一般　　D. 不太满意　　E. 很不满意
K3-3	您对场地空间的无障碍设施（各类提高老年人使用便利性、安全性等方面专门设计的综合，比如扶手、坡道、防滑地面、提示标牌等）满意吗？ A. 非常满意　　B. 比较满意　　C. 一般　　D. 不太满意　　E. 很不满意
K3-4	您对场地空间的器具设备（可用于休闲、交往、娱乐、健身等日常活动的综合设施，包括廊亭、桌椅、健身器材等）满意吗？ A. 非常满意　　B. 比较满意　　C. 一般　　D. 不太满意　　E. 很不满意
K3-5	您对场地空间的效能实用（功能必要性、功能合理性、使用便利性、使用舒适性等多方面的综合）满意吗？ A. 非常满意　　B. 比较满意　　C. 一般　　D. 不太满意　　E. 很不满意
K3-6	您对场地空间的外观样式（空间的样式形状、环境装饰、色彩搭配、材料质感等多方面的综合）满意吗？ A. 非常满意　　B. 比较满意　　C. 一般　　D. 不太满意　　E. 很不满意
K3-7	您对场地空间的建设水准（空间的新旧程度、用料档次、施工水平等多方面的综合）满意吗？ A. 非常满意　　B. 比较满意　　C. 一般　　D. 不太满意　　E. 很不满意
K4	您对城市空间环境满意吗？ A. 非常满意　　B. 比较满意　　C. 一般　　D. 不太满意　　E. 很不满意
K4-1	您对城市空间的气候生态（采光条件、空气质量、噪声水平、景观绿化等多方面的综合）满意吗？ A. 非常满意　　B. 比较满意　　C. 一般　　D. 不太满意　　E. 很不满意
K4-2	您对城市空间的环卫整理（各类车辆的停放情况、各类物品归置的合理性与齐整性、环境卫生情况等多方面的综合）满意吗？ A. 非常满意　　B. 比较满意　　C. 一般　　D. 不太满意　　E. 很不满意
K4-3	您对城市空间的无障碍设施（各类提高老年人使用便利性、安全性等方面专门设计的综合，比如扶手、坡道、防滑地面、提示标牌等）满意吗？ A. 非常满意　　B. 比较满意　　C. 一般　　D. 不太满意　　E. 很不满意

K4-4	您对城市空间的器具设备（可用于休闲、交往、娱乐、健身等日常活动的综合设施，包括廊亭、桌椅、健身器材等）满意吗？ A. 非常满意　　B. 比较满意　　C. 一般　　D. 不太满意　　E. 很不满意
K4-5	您对城市空间的效能实用（功能必要性、功能合理性、使用便利性、使用舒适性等多方面的综合）满意吗？ A. 非常满意　　B. 比较满意　　C. 一般　　D. 不太满意　　E. 很不满意
K4-6	您对城市空间的外观样式（空间的样式形状、环境装饰、色彩搭配、材料质感等多方面的综合）满意吗？ A. 非常满意　　B. 比较满意　　C. 一般　　D. 不太满意　　E. 很不满意
K4-7	您对城市空间的建设水准（空间的新旧程度、用料档次、施工水平等多方面的综合）满意吗？ A. 非常满意　　B. 比较满意　　C. 一般　　D. 不太满意　　E. 很不满意

您对床位空间和居室空间之间的连接和过渡状况是否满意？ A. 非常满意　　B. 比较满意　　C. 一般　　D. 不太满意　　E. 很不满意
您对居室空间和建筑空间之间的连接和过渡状况是否满意？ A. 非常满意　　B. 比较满意　　C. 一般　　D. 不太满意　　E. 很不满意
您对建筑空间和场地空间之间的连接和过渡状况是否满意？ A. 非常满意　　B. 比较满意　　C. 一般　　D. 不太满意　　E. 很不满意
您对场地空间和城市空间之间的连接和过渡状况是否满意？ A. 非常满意　　B. 比较满意　　C. 一般　　D. 不太满意　　E. 很不满意

备注：

老年人信息	编号：　　　　性别：　　　　年龄：　　　　身体状况：
调查员姓名	问卷编号：

附录 2-2　空间总体满意度评价数据统计

单位：分

	样本机构	全体老人	男性老人	女性老人	低龄老人	高龄老人	自理老人	介助老人	介护老人
SB04	市北区慈爱敬老院	2.6	2.5	2.7	2.4	2.8	2.4	2.5	3.0
LS01	崂山区吉星老年公寓	3.1	3.1	3.1	2.8	3.4	2.7	3.0	3.5
LC04	李沧区阳光养老服务中心	3.4	3.5	3.3	3.3	3.5	3.3	3.3	3.6
SB61	青岛恒星老年公寓	3.6	3.5	3.7	3.4	3.8	3.2	3.6	4.0
SB55	青岛福彩四方老年公寓	3.8	3.7	3.9	3.5	4.1	3.5	3.7	4.2
	全体	3.3	3.3	3.3	3.1	3.5	3.0	3.2	3.7

附录2-3 一级评价要素满意度评价数据统计

单位：分

样本机构	K1居室空间								K2建筑空间								K3场地空间								K4城市空间							
	全体	男性	女性	低龄	高龄	自理	介助	介护	全体	男性	女性	低龄	高龄	自理	介助	介护	全体	男性	女性	低龄	高龄	自理	介助	介护	全体	男性	女性	低龄	高龄	自理	介助	介护
SB04	2.4	2.4	2.4	2.2	2.6	2.2	2.4	2.6	2.3	2.3	2.3	2.2	2.4	2.0	2.3	2.6	2.1	2.0	2.3	2.0	2.2	1.8	2.0	2.4	2.3	2.3	2.3	2.1	2.5	2.0	2.3	2.6
LS01	2.6	2.5	2.7	2.4	2.8	2.5	2.6	2.8	2.6	2.6	2.6	2.5	2.7	2.2	2.7	2.9	3.4	3.3	3.5	3.2	3.6	3.1	3.5	3.7	2.4	2.3	2.5	2.2	2.6	2.1	2.5	2.7
LC04	2.9	2.9	2.9	2.7	3.1	2.7	2.9	3.1	2.9	2.9	2.9	2.8	3.0	2.6	2.8	3.0	3.1	3.0	3.2	2.9	3.3	2.7	3.2	3.4	4.3	4.3	4.3	4.2	4.4	4.2	4.3	4.3
SB61	3.3	3.4	3.5	3.0	3.6	2.9	3.4	3.6	3.1	3.1	3.1	2.8	3.4	2.8	3.2	3.5	4.0	3.9	4.1	3.8	4.2	3.6	4.1	4.3	3.6	3.6	3.6	3.4	3.8	3.3	3.5	4.0
SB55	4.5	4.5	4.4	4.3	4.7	4.3	4.6	4.6	4.1	4.1	4.1	3.8	4.4	3.8	4.1	4.4	4.0	4.0	4.0	3.9	4.1	3.8	4.0	4.2	4.2	4.1	4.3	4.0	4.4	3.9	4.2	4.5
全体	3.2	3.2	3.2	3.0	3.4	2.9	3.2	3.4	3.2	3.2	3.2	3.1	3.3	2.8	3.2	3.5	3.4	3.3	3.5	3.2	3.6	2.9	3.6	3.7	3.4	3.5	3.3	3.2	3.6	3.1	3.5	3.8

附录2-4 全体老人二级评价要素满意度评价数据统计

单位：分

类型		K1-1	K1-2	K1-3	K1-4	K1-5	K1-6	K1-7	K2-1	K2-2	K2-3	K2-4	K2-5	K2-6	K2-7	K3-1	K3-2	K3-3	K3-4	K3-5	K3-6	K3-7	K4-1	K4-2	K4-3	K4-4	K4-5	K4-6	K4-7
全体老人	SB04	3.3	1.7	2.3	2.6	1.3	2.8	2.9	2.6	2.4	2.7	2.5	1.8	2.7	3.2	2.7	2.5	2.5	2.7	1.7	2.8	3.1	3.0	3.0	2.8	3.2	2.2	3.1	3.0
	LS01	3.8	2.0	2.3	3.0	1.5	3.5	3.5	2.8	3.0	3.1	2.6	2.0	3.1	3.2	3.5	3.2	3.3	3.9	2.7	3.8	3.4	3.6	3.3	2.8	3.3	2.3	3.4	3.5
	LC04	4.0	2.5	3.5	3.6	1.6	3.8	3.9	3.1	3.7	3.5	3.3	2.9	3.9	3.5	3.6	3.4	3.3	3.5	2.5	4.0	3.4	4.1	3.5	2.9	4.1	2.5	3.5	3.9
	SB61	4.0	3.7	3.3	3.7	2.4	3.8	4.0	3.0	3.9	3.8	3.6	2.5	3.7	3.9	3.9	3.6	3.2	3.9	2.8	4.1	4.1	4.3	4.1	3.3	3.2	2.7	4.0	4.3
	SB55	4.2	3.9	3.8	3.9	2.6	4.0	4.2	3.4	4.0	3.8	4.2	2.9	3.8	4.3	4.0	3.8	3.5	4.0	2.7	4.2	4.3	4.3	4.0	3.3	4.0	2.7	3.8	4.2
	全体	3.8	2.8	3.0	3.4	1.9	3.6	3.7	3.0	3.4	3.4	3.2	2.3	3.4	3.6	3.5	3.3	3.2	3.6	2.5	3.8	3.7	3.9	3.6	3.0	3.7	2.5	3.6	3.8

附录 2-5 不同性别老人二级评价要素满意度评价数据统计

单位：分

	类型	K1-1	K1-2	K1-3	K1-4	K1-5	K1-6	K1-7	K2-1	K2-2	K2-3	K2-4	K2-5	K2-6	K2-7	K3-1	K3-2	K3-3	K3-4	K3-5	K3-6	K3-7	K4-1	K4-2	K4-3	K4-4	K4-5	K4-6	K4-7
男性老人	SB04	2.8	2.5	2.3	2.5	1.3	2.7	2.5	2.5	2.5	2.7	2.6	2.0	2.5	3.0	2.6	2.3	2.5	2.7	1.8	2.7	3.0	3.1	3.2	3.0	3.1	2.4	3.0	2.9
	LS01	3.6	2.2	2.4	2.8	1.6	3.3	3.4	2.6	2.9	3.0	2.8	2.2	3.0	3.0	3.5	3.0	3.2	3.8	2.7	3.6	3.3	3.7	3.5	2.9	3.4	2.4	3.2	3.3
	LC04	4.1	2.7	3.6	3.6	1.8	3.7	3.7	3.0	3.6	3.4	3.5	3.0	3.7	3.3	3.5	3.3	3.4	3.3	2.6	3.9	3.2	4.1	3.6	3.1	4.6	2.6	3.3	3.6
	SB61	4.1	3.8	3.3	3.7	2.5	3.7	3.8	3.1	4.0	3.9	3.9	2.6	3.5	3.8	3.9	3.7	3.3	4.0	2.9	4.3	4.2	4.3	4.1	3.5	3.3	2.6	3.9	4.3
	SB55	4.1	4.0	3.8	3.9	2.5	3.9	4.2	3.5	3.9	3.7	4.1	2.9	3.6	4.1	4.0	3.9	3.4	3.9	2.8	4.0	4.2	4.5	4.1	3.6	4.2	3.0	4.0	4.4
	全体	3.8	3.5	3.0	3.3	2.0	3.4	3.6	2.9	3.4	3.4	3.4	2.4	3.3	3.5	3.3	3.2	3.2	3.5	2.5	3.6	3.6	4.0	3.8	3.2	3.8	2.6	3.4	3.7
女性老人	SB04	2.8	2.1	2.3	2.1	1.3	2.9	3.1	2.7	2.5	2.7	2.4	1.8	2.7	3.4	2.8	2.7	2.5	2.7	1.6	2.9	3.0	2.9	2.8	2.8	3.1	2.2	3.2	3.1
	LS01	3.8	1.8	2.2	3.2	1.4	3.7	3.6	3.0	3.1	3.0	2.4	1.8	3.2	3.4	3.5	3.4	3.4	4.0	2.7	4.0	3.5	3.5	3.1	2.7	3.2	2.2	3.6	3.7
	LC04	3.9	2.3	3.4	3.6	1.5	3.9	4.1	3.2	3.6	3.6	3.1	2.8	4.1	3.7	3.7	3.5	3.4	3.7	2.6	4.1	3.6	4.1	3.4	2.7	4.6	2.4	3.7	4.1
	SB61	3.9	3.6	3.3	3.7	2.3	3.9	4.2	2.9	3.8	3.9	3.3	2.4	3.9	4.0	3.9	3.5	3.1	3.8	2.7	3.9	4.0	4.3	4.1	3.1	3.1	2.8	4.1	4.3
	SB55	4.3	3.8	3.8	3.9	2.7	4.1	4.2	3.3	4.1	3.9	4.3	2.9	4.0	4.5	4.0	3.7	3.6	4.1	2.6	4.4	4.4	4.1	3.9	3.0	3.8	2.6	4.1	4.0
	全体	3.8	2.6	3.0	3.5	1.8	3.8	3.8	3.1	3.4	3.4	3.0	2.3	3.5	3.7	3.5	3.4	3.2	3.7	2.5	4.0	3.8	3.8	3.4	2.8	3.6	2.4	3.8	3.9

附录2-6　不同年龄老人二级评价要素满意度评价数据统计

单位：分

类型		K1-1	K1-2	K1-3	K1-4	K1-5	K1-6	K1-7	K2-1	K2-2	K2-3	K2-4	K2-5	K2-6	K2-7	K3-1	K3-2	K3-3	K3-4	K3-5	K3-6	K3-7	K4-1	K4-2	K4-3	K4-4	K4-5	K4-6	K4-7
低龄老人	SB04	2.5	1.7	2.4	2.6	1.7	2.7	2.8	2.5	2.4	2.8	2.4	1.7	2.5	3.0	2.6	2.4	2.6	2.6	1.7	2.6	2.8	2.8	2.8	3.0	2.9	2.1	2.9	2.8
	LS01	3.7	1.9	2.3	2.8	1.5	3.3	3.4	2.7	2.8	3.2	2.4	1.9	2.8	2.9	3.4	3.1	3.2	3.9	2.6	3.7	3.2	3.5	3.2	3.0	3.2	2.1	3.2	3.4
	LC04	3.8	2.3	3.5	3.4	1.5	3.6	3.7	3.0	3.7	3.6	3.2	2.7	3.6	3.3	3.5	3.2	3.2	3.3	2.4	3.8	3.1	3.9	3.3	2.8	4.5	2.5	3.4	3.8
	SB61	3.8	3.5	3.2	3.4	2.2	3.5	3.7	2.8	3.4	3.8	3.3	2.2	3.4	3.4	3.4	3.3	3.1	3.5	2.5	3.3	3.2	4.1	4.0	3.3	3.1	2.6	3.8	4.2
	SB55	4.0	3.6	3.8	3.7	2.3	3.7	4.1	3.1	3.8	3.7	4.0	2.7	3.5	4.1	3.7	3.4	3.5	3.7	2.6	3.9	3.9	4.1	3.7	3.5	3.7	2.4	3.4	4.0
	全体	3.6	2.6	3.0	3.2	1.8	3.3	3.5	2.9	3.2	3.5	3.0	2.1	3.1	3.4	3.4	3.2	3.1	3.3	2.3	3.6	3.3	3.7	3.5	3.2	3.4	2.2	3.3	3.7
高龄老人	SB04	3.0	2.4	2.2	2.6	1.3	2.9	3.0	2.7	2.4	2.6	2.6	1.9	2.9	3.4	2.8	2.6	2.4	2.8	1.7	3.0	3.4	3.2	3.2	2.6	3.5	2.4	3.3	3.2
	LS01	3.9	2.1	2.1	3.2	1.5	3.7	3.6	2.9	3.2	2.8	2.8	2.1	3.4	3.5	3.6	3.3	3.4	3.9	2.8	3.9	3.6	3.5	3.4	2.6	3.4	2.5	3.6	3.6
	LC04	4.2	2.7	3.5	3.8	1.7	4.0	4.1	3.2	3.7	3.4	3.4	3.1	4.2	3.7	3.7	3.6	3.4	3.7	2.6	4.2	3.7	4.3	3.7	3.0	4.7	2.5	3.6	4.0
	SB61	4.2	3.9	3.4	4.0	2.6	4.1	4.3	3.2	4.4	3.8	3.9	2.8	4.0	4.4	4.4	3.4	3.3	4.3	3.3	4.3	4.4	4.5	4.2	3.3	3.3	2.8	4.2	4.0
	SB55	4.4	4.2	3.8	4.1	2.9	4.3	4.3	3.7	4.2	3.9	4.4	3.1	4.1	4.5	4.3	4.2	3.3	4.3	2.8	4.5	4.7	4.5	4.3	3.1	4.3	3.2	4.2	4.4
	全体	4.0	3.0	3.0	3.6	2.2	3.9	3.9	3.1	3.6	3.3	3.4	2.5	3.7	3.8	3.6	3.4	3.3	3.9	2.7	4.0	4.1	4.1	3.7	2.8	4.0	2.8	3.9	3.9

附录 2-7　不同身体状况老人二级评价要素满意度评价数据统计

单位：分

类型		K1-1	K1-2	K1-3	K1-4	K1-5	K1-6	K1-7	K2-1	K2-2	K2-3	K2-4	K2-5	K2-6	K2-7	K3-1	K3-2	K3-3	K3-4	K3-5	K3-6	K3-7	K4-1	K4-2	K4-3	K4-4	K4-5	K4-6	K4-7
自理老人	SB04	2.5	1.8	2.3	2.5	1.3	2.6	2.8	2.5	2.6	2.3	2.3	1.7	2.5	2.8	2.5	2.4	2.6	2.4	1.7	2.5	2.9	2.7	2.8	2.8	2.8	2.1	2.8	2.8
	LS01	3.5	2.0	2.5	2.4	1.5	3.0	2.7	2.7	2.8	3.1	2.3	2.0	2.8	3.1	3.3	3.2	3.4	3.5	2.6	3.4	3.2	3.2	3.1	3.0	3.1	2.2	3.2	3.4
	LC04	3.9	2.5	3.6	3.5	1.6	3.5	3.5	3.0	3.4	3.6	3.2	2.8	3.7	3.4	3.5	3.7	3.2	3.3	2.4	3.7	3.2	3.8	3.0	3.5	3.6	2.4	3.0	3.5
	SB61	3.5	3.6	3.6	3.5	2.4	3.7	3.9	2.9	3.5	3.9	3.5	2.4	3.5	3.8	3.6	3.5	3.6	3.7	2.7	3.8	4.0	4.0	3.7	3.6	3.2	2.6	3.7	4.0
	SB55	3.8	3.8	4.1	3.6	2.5	3.3	3.7	3.3	3.9	4.0	3.7	3.0	3.5	4.0	3.7	3.8	3.7	3.5	2.6	3.7	3.6	3.8	3.8	3.2	3.9	2.7	3.5	3.6
	全体	3.6	2.4	3.3	3.0	1.6	3.3	3.3	2.9	3.2	3.7	2.8	1.9	2.9	3.4	3.3	3.0	3.4	3.1	2.0	3.4	3.4	3.5	3.3	3.4	3.2	2.0	3.3	3.5
介助老人	SB04	2.8	2.0	2.3	2.5	1.3	2.8	2.9	2.6	2.4	2.7	2.5	2.0	2.7	3.2	2.7	2.5	2.4	2.7	1.7	2.8	3.0	3.0	2.6	3.0	3.2	2.2	31	3.0
	LS01	3.8	2.5	2.3	3.0	1.7	3.5	3.0	2.8	3.0	3.0	2.6	2.3	3.1	3.2	3.5	3.2	3.3	3.9	2.7	3.8	3.4	3.6	3.3	2.8	3.3	2.8	3.2	3.5
	LC04	4.0	2.5	3.5	3.6	2.3	3.8	4.0	3.1	3.7	3.4	3.3	2.9	3.9	3.5	3.6	3.6	3.3	3.5	2.5	4.0	3.4	4.1	3.5	3.4	4.4	2.6	3.5	3.9
	SB61	4.0	3.7	3.3	3.7	2.6	3.7	4.1	3.2	3.8	3.8	3.6	2.9	3.7	3.9	3.9	3.8	3.2	3.9	3.2	4.1	4.1	4.3	4.1	3.3	3.2	2.7	4.0	4.3
	SB55	4.2	3.9	4.0	3.9	3.1	4.0	4.3	3.4	4.1	4.0	3.8	3.1	3.7	4.3	4.0	3.8	3.5	4.0	3.1	4.4	3.7	3.9	4.0	3.2	3.9	2.8	3.5	3.8
	全体	3.7	2.9	3.1	3.5	1.8	3.5	4.0	2.9	3.3	3.5	3.3	2.4	3.5	3.5	3.5	3.4	3.1	3.7	2.7	3.7	3.5	4.1	3.7	3.1	3.8	2.6	3.5	3.9
介护老人	SB04	2.8	1.8	2.2	2.6	1.5	2.8	3.0	2.7	2.3	2.8	2.5	2.2	2.8	3.2	2.9	2.8	2.2	2.7	2.0	2.9	3.1	3.1	3.0	3.0	3.2	2.5	3.2	3.1
	LS01	4.0	2.5	2.2	3.1	1.7	3.6	3.5	3.0	3.1	2.9	2.7	2.4	3.2	3.4	3.6	3.3	3.2	4.0	2.9	3.9	3.5	3.7	3.7	2.8	3.5	3.0	3.5	3.6
	LC04	4.1	2.8	3.2	3.7	2.6	3.8	4.0	3.2	3.8	3.3	3.4	3.3	4.0	3.7	3.7	4.1	3.7	3.6	3.0	4.2	4.2	4.2	3.7	3.0	4.7	3.4	3.7	4.0
	SB61	4.1	3.8	3.2	3.8	3.3	4.1	4.1	3.5	3.9	3.5	3.7	3.2	3.8	4.1	4.1	4.0	3.2	3.9	3.3	4.1	4.5	4.3	4.2	3.2	3.3	2.9	4.1	4.3
	SB55	4.3	4.1	3.6	4.0	3.2	4.1	4.3	3.8	4.1	3.5	4.3	3.8	4.0	4.4	4.1	4.0	3.4	4.1	3.2	4.4	3.9	4.4	4.4	3.2	4.1	3.4	4.0	4.3
	全体	4.1	3.1	2.9	3.7	2.3	4.0	3.8	3.7	3.8	3.2	3.5	2.6	3.8	3.9	3.7	3.5	3.1	4.0	2.8	3.9	3.9	4.1	3.8	2.7	4.1	2.9	4.0	4.0

附录 2-8 空间层域连接模式满意度评价数据统计

单位：分

类型	床位空间 / 居室空间	居室空间 / 建筑空间	建筑空间 / 场地空间	场地空间 / 城市空间
全体老人	2.1	2.2	2.6	2.4
男性老人	2.0	2.2	2.5	2.5
女性老人	2.2	2.2	2.7	2.3
低龄老人	1.9	2.1	2.5	2.2
高龄老人	2.3	2.3	2.7	2.6
自理老人	1.7	2.0	2.4	2.1
介助老人	2.2	2.1	2.5	2.4
介护老人	2.4	2.5	2.7	2.7

附录3 空间重要度评价资料

附录3-1 青岛市养老机构空间重要度调查问卷

（实际使用的调查问卷与此不同，文字更大，每组比选实验图片布满一个 A4 版面。）

尊敬的老前辈！您好！

受青岛市民政相关部门的委托，我们正在开展一项研究，目的是系统深入地了解当前养老院空间的设计与使用情况，发现其中存在的问题，并提出相应的改进措施。为此，我们希望能够了解到您的一些真实看法。

请您根据您日常生活中的真实感受和体验，来完成下面这些题目，我们的调查员将全程配合协助您答题。您还可以将一些相关的意见和想法写在"备注"栏里，或者口述给调查员，由他们代为填写。

对您的帮助和支持，我们深表感激！

在您答题之前，请先了解一下关于空间类型的解释：

居室空间——是指您日常生活所在的房间。

建筑空间——是指在建筑物的内部，除了您的房间以外的公共部分。

场地空间——是指养老院用地范围内的室外空间。您可以理解为"养老院的院子"。

城市空间——是指养老院周边的城市空间的公共部分。您可以理解为"平时到养老院外面散步或闲逛所去的那些地方"。

单项选择题，请在您想选的答案上打"√"。

K1	您认为居室空间重要吗？ A. 非常重要　　B. 比较重要　　C. 一般　　D. 不太重要　　E. 毫不重要
K1-1	您认为居室空间的气候生态（采光条件、通风条件、噪声水平、环境温度等多方面的综合）重要吗？ A. 非常重要　　B. 比较重要　　C. 一般　　D. 不太重要　　E. 毫不重要
K1-2	您认为居室空间的环卫整理（储藏空间的数量与合理性、各类物品归置的合理性与齐整性、环境卫生情况等多方面的综合）重要吗？ A. 非常重要　　B. 比较重要　　C. 一般　　D. 不太重要　　E. 毫不重要
K1-3	您认为居室空间的无障碍设施（各类提高老年人使用便利性、安全性等方面专门设计的综合，比如扶手、坡道、防滑地面、提示标牌等）重要吗？ A. 非常重要　　B. 比较重要　　C. 一般　　D. 不太重要　　E. 毫不重要
K1-4	您认为居室空间的器具设备（各类家具、电器、设备、器械等生活服务用品的综合）重要吗？ A. 非常重要　　B. 比较重要　　C. 一般　　D. 不太重要　　E. 毫不重要
K1-5	您认为居室空间的效能实用（功能必要性、功能合理性、使用便利性、使用舒适性等多方面的综合）重要吗？ A. 非常重要　　B. 比较重要　　C. 一般　　D. 不太重要　　E. 毫不重要
K1-6	您认为居室空间的外观样式（空间的样式形状、环境装饰、色彩搭配、材料质感等多方面的综合）重要吗？ A. 非常重要　　B. 比较重要　　C. 一般　　D. 不太重要　　E. 毫不重要
K1-7	您认为居室空间的建设水准（空间的新旧程度、用料档次、施工水平等多方面的综合）重要吗？ A. 非常重要　　B. 比较重要　　C. 一般　　D. 不太重要　　E. 毫不重要
K2	您认为建筑空间重要吗？ A. 非常重要　　B. 比较重要　　C. 一般　　D. 不太重要　　E. 毫不重要
K2-1	您认为建筑空间的气候生态（采光条件、通风条件、噪声水平、环境温度等多方面的综合）重要吗？ A. 非常重要　　B. 比较重要　　C. 一般　　D. 不太重要　　E. 毫不重要
K2-2	您认为建筑空间的环卫整理（储藏空间的数量与合理性、各类物品归置的合理性与齐整性、环境卫生情况等多方面的综合）重要吗？ A. 非常重要　　B. 比较重要　　C. 一般　　D. 不太重要　　E. 毫不重要

K2-3	您认为建筑空间的无障碍设施（各类提高老年人使用便利性、安全性等方面专门设计的综合，比如扶手、坡道、防滑地面、提示标牌等）重要吗？ A. 非常重要　　B. 比较重要　　C. 一般　　D. 不太重要　　E. 毫不重要
K2-4	您认为建筑空间的器具设备（各类家具、电器、设备、器械等生活服务用品的综合）重要吗？ A. 非常重要　　B. 比较重要　　C. 一般　　D. 不太重要　　E. 毫不重要
K2-5	您认为建筑空间的效能实用（功能必要性、功能合理性、使用便利性、使用舒适性等多方面的综合）重要吗？ A. 非常重要　　B. 比较重要　　C. 一般　　D. 不太重要　　E. 毫不重要
K2-6	您认为建筑空间的外观样式（空间的样式形状、环境装饰、色彩搭配、材料质感等多方面的综合）重要吗？ A. 非常重要　　B. 比较重要　　C. 一般　　D. 不太重要　　E. 毫不重要
K2-7	您认为建筑空间的建设水准（空间的新旧程度、用料档次、施工水平等多方面的综合）重要吗？ A. 非常重要　　B. 比较重要　　C. 一般　　D. 不太重要　　E. 毫不重要
K3	您认为场地空间重要吗？ A. 非常重要　　B. 比较重要　　C. 一般　　D. 不太重要　　E. 毫不重要
K3-1	您认为场地空间的气候生态（采光条件、空气质量、噪声水平、景观绿化等多方面的综合）重要吗？ A. 非常重要　　B. 比较重要　　C. 一般　　D. 不太重要　　E. 毫不重要
K3-2	您认为场地空间的环卫整理（各类车辆的停放情况、各类物品归置的合理性与齐整性、环境卫生情况等多方面的综合）重要吗？ A. 非常重要　　B. 比较重要　　C. 一般　　D. 不太重要　　E. 毫不重要
K3-3	您认为场地空间的无障碍设施（各类提高老年人使用便利性、安全性等方面专门设计的综合，比如扶手、坡道、防滑地面、提示标牌等）重要吗？ A. 非常重要　　B. 比较重要　　C. 一般　　D. 不太重要　　E. 毫不重要
K3-4	您认为场地空间的器具设备（可用于休闲、交往、娱乐、健身等日常活动的综合设施，包括廊亭、桌椅、健身器材等）重要吗？ A. 非常重要　　B. 比较重要　　C. 一般　　D. 不太重要　　E. 毫不重要
K3-5	您认为场地空间的效能实用（功能必要性、功能合理性、使用便利性、使用舒适性等多方面的综合）重要吗？ A. 非常重要　　B. 比较重要　　C. 一般　　D. 不太重要　　E. 毫不重要
K3-6	您认为场地空间的外观样式（空间的样式形状、环境装饰、色彩搭配、材料质感等多方面的综合）重要吗？ A. 非常重要　　B. 比较重要　　C. 一般　　D. 不太重要　　E. 毫不重要
K3-7	您认为场地空间的建设水准（空间的新旧程度、用料档次、施工水平等多方面的综合）重要吗？ A. 非常重要　　B. 比较重要　　C. 一般　　D. 不太重要　　E. 毫不重要
K4	您认为城市空间重要吗？ A. 非常重要　　B. 比较重要　　C. 一般　　D. 不太重要　　E. 毫不重要
K4-1	您认为城市空间的气候生态（采光条件、空气质量、噪声水平、景观绿化等多方面的综合）重要吗？ A. 非常重要　　B. 比较重要　　C. 一般　　D. 不太重要　　E. 毫不重要
K4-2	您认为城市空间的环卫整理（各类车辆的停放情况、各类物品归置的合理性与齐整性、环境卫生情况等多方面的综合）重要吗？ A. 非常重要　　B. 比较重要　　C. 一般　　D. 不太重要　　E. 毫不重要
K4-3	您认为城市空间的无障碍设施（各类提高老年人使用便利性、安全性等方面专门设计的综合，比如扶手、坡道、防滑地面、提示标牌等）重要吗？ A. 非常重要　　B. 比较重要　　C. 一般　　D. 不太重要　　E. 毫不重要
K4-4	您认为城市空间的器具设备（可用于休闲、交往、娱乐、健身等日常活动的综合设施，包括廊亭、桌椅、健身器材等）重要吗？ A. 非常重要　　B. 比较重要　　C. 一般　　D. 不太重要　　E. 毫不重要
K4-5	您认为城市空间的效能实用（功能必要性、使用便利性、使用舒适性等多方面的综合）重要吗？ A. 非常重要　　B. 比较重要　　C. 一般　　D. 不太重要　　E. 毫不重要

K4-6	您认为城市空间的外观样式（空间的样式形状、环境装饰、色彩搭配、材料质感等多方面的综合）重要吗？ A. 非常重要　　B. 比较重要　　C. 一般　　D. 不太重要　　E. 毫不重要
K4-7	您认为城市空间的建设水准（空间的新旧程度、用料档次、施工水平等多方面的综合）重要吗？ A. 非常重要　　B. 比较重要　　C. 一般　　D. 不太重要　　E. 毫不重要

（空间层域连接模式比选实验）

以下四组图片分别呈现了不同氛围的养老院空间环境，请您选出更喜欢的图片并打"√"：

第一组：床位空间与居室空间

*案例索引：连接模式 A（烟台市莱山区社会福利中心）、连接模式 B［瑞典比夫老年公寓（B.juv，Sweden）］

连接模式A			连接模式B

第二组：居室空间与建筑空间

*案例索引：连接模式 A［日本东京船堀老年公寓（Funabori，Tokyo，Japan）］、连接模式 B［奥地利维也纳西梅林老年护理中心（Simmering，Vienna，Austria）］

连接模式A			连接模式B

第三组：建筑空间与场地空间

*案例索引：连接模式 A（重庆医科大学附属第一医院青杠老年护养中心）、连接模式 B［捷克布拉格犹太人社区老年公寓（Prague，Czech）］

连接模式A			连接模式B

第四组：场地空间与城市空间

*案例索引：连接模式 A［澳大利亚莫尔文孟泽斯老人住宅（Menzies，Malvern，Australia）］、连接模式 B［挪威·特隆赫姆哈斯塔耐特老人住宅（Havstadtunet，Trondheim，Norway）］

连接模式A			连接模式B

备注：

老年人信息	编号：	性别：	年龄：	身体状况：
调查员姓名			问卷编号：	

附录 3-2　一级评价要素空间重要度评价数据统计

单位：分

样本机构	K1 居室空间								K2 建筑空间								K3 场地空间								K4 城市空间							
	全体	男性	女性	低龄	高龄	自理	介助	介护	全体	男性	女性	低龄	高龄	自理	介助	介护	全体	男性	女性	低龄	高龄	自理	介助	介护	全体	男性	女性	低龄	高龄	自理	介助	介护
SB04	3.9	3.9	3.9	4.0	3.8	4.1	3.9	3.7	3.7	3.7	3.7	3.8	3.6	4.0	3.7	3.4	3.6	3.7	3.5	3.8	3.4	3.8	3.3	3.4	3.4	3.5	3.3	3.5	3.3	3.6	3.4	3.2
LS01	3.9	3.8	4.0	4.0	3.8	4.1	4.0	3.6	3.7	3.7	3.7	3.8	3.6	3.9	3.7	3.5	3.6	3.5	3.7	3.7	3.5	3.8	3.3	3.6	3.6	3.6	3.6	3.7	3.5	3.7	3.5	3.3
LC04	4.0	3.9	4.1	4.1	3.9	4.3	4.1	3.6	3.8	3.8	3.8	3.9	3.7	4.0	3.9	3.5	3.8	3.8	3.8	4.0	3.6	4.0	3.6	3.5	3.5	3.4	3.6	3.6	3.4	3.8	3.6	3.1
SB61	4.1	4.1	4.1	4.2	4.0	4.4	4.1	3.8	3.9	3.9	3.9	4.1	3.7	4.1	3.9	3.7	3.7	3.7	3.7	3.9	3.5	3.9	3.4	3.6	3.6	3.5	3.7	3.7	3.5	3.8	3.7	3.3
SB55	4.1	4.2	4.0	4.3	3.9	4.4	4.2	3.7	3.9	3.9	3.9	4.1	3.7	4.2	3.4	3.6	3.8	3.7	3.9	4.0	3.6	4.1	3.5	3.7	3.7	3.7	3.5	3.8	3.6	4.0	3.8	3.3
全体	4.0	4.0	4.0	4.1	3.9	4.3	4.0	3.7	3.8	3.7	3.9	4.0	3.6	4.1	3.8	3.5	3.7	3.8	3.6	3.9	3.5	4.0	3.3	3.5	3.5	3.5	3.5	3.6	3.4	3.9	3.5	3.1

附录 3-3 全体老人二级评价要素空间重要度评价数据统计

单位：分

类型		K1-1	K1-2	K1-3	K1-4	K1-5	K1-6	K1-7	K2-1	K2-2	K2-3	K2-4	K2-5	K2-6	K2-7	K3-1	K3-2	K3-3	K3-4	K3-5	K3-6	K3-7	K4-1	K4-2	K4-3	K4-4	K4-5	K4-6	K4-7
全体老人	SB04	3.8	4.1	4.1	3.9	4.4	3.6	3.6	3.9	3.8	3.9	3.8	4.3	3.5	3.6	3.8	3.6	3.9	3.7	4.1	3.6	3.5	3.5	3.4	3.6	3.5	3.8	3.4	3.3
	LS01	4.0	4.0	4.1	3.9	4.4	3.7	3.7	3.9	3.8	3.9	3.7	4.2	3.5	3.7	3.7	3.6	3.8	3.6	3.9	3.5	3.6	3.4	3.5	3.7	3.5	3.9	3.4	3.3
	LC04	3.9	4.1	4.2	3.8	4.5	3.7	3.8	3.8	3.7	3.8	3.5	4.2	3.5	3.5	3.6	3.4	3.5	3.3	3.7	3.3	3.3	3.2	3.4	3.7	3.4	3.8	3.3	3.1
	SB61	4.0	4.1	4.2	4.0	4.5	3.8	3.7	3.6	3.7	3.7	3.6	4.2	3.6	3.6	3.5	3.6	3.8	3.5	4.0	3.5	3.6	3.4	3.5	3.6	3.5	3.9	3.4	3.4
	SB55	4.2	4.1	4.2	4.1	4.5	4.0	3.9	3.7	3.8	3.9	3.8	4.3	3.8	3.8	3.7	3.7	3.8	3.6	4.1	3.6	3.6	3.3	3.4	3.5	3.3	3.7	3.2	3.4
	全体	3.9	4.0	4.1	4.0	4.3	3.8	3.8	3.8	3.9	3.9	3.9	4.2	3.8	3.8	3.6	3.6	3.8	3.6	4.0	3.5	3.5	3.3	3.4	3.6	3.4	3.8	3.3	3.2

附录 3-4 不同性别老人二级评价要素空间重要度评价数据统计

单位：分

类型		K1-1	K1-2	K1-3	K1-4	K1-5	K1-6	K1-7	K2-1	K2-2	K2-3	K2-4	K2-5	K2-6	K2-7	K3-1	K3-2	K3-3	K3-4	K3-5	K3-6	K3-7	K4-1	K4-2	K4-3	K4-4	K4-5	K4-6	K4-7
男性老人	SB04	4.0	4.2	4.1	4.0	4.5	3.7	3.6	4.0	3.9	4.0	4.0	4.4	3.5	3.6	3.8	3.6	4.0	3.8	4.1	3.5	3.5	3.5	3.5	3.6	3.4	3.9	3.2	3.3
	LS01	4.1	4.0	4.2	3.9	4.4	3.7	3.7	3.9	3.8	3.9	3.7	4.2	3.5	3.7	3.7	3.6	3.7	3.6	3.9	3.5	3.6	3.4	3.5	3.6	3.5	3.9	3.3	3.3
	LC04	3.9	4.1	4.1	3.8	4.4	3.7	3.8	3.7	3.6	3.6	3.5	4.2	3.4	3.5	3.5	3.4	3.5	3.3	3.6	3.3	3.3	3.2	3.4	3.7	3.4	3.8	3.3	3.1
	SB61	3.9	4.0	4.1	4.0	4.4	4.3	4.2	3.6	3.7	3.7	3.6	4.2	3.7	3.5	3.5	3.7	3.8	3.5	3.9	3.5	3.5	3.4	3.5	3.7	3.6	3.8	3.3	3.3
	SB55	4.4	4.2	4.4	4.2	4.7	4.0	4.0	3.9	4.0	4.2	3.8	4.3	3.9	3.9	3.7	3.8	3.8	3.5	4.1	3.6	3.6	3.3	3.5	3.5	3.4	3.8	3.3	3.3
	全体	4.0	4.1	4.2	3.9	4.4	3.7	3.7	3.8	3.9	3.9	3.9	4.3	3.8	3.7	3.6	3.6	3.8	3.5	4.0	3.5	3.4	3.3	3.4	3.5	3.3	3.7	3.2	3.2
女性老人	SB04	3.6	4.0	4.1	3.8	4.3	3.6	3.5	3.8	3.8	4.0	3.8	4.2	3.6	3.7	3.7	3.7	3.7	3.7	4.1	3.6	3.6	3.5	3.4	3.6	3.5	3.7	3.5	3.3
	LS01	4.0	4.0	4.0	4.1	4.4	3.8	3.8	3.9	3.9	3.9	3.8	4.2	3.8	3.7	3.7	3.6	3.7	3.7	3.9	3.7	3.8	3.4	3.5	3.6	3.6	3.9	3.5	3.5
	LC04	4.0	4.1	4.2	3.8	4.7	3.9	4.0	3.8	3.7	3.7	3.6	4.2	3.5	3.7	3.5	3.4	3.6	3.4	3.6	3.4	3.4	3.2	3.4	3.5	3.4	3.8	3.5	3.4
	SB61	4.1	4.2	4.3	4.0	4.4	3.9	3.8	3.6	3.8	3.9	3.6	4.2	3.8	3.8	3.7	3.7	3.9	3.7	4.0	3.6	3.7	3.4	3.5	3.7	3.6	3.8	3.5	3.5
	SB55	4.1	4.1	4.2	4.3	4.7	4.2	4.2	3.9	4.0	4.0	4.2	4.3	3.9	3.9	3.7	3.6	3.8	3.7	4.1	3.8	3.8	3.3	3.3	3.7	3.4	3.8	3.4	3.4
	全体	3.8	4.0	4.1	4.1	4.3	3.9	3.9	3.7	3.9	3.9	3.9	4.3	3.9	3.9	3.5	3.6	3.7	3.6	4.0	3.5	3.6	3.3	3.3	3.5	3.4	3.7	3.3	3.3

附录3-5 不同年龄老人二级评价要素空间重要度评价数据统计

单位：分

年龄	类型	K1-1	K1-2	K1-3	K1-4	K1-5	K1-6	K1-7	K2-1	K2-2	K2-3	K2-4	K2-5	K2-6	K2-7	K3-1	K3-2	K3-3	K3-4	K3-5	K3-6	K3-7	K4-1	K4-2	K4-3	K4-4	K4-5	K4-6	K4-7
低龄老人	SB04	4.0	4.2	4.0	4.0	4.5	3.8	3.6	4.0	3.8	3.7	3.7	4.3	3.8	3.8	3.8	3.8	3.7	3.9	4.1	3.7	3.5	3.5	3.5	3.4	3.5	3.8	3.5	3.4
低龄老人	LS01	3.9	4.1	3.9	4.1	4.5	3.8	3.7	4.0	3.9	3.8	3.8	4.3	3.7	3.8	3.8	3.7	3.7	3.6	4.2	3.6	3.7	3.6	3.5	3.4	3.5	3.8	3.5	3.4
低龄老人	LC04	4.1	4.1	4.1	4.0	4.5	3.8	3.8	3.9	3.8	3.7	3.6	4.3	3.6	3.7	3.7	3.7	3.5	3.5	3.8	3.4	3.4	3.4	3.7	3.5	3.5	3.9	3.4	3.4
低龄老人	SB61	4.2	4.2	4.0	4.2	4.5	4.0	3.9	3.7	3.9	3.9	3.5	4.3	3.8	3.9	3.8	3.9	3.8	3.7	4.1	3.7	3.8	3.5	3.6	3.5	3.6	3.8	3.4	3.4
低龄老人	SB55	4.2	4.1	4.0	4.3	4.6	4.0	3.8	3.9	4.0	3.7	4.0	4.4	4.0	4.0	3.8	3.9	3.6	3.9	4.3	4.0	3.9	3.5	3.6	3.4	3.5	3.8	3.6	3.5
低龄老人	全体	4.0	4.1	4.0	4.1	4.5	3.9	3.8	3.9	3.9	3.7	3.9	4.3	3.9	3.9	3.6	3.7	3.4	3.6	4.0	3.6	3.6	3.5	3.5	3.4	3.5	3.8	3.5	3.4
高龄老人	SB04	3.8	3.9	4.0	3.8	4.1	3.6	3.6	3.8	3.7	3.9	3.7	4.1	3.5	3.6	3.7	3.5	3.8	3.6	4.1	3.5	3.5	3.5	3.5	3.6	3.4	3.7	3.4	3.3
高龄老人	LS01	3.7	4.0	4.1	3.9	4.3	3.6	3.6	3.6	3.6	3.8	3.6	4.1	3.5	3.4	3.6	3.5	3.7	3.6	4.0	3.4	3.5	3.3	3.4	3.6	3.4	3.8	3.3	3.4
高龄老人	LC04	3.7	4.0	4.1	3.7	4.4	3.6	3.7	3.5	3.6	3.8	3.5	4.0	3.4	3.4	3.4	3.5	3.7	3.3	3.7	3.3	3.3	3.2	3.4	3.6	3.4	3.7	3.2	3.1
高龄老人	SB61	3.8	3.9	4.2	4.0	4.3	3.6	3.6	3.5	3.6	3.6	3.8	4.0	3.5	3.6	3.4	3.4	3.7	3.5	3.9	3.3	3.4	3.2	3.3	3.9	3.4	3.8	3.2	3.3
高龄老人	SB55	4.0	3.9	4.4	4.0	4.4	3.8	3.6	3.5	3.7	3.9	3.7	4.1	3.7	3.6	3.6	3.6	3.8	3.5	3.9	3.5	3.6	3.2	3.3	3.6	3.3	3.7	3.3	3.2
高龄老人	全体	3.7	3.8	4.1	3.9	4.3	3.6	3.6	3.6	3.7	3.8	3.7	4.2	3.7	3.5	3.4	3.5	3.6	3.4	3.9	3.3	3.4	3.2	3.2	3.5	3.3	3.7	3.1	3.1

附录 3-6 不同身体状况老人二级评价要素空间重要度评价数据统计

单位：分

身体状况	类型	K1-1	K1-2	K1-3	K1-4	K1-5	K1-6	K1-7	K2-1	K2-2	K2-3	K2-4	K2-5	K2-6	K2-7	K3-1	K3-2	K3-3	K3-4	K3-5	K3-6	K3-7	K4-1	K4-2	K4-3	K4-4	K4-5	K4-6	K4-7
自理老人	SB04	4.1	4.1	4.0	4.1	4.5	3.8	3.8	4.2	4.0	4.0	4.1	4.4	3.8	3.9	4.0	3.9	3.7	4.0	4.3	3.9	3.7	3.7	3.6	3.4	3.5	4.0	3.6	3.6
	LS01	4.2	4.2	3.8	4.1	4.5	4.0	4.0	3.9	4.1	3.7	3.9	4.4	3.8	3.9	3.8	3.7	3.8	3.7	4.0	3.7	3.6	3.6	3.6	3.4	3.4	3.7	3.3	3.0
	LC04	3.9	4.1	3.9	4.1	4.5	3.9	4.0	3.9	3.6	4.0	3.5	4.3	3.8	3.7	3.7	3.5	3.3	3.3	3.9	3.2	3.4	3.3	3.5	3.5	3.5	3.9	3.5	3.2
	SB61	4.2	4.3	4.2	4.1	4.5	4.1	3.9	3.9	3.8	3.6	3.9	4.3	3.9	3.9	3.8	3.9	3.5	3.7	4.2	3.7	3.8	3.3	3.6	3.5	3.6	3.9	3.5	3.5
	SB55	4.4	4.2	4.1	4.3	4.6	4.2	4.2	3.9	3.9	3.7	4.0	4.4	3.9	3.9	3.8	3.9	3.7	3.8	4.3	3.8	3.8	3.6	3.7	3.4	3.6	3.8	3.5	3.5
	全体	4.2	4.1	3.9	4.1	4.5	3.9	3.9	3.9	4.0	3.7	4.0	4.4	4.0	4.0	3.9	3.8	3.5	3.8	4.0	3.7	3.7	3.5	3.6	3.4	3.6	3.8	3.5	3.4
介助老人	SB04	3.8	4.1	3.8	3.9	4.3	3.7	3.6	3.9	3.8	4.0	3.9	4.2	3.5	3.6	3.8	3.6	3.8	3.7	4.2	3.6	3.5	3.5	3.4	3.6	3.4	3.8	3.4	3.3
	LS01	4.0	4.0	4.1	3.9	4.4	3.7	3.7	3.9	3.8	3.9	3.7	4.1	3.5	3.7	3.7	3.6	3.7	3.6	4.0	3.5	3.6	3.4	3.5	3.6	3.5	3.9	3.5	3.3
	LC04	3.9	4.1	4.2	3.8	4.5	3.7	3.8	3.7	3.7	3.8	3.5	4.2	3.4	3.5	3.5	3.6	3.5	3.3	3.8	3.3	3.3	3.2	3.4	3.7	3.5	3.9	3.3	3.4
	SB61	4.0	4.1	4.2	4.0	4.4	3.8	3.7	3.6	3.7	3.7	3.6	4.2	3.7	3.6	3.6	3.6	3.8	3.5	4.0	3.5	3.6	3.4	3.5	3.6	3.5	3.8	3.4	3.4
	SB55	4.2	4.2	4.2	4.2	4.5	4.0	3.9	3.8	3.9	3.9	3.9	4.2	3.8	3.8	3.7	3.6	3.9	3.7	4.1	3.7	3.7	3.3	3.4	3.6	3.4	3.7	3.3	3.4
	全体	4.0	4.0	4.2	4.0	4.4	3.7	3.7	3.7	4.0	3.9	3.9	4.3	3.8	3.8	3.7	3.6	3.7	3.6	3.9	3.6	3.6	3.4	3.5	3.6	3.5	3.6	3.3	3.3
介护老人	SB04	3.5	3.9	4.0	3.6	4.2	3.4	3.2	3.7	3.5	3.8	3.5	4.0	3.4	3.5	3.5	3.4	3.9	3.5	4.0	3.4	3.2	3.2	3.2	3.6	3.2	3.8	3.1	3.0
	LS01	3.7	3.8	4.0	3.9	4.3	3.4	3.4	3.6	3.5	3.9	3.5	4.1	3.3	3.3	3.5	3.6	3.7	3.1	4.0	3.2	3.2	3.2	3.4	3.7	3.4	3.7	3.3	3.0
	LC04	3.9	3.9	4.2	3.8	4.2	3.7	3.8	3.6	3.6	3.8	3.3	4.1	3.4	3.3	3.4	3.4	3.4	3.6	3.6	3.2	3.0	3.0	3.3	3.7	3.4	3.7	3.2	3.0
	SB61	3.9	4.0	4.2	4.0	4.3	3.2	3.1	3.6	3.7	3.7	3.6	4.2	3.7	3.6	3.6	3.7	3.8	3.6	3.8	3.3	3.4	3.3	3.4	3.7	3.5	3.8	3.2	3.2
	SB55	4.0	4.1	4.3	4.1	4.4	3.8	3.7	3.5	3.7	4.0	3.7	4.1	3.6	3.5	3.6	3.7	3.9	3.5	4.1	3.5	3.6	3.1	3.4	3.7	3.3	3.6	3.2	3.0
	全体	3.7	3.8	4.1	4.0	4.3	3.5	3.7	3.6	3.7	4.0	3.7	4.1	3.7	3.5	3.6	3.5	3.8	3.5	3.8	3.4	3.3	3.0	3.3	3.6	3.3	3.6	3.0	3.0

附录 3-7 空间层域连接模式比选实验数据统计

类型	总票数/张	床位空间/居室空间				居室空间/建筑空间				建筑空间/场地空间				场地空间/城市空间			
		连接模式A		连接模式B		连接模式A		连接模式B		连接模式A		连接模式B		连接模式A		连接模式B	
		票数/张	比重/%	票数/张	比重/%	票数/张	比重/%	票数/张	比重/%	票数/张	比重/%	票数/张	比重/%	票数/张	比重/%	票数/张	比重/%
全体老人	271	84	31	187	69	61	23	210	77	69	25	202	75	91	34	180	66
男性老人	125	39	31	86	69	28	22	97	78	29	23	96	77	38	30	87	70
女性老人	146	43	29	103	71	33	23	113	77	36	25	110	75	45	31	101	69
低龄老人	154	42	27	112	73	32	21	122	79	37	24	117	76	47	31	107	69
高龄老人	117	42	36	75	64	29	25	88	75	32	27	85	73	44	38	73	62
自理老人	95	22	23	73	77	18	19	77	81	21	22	74	78	21	22	74	78
介助老人	90	28	31	62	69	21	23	69	77%	23	26	67	74	35	39	55	61
介护老人	86	34	40	52	60	22	26	64	74	25	29	61	71	35	41	51	59

附录4 空间使用状况评价资料

附录4-1 老年人空间使用行为观察记录表

时间	空间层域	行为地点描述	行为类型	行为内容描述
7：00				
7：15				
7：30				
7：45				
8：00				
8：15				
8：30				
8：45				
9：00				
9：15				
9：30				
9：45				
10：00				
10：15				
10：30				
10：45				
11：00				
11：15				
11：30				
11：45				
12：00				
12：15				
12：30				
12：45				
13：00				
13：15				
13：30				
13：45				
14：00				
14：15				
14：30				
14：45				
15：00				
15：15				
15：30				
15：45				
16：00				
16：15				
16：30				

时间	空间层域	行为地点描述	行为类型	行为内容描述
16：45				
17：00				
17：15				
17：30				
17：45				
18：00				
18：15				
18：30				
18：45				
19：00				
备注				

老年人信息	编号：	性别：	年龄：	身体状况：
调查员信息	姓名：	组别：		

附录4-2 各类老人使用行为类型比重数据统计

分类	必要行为/%	静养行为/%	休闲行为/%	社交行为/%	康体行为/%	医护行为/%	其他行为/%	合计/%
男性老人	25.2	20.0	16.0	15.3	15.7	5.6	2.2	100.0
女性老人	25.0	21.6	17.2	15.9	13.7	5.6	1.0	100.0
低龄老人	23.1	18.1	18.1	17.3	17.0	4.0	2.4	100.0
高龄老人	27.1	23.5	15.1	13.9	12.4	7.2	0.8	100.0
自理老人	23.0	12.5	20.7	20.2	19.6	0.0	4.0	100.0
介助老人	24.1	20.1	17.7	17.4	16.3	3.6	0.8	100.0
介护老人	28.2	29.8	11.4	9.2	8.2	13.2	0.0	100.0

附录4-3 各类老人使用行为空间分布数据统计

分类	居室空间/%	建筑空间/%	场地空间/%	城市空间/%	合计/%
男性老人	34.5	25.3	19.2	21.0	100.0
女性老人	35.5	30.3	19.0	15.2	100.0
低龄老人	32.2	25.8	21.0	21.0	100.0
高龄老人	37.8	29.8	17.2	15.2	100.0
自理老人	25.5	27.9	22.6	24.0	100.0
介助老人	29.8	30.9	20.3	19.0	100.0
介护老人	49.7	24.6	14.4	11.3	100.0

附录 4-4　全体老人使用行为类型比重与空间分布综合数据统计

分类	必要行为 /%	静养行为 /%	休闲行为 /%	社交行为 /%	康体行为 /%	医护行为 /%	其他行为 /%	合计 /%
居室空间	17.0	6.0	3.2	2.9	2.1	3.4	0.0	35.0
建筑空间	8.1	5.0	3.8	3.5	2.8	2.2	1.0	27.8
场地空间	0.0	4.8	4.3	4.3	3.8	0.8	0.8	19.1
城市空间	0.0	2.9	5.0	4.7	4.2	0.4	2.2	18.1
合计	25.1	18.7	16.3	15.4	13.7	6.8	4.0	100.0

附录 4-5　各机构老人使用行为类型比重与空间分布综合数据统计

	分类	必要行为 /%	静养行为 /%	休闲行为 /%	社交行为 /%	康体行为 /%	医护行为 /%	其他行为 /%	合计 /%
SB04	居室空间	25.1	11.7	2.6	3.7	2.0	4.1	0.0	49.2
	建筑空间	0.0	9.2	3.8	3.0	2.5	2.0	0.0	20.0
	场地空间	0.0	6.4	2.8	2.7	2.8	0.0	0.0	17.4
	城市空间	0.0	4.9	1.8	2.3	2.8	0.0	4.3	16.4
	合计	25.1	32.2	11.0	11.7	10.1	6.1	4.3	100.0
LS01	居室空间	25.8	10.0	3.5	3.9	2.0	3.9	0.0	49.1
	建筑空间	0.0	7.8	4.1	3.5	2.7	2.0	0.5	20.9
	场地空间	0.0	5.6	4.8	3.8	3.8	0.0	1.0	19.3
	城市空间	0.0	3.7	1.8	2.7	2.8	0.0	3.0	14.7
	合计	25.8	27.1	14.2	13.9	11.3	5.9	4.5	100.0
LC04	居室空间	18.4	6.2	4.0	4.8	3.1	3.6	0.0	40.1
	建筑空间	6.8	5.1	4.8	4.1	4.0	2.2	0.4	27.4
	场地空间	0.0	3.4	5.5	3.9	4.8	1.3	0.4	19.3
	城市空间	0.0	2.9	3.8	3.0	4.3	1.0	4.7	19.2
	合计	25.2	17.6	18.1	15.8	16.2	8.1	5.5	100.0
SB61	居室空间	16.7	4.7	4.8	5.3	3.7	3.8	0.0	39.0
	建筑空间	8.1	4.0	5.0	4.8	4.0	2.5	0.8	29.2
	场地空间	0.0	2.4	5.8	4.5	5.3	1.4	0.9	20.7
	城市空间	0.0	2.2	3.8	3.3	4.8	0.5	3.5	18.1
	合计	24.8	13.3	19.4	17.9	17.8	8.2	5.2	100.0
SB55	居室空间	16.3	3.8	5.1	5.3	4.5	3.7	0.0	38.7
	建筑空间	8.5	2.9	5.9	5.2	4.7	2.4	0.5	30.1
	场地空间	0.0	2.2	6.6	4.7	5.6	1.0	0.5	20.6
	城市空间	0.0	1.7	4.2	3.5	4.8	1.0	3.6	18.6
	合计	24.8	10.6	21.8	18.7	19.6	8.1	4.6	100.0
合计		25.1	18.7	16.3	15.4	13.7	6.8	4.0	100.0

附录5　养老机构基础资料

附录5-1　青岛市域养老机构基本信息

（浅灰色部分为空间风貌状况评价样本机构，深灰色部分为空间满意度、重要度、使用状况评价样本机构）

序号		名称	建立年份/年	物业产权	建设类型	注册类型	兴办类型	运营类型	服务对象类型	自理老人/人	介助老人/人	介护老人/人	老人总数/人	床位数量/张	入住率/%	建筑面积/m²	床均建筑面积/m²
A1	SN01	青岛福彩养老院隆德路老年公寓	2004	自有	特大	事业	公办	公营	综合	390	265	240	895	938	95	30 000	32.0
A2	SN02	青岛市社会福利院老年公寓	1980	自有	大型	事业	公办	公营	综合	150	97	87	334	334	100	13 000	38.9
A3	SN03	市南区乐万家老年公寓（四川路分院）	1993	公有	小型	民非	公办	民营	养护	6	3	101	110	105	100	2 000	18.2
A4	SN04	市南区乐万家老年公寓（湛山分院）	2000	租赁	小型	民非	公办	民营	养护	2	1	67	70	70	100	1 000	14.3
A5	SN05	市南区乐万家老年公寓（金坛路分院）	1985	公有	小型	民非	公办	民营	养护	2	3	50	55	75	73	985	13.1
A6	SN06	市南区乐万家老年公寓（八大湖分院）	1999	租赁	小型	民非	公办	民营	养护	1	0	49	50	50	100	800	16.0
A7	SN07	青岛夕阳红老年公寓	1990	租赁	中型	民非	民办	民营	自理	87	38	30	155	202	77	2 890	14.3
A8	SN08	市南区颐和老年公寓	2009	租赁	大型	民非	民办	民营	助养	21	79	46	146	299	49	5 000	16.7
A9	SN09	市南区老年爱心护理院	2011	租赁	中型	民非	民办	民营	养护	0	0	63	63	168	38	2 200	13.1
A10	SN10	市南区泽雨南京路老年公寓	2012	租赁	小型	民非	民办	民营	自理	25	11	9	45	105	43	3 500	33.3
A11	SN11	市南区福乐老年公寓	2010	租赁	中型	民非	民办	民营	养护	0	3	26	29	170	17	3 500	20.6
A12	SN12	市南区台西老年公寓	1995	自有	小型	民非	民办	民营	养护	1	15	28	44	50	88	480	9.6
A13	SN13	市南区台西老年公寓南阳路分院	2003	租赁	小型	民非	民办	民营	综合	3	10	12	25	93	27	2 790	30.0
A14	SN14	市南区锦程老年公寓	2009	租赁	小型	民非	民办	民营	综合	9	11	14	34	50	68	460	9.2
A15	SN15	市南区温之馨老年公寓	2012	租赁	小型	民非	民办	民营	助养	3	18	6	27	50	54	300	6.0
A16	SN16	市南区日日红老年公寓	2008	租赁	小型	民非	民办	民营	助养	7	28	12	47	100	47	1 280	12.8
A17	SN17	市南区乐康老年公寓	2011	租赁	中型	民非	民办	民营	助养	12	30	16	58	160	36	4 800	30.0
A18	SN18	市南区福涛颐养老年公寓	2010	租赁	小型	民非	民办	民营	综合	15	20	9	44	85	52	2 562	30.1

序号		名称	建立年份/年	物业产权	建设类型	注册类型	兴办类型	运营类型	服务对象类型	自理老人/人	介助老人/人	介护老人/人	老人总数/人	床位数量/张	入住率/%	建筑面积/m²	床均建筑面积/m²
A19	SB01	市北区济慈老年公寓	2013	自有	大型	民非	民办	民营	养护	0	20	140	160	300	53	9 300	31.0
A20	SB02	市北区兴隆路社区中心敬老院	1999	租赁	小型	民非	民办	民营	综合	16	32	22	70	72	97	1 020	14.2
A21	SB03	市北区百姓人家老年护理院	2013	自有	小型	民非	民办	民营	综合	20	31	27	78	116	67	3 000	25.9
A22	SB04	市北区慈爱敬老院	2000	租赁	中型	民非	民办	民营	综合	30	28	37	95	150	63	1 600	10.7
A23	SB05	市北区伊诺金老年公寓	2005	租赁	小型	民非	民办	民营	综合	12	16	22	50	100	50	660	6.6
A24	SB06	康宁敬老院	1995	自有	小型	民非	民办	民营	综合	5	9	13	27	40	90	331	11.0
A25	SB07	青岛吉祥福敬老院	2008	租赁	小型	民非	民办	民营	综合	18	7	15	40	86	47	1 200	14.0
A26	SB08	青岛市市北区德馨老年公寓	2011	租赁	小型	民非	民办	民营	综合	13	26	32	71	80	89	1 100	13.8
A27	SB09	青岛福彩四方瑞昌路养老院	2014	租赁	小型	民非	民办	民营	养护	0	9	17	26	42	87	925	30.8
A28	SB10	德康居老年公寓	2005	自有	小型	民非	民办	民营	助养	4	18	6	28	36	78	800	22.2
A29	SB11	青岛市市北区馨安康老年公寓	2014	租赁	小型	民非	民办	民营	助养	16	39	19	74	86	86	2 580	30.0
A30	SB12	青岛市市北区颐天年老年公寓	2014	租赁	小型	民非	民办	民营	综合	16	14	9	39	62	63	1 873	30.2
A31	SB13	青岛市北广和老年公寓	2001	公有	大型	民非	民办	民营	综合	74	77	49	200	300	67	4 860	16.2
A32	SB14	青岛市市北区福星老人护老院	1999	租赁	小型	民非	民办	民营	综合	11	16	15	42	77	55	800	10.4
A33	SB15	东海老年公寓	2008	租赁	中型	民非	民办	民营	综合	48	40	58	146	260	56	2 200	8.5
A34	SB16	青岛市市北区万科城老年公寓	2014	自有	中型	民非	民办	民营	自理	62	6	0	68	130	52	7 526	57.9
A35	SB17	四方千年乐老年公寓	2012	租赁	小型	民非	民办	民营	综合	10	40	38	88	106	83	1 000	9.4
A36	SB18	青岛市市北区红十字护老院	2003	租赁	小型	民非	民办	民营	自理	34	2	0	36	50	72	800	16.0
A37	SB19	青岛市市北区福寿乐老年公寓	2005	租赁	大型	民非	民办	民营	养护	0	0	149	149	300	50	2 000	6.7
A38	SB20	青岛市市北区福寿乐护老院	1999	自有	小型	民非	民办	民营	养护	0	1	76	77	110	70	1 000	9.1
A39	SB21	市北区舒安康老年公寓	2008	租赁	小型	民非	民办	民营	养护	6	10	25	41	50	82	1 000	20.0
A40	SB22	青岛福彩市北心桥爱心护理院	2003	租赁	小型	民非	民办	民营	养护	0	7	43	50	50	100	960	19.2
A41	SB23	青岛四方联创敬老院	2006	租赁	小型	民非	民办	民营	养护	0	20	55	75	90	83	800	8.9
A42	SB24	青岛四方机厂老年公寓	1989	自有	小型	民非	民办	民营	养护	4	8	50	62	65	95	625	9.6
A43	SB25	青岛市市北区芙蓉山老年公寓	2003	租赁	小型	民非	民办	民营	综合	10	18	20	48	70	69	600	8.6

续表

序号		名称	建立年份/年	物业产权	建设类型	注册类型	兴办类型	运营类型	服务对象类型	自理老人/人	介助老人/人	介护老人/人	老人总数/人	床位数量/张	入住率/%	建筑面积/m²	床均建筑面积/m²
A44	SB26	青岛市北福济老年公寓	2011	租赁	小型	民非	民办	民营	综合	30	25	20	75	90	83	1 216	13.5
A45	SB27	青岛市市北区华国老年公寓	2009	租赁	中型	民非	民办	民营	综合	43	45	49	137	200	69	3 000	15.0
A46	SB28	青岛市北区红宇民建护养老年护养院	2008	租赁	小型	民非	民办	民营	助养	7	32	22	61	108	56	1 000	9.3
A47	SB29	青岛四方哈福老年公寓	2007	租赁	中型	民盈	民办	民营	自理	71	21	40	132	170	78	2 000	11.8
A48	SB30	青岛市市北区颐和源爱心护理院	2013	租赁	小型	民非	民办	民营	综合	3	24	27	54	70	77	1 000	14.3
A49	SB31	青岛市市北区福寿星老年公寓	2006	租赁	中型	民非	民办	民营	养护	0	36	66	102	180	57	1 700	9.4
A50	SB32	青岛市市北区福寿星爱心护理院	2009	租赁	中型	民非	民办	民营	养护	0	26	92	118	200	59	2 800	14.0
A51	SB33	青岛市市北区福寿星养老护理院	2012	租赁	中型	民非	民办	民营	养护	0	37	63	100	228	44	2 800	12.3
A52	SB34	青岛市市北区臧毓淑颐康老年公寓	2001	公有	小型	民非	民办	民营	自理	58	0	0	58	72	81	1 200	16.7
A53	SB35	青岛市康乐（广昌）老年爱心护理院	2002	租赁	中型	民非	民办	民营	养护	0	2	126	128	166	77	2 600	15.7
A54	SB36	青岛市市北区永新老年护理院	2009	租赁	大型	民非	民办	民营	养护	0	3	154	157	306	51	9 173	30.0
A55	SB37	青岛市北区乐宁居老年公寓	2014	租赁	中型	民非	民办	民营	养护	8	48	73	129	170	76	5 087	29.9
A56	SB38	青岛市市北区鑫再康护养院	2013	租赁	小型	民非	民办	民营	综合	2	14	12	28	42	67	1 280	30.5
A57	SB39	水清沟社区服务中心老年公寓	1997	租赁	小型	民非	公办	民营	养护	10	10	40	60	98	61	1 170	11.9
A58	SB40	青岛市市北区康乃馨老年公寓	2007	租赁	小型	民非	民办	民营	综合	15	16	10	41	60	68	636	10.6
A59	SB41	青岛市市北区夕阳情家园托老院	1990	租赁	小型	民非	民办	民营	综合	8	12	6	26	31	84	330	10.6
A60	SB42	青岛福彩镇江路老年公寓	2002	公有	中型	事业	公办	民营	养护	27	10	75	112	151	74	3 000	19.9
A61	SB43	青岛市市北区福山老年公寓	2013	自有	特大	民非	民办	民营	综合	7	123	119	249	975	26	2 4895	25.5
A62	SB44	市北区福舜老年公寓	2006	租赁	小型	民非	民办	民营	助养	2	16	9	27	30	90	320	10.7
A63	SB45	青岛市市北区新惠康老年护理院	2008	租赁	小型	民非	民办	民营	养护	0	1	17	18	60	30	4 100	68.3
A64	SB46	青岛市市北区同乐老年公寓	2000	租赁	小型	民非	民办	民营	养护	8	0	15	23	50	46	556	11.1
A65	SB47	青岛红宇敬老院	1999	租赁	小型	民非	民办	民营	综合	18	12	28	58	100	58	1 200	12.0
A66	SB48	青岛市市北区爱群老年公寓	2014	租赁	小型	民非	民办	民营	养护	5	5	11	21	44	48	1 320	30.0

序号		名称	建立年份/年	物业产权	建设类型	注册类型	兴办类型	运营类型	服务对象类型	自理老人/人	介助老人/人	介护老人/人	老人总数/人	床位数量/张	入住率/%	建筑面积/m²	床均建筑面积/m²
A67	SB49	市北区汇康源老年护理院	2004	租赁	小型	民非	民办	民营	综合	30	16	23	69	100	69	3 000	30.0
A68	SB50	市北区同文养老院	2014	租赁	中型	民非	民办	民营	养护	14	15	30	59	160	37	4 300	26.9
A69	SB51	青岛交运温馨护理院	1999	自有	中型	民非	民办	民营	养护	0	6	39	45	180	25	7 000	38.9
A70	SB52	青岛燕心养老院	2002	租赁	小型	民非	民办	民营	养护	0	0	29	29	30	97	300	10.0
A71	SB53	辽源路社区敬老院	2000	公有	小型	民非	民办	民营	养护	0	0	28	28	40	70	320	8.0
A72	SB54	青岛四方福缘老年公寓	2008	租赁	小型	民非	民办	民营	综合	18	11	19	48	100	48	900	9.0
A73	SB55	青岛福彩四方老年公寓	2002	公有	中型	事业	公办	民营	综合	108	47	112	267	267	100	11 600	43.4
A74	SB56	青岛恒生老年公寓	1985	租赁	中型	事业	公办	民营	综合	61	54	67	182	238	76	7 000	29.4
A75	SB57	青岛市北区颐康敬老院	1989	公有	小型	事业	公办	公营	养护	0	10	40	50	96	52	1 300	13.5
A76	SB58	青岛市市北区百善老年公寓	2004	租赁	小型	民非	民办	民营	养护	18	16	32	66	66	100	1 980	30.0
A77	SB59	市北区康乐（前哨）老年爱心护理院	1984	租赁	中型	民非	民办	民营	综合	26	50	46	122	140	87	3 700	26.4
A78	SB60	青岛市市北区老年人护养中心	2013	租赁	大型	民非	民办	民营	综合	15	20	6	41	400	10	6 070	15.2
A79	SB61	青岛恒星老年公寓	2009	租赁	大型	民非	民办	民营	自理	207	61	55	323	400	81	8 000	20.0
A80	SB62	青岛市北区福来老年公寓	2008	租赁	小型	民非	民办	民营	综合	15	5	12	32	65	49	720	11.1
A81	LC01	李沧区社会福利院	1985	自有	中型	事业	公办	公营	综合	55	57	106	218	220	99	5 774	26.2
A82	LC02	李沧区圣德老年护理院	2009	租赁	大型	民非	民办	民营	养护	5	11	310	326	330	99	8 000	24.2
A83	LC03	李沧区建旭老年公寓	2014	租赁	大型	民非	民办	民营	综合	113	78	98	289	410	70	12 800	31.2
A84	LC04	李沧区阳光养老服务中心	2000	自有	小型	民非	民办	民营	养护	32	29	47	108	120	90	1 600	13.3
A85	LC05	李沧区天海易元养老服务中心	2008	自有	小型	民非	民办	民营	自理	35	17	2	54	64	84	1 500	23.4
A86	LC06	李沧区北山老年公寓	1990	租赁	中型	民非	民办	民营	助养	0	55	29	84	150	56	1 500	10.0
A87	LC07	李沧区永平老年养护院	1988	租赁	中型	民非	民办	民营	养护	18	24	96	138	190	73	5 300	27.9
A88	LC08	李沧区永安路社区养老院	2007	自有	小型	民非	民办	民营	助养	0	18	6	24	65	37	767	11.8
A89	LC09	李沧区祥红敬老院	2005	租赁	小型	民非	民办	民营	自理	25	13	4	42	60	70	400	6.7

序号		名称	建立年份/年	物业产权	建设类型	注册类型	兴办类型	运营类型	服务对象类型	自理老人/人	介助老人/人	介护老人/人	老人总数/人	床位数量/张	入住率/%	建筑面积/m²	床均建筑面积/m²
A90	LC10	李沧区博爱敬老院	2003	租赁	小型	民非	民办	民营	综合	9	12	9	30	60	50	480	8.0
A91	LC11	李沧区平安托老所	2009	租赁	小型	民非	民办	民营	助养	10	31	10	51	56	91	900	16.1
A92	LC12	李沧区祥阖敬老院	2004	租赁	小型	民非	民办	民营	助养	7	54	13	74	100	74	1 059	10.6
A93	LC13	李沧区浮山路社区敬老院	2004	租赁	小型	民非	民办	民营	助养	3	20	3	26	50	52	550	11.0
A94	LC14	李沧区顺华老年公寓	2008	租赁	小型	民非	民办	民营	自理	18	11	6	35	50	70	500	10.0
A95	LC15	李沧区兴城老年护理院	2000	租赁	小型	民非	民办	民营	助养	8	35	20	63	100	63	1 100	11.0
A96	LC16	李沧区鑫再康养老院	2001	租赁	小型	民非	民办	民营	综合	5	5	9	19	50	38	1 080	21.6
A97	LC17	青岛德民老年公寓	1999	自有	小型	民非	民办	民营	助养	1	6	3	10	50	20	1 000	20.0
A98	LC18	李沧区金水源老年护养院	2012	租赁	小型	民非	民办	民营	助养	4	35	16	55	60	92	1 000	16.7
A99	LC19	李沧区允升爱心养老院	2013	租赁	小型	民非	民办	民营	综合	9	14	11	34	50	68	1 500	30.0
A100	LC20	李沧区华泰老年护理院	2010	租赁	小型	民非	民办	民营	养护	10	19	37	66	70	94	2 170	31.0
A101	LC21	李沧区颐安老年公寓	1999	自有	小型	民非	民办	民营	综合	9	11	17	37	70	53	2 200	31.4
A102	LC22	李沧区九久夕阳红养老服务中心	2013	租赁	中型	民非	民办	民营	综合	80	60	56	196	290	68	9 000	31.0
A103	LC23	李沧区万家康老年护养院	2009	租赁	小型	民非	民办	民营	综合	7	3	5	15	98	15	300	3.1
A104	LS01	崂山区吉星老年公寓	2004	租赁	中型	民非	民办	民营	养护	53	39	63	155	210	67	3 200	13.9
A105	LS02	崂山区恒生老年公寓	1990	租赁	小型	民非	民办	民营	综合	32	19	43	94	120	78	3 700	30.8
A106	LS03	福彩东部老年公寓	2012	自有	小型	民非	民办	民营	养护	0	0	15	15	100	15	1 200	12.0
A107	LS04	崂山区惠康护老中心	2005	租赁	小型	民非	民办	民营	养护	0	0	3	3	30	10	800	26.7
A108	LS05	崂山区青山爱心护老中心	2008	自有	小型	民非	民办	民营	自理	20	8	6	34	100	34	2 600	26.0
A109	LS06	崂山区莲花关怀老年公寓	2006	租赁	中型	民非	民办	民营	自理	48	0	0	48	130	37	3 800	29.2
A110	LS07	崂山区山水居生态养老中心	2013	自有	大型	民盈	民办	民营	自理	53	25	20	98	270	33	9 000	30.0
A111	LS08	崂山区航泰老年人服务中心	1999	自有	小型	民非	民办	民营	养护	8	0	17	25	100	25	3 700	37.0
A112	LS09	崂山区福利服务中心	2010	公有	大型	事业	公办	公营	综合	145	104	95	344	350	98	12 400	35.4

序号		名称	建立年份/年	物业产权	建设类型	注册类型	兴办类型	运营类型	服务对象类型	自理老人/人	介助老人/人	介护老人/人	老人总数/人	床位数量/张	入住率/%	建筑面积/m²	床均建筑面积/m²
A113	CY01	城阳区惜福老年公寓	1985	自有	中型	事业	公办	民营	自理	31	47	51	129	260	50	7 200	27.7
A114	CY02	城阳区夕阳红老年公寓	1999	租赁	小型	民非	民办	民营	自理	21	51	19	91	107	85	1 800	16.8
A115	CY03	城阳区祥瑞老年公寓	1990	租赁	小型	民非	民办	民营	自理	27	24	3	54	137	39	1 619	11.8
A116	CY04	青岛盐业老年护养院	2009	自有	小型	民非	民办	民营	养护	0	2	23	25	138	18	2 109	15.3
A117	CY05	城阳区山佳老年公寓	2011	自有	大型	民非	民办	民营	综合	32	45	36	113	350	32	8 000	22.9
A118	CY06	城阳区颐康老年护养院	2012	租赁	小型	民盈	民办	民营	助养	6	18	64	88	100	88	2 600	26.0
A119	CY07	城阳区熙增老年护养院	2010	自有	小型	民非	民办	民营	助养	0	0	4	4	73	5	2 190	30.0
A120	CY08	青岛新泰康养老院	1995	租赁	大型	民盈	民办	民营	养护	12	23	16	51	360	14	10 800	30.0
A121	CY09	城阳区德康老年公寓	2003	租赁	中型	民非	民办	民营	综合	30	38	8	76	178	43	5 341	30.0
A122	CY10	城阳区嘉馨养老院	2009	租赁	小型	民非	民办	民营	养护	8	16	8	32	112	29	3 350	29.9
A123	CY11	城阳区社会福利中心	2012	自有	特大	事业	公办	民营	综合	67	158	57	282	1041	27	31 300	30.1
A124	HD01	黄岛区社会福利中心	2008	公有	特大	事业	公办	公营	综合	340	47	55	442	800	55	28 200	35.3
A125	HD02	黄岛区今康福老年公寓	2011	自有	中型	民非	民办	民营	助养	49	12	47	108	276	39	10 831	39.2
A126	HD03	黄岛区韫山爱老院	2010	自有	中型	民非	民办	民营	自理	56	1	0	57	180	32	5 400	30.0
A127	HD04	黄岛区海西老年公寓	2013	租赁	小型	民非	民办	民营	综合	13	40	3	56	64	88	1 920	30.0
A128	HD05	黄岛区夕阳红老年公寓	1999	租赁	小型	民非	民办	民营	综合	9	24	10	43	57	75	1 720	30.2
A129	HD06	黄岛区琅琊台老年公寓	2013	租赁	小型	民非	民办	民营	养护	8	10	1	19	51	37	1 527	29.9
A130	HD07	胶南市鑫如意养老院	2000	租赁	小型	民非	民办	民营	自理	0	0	26	26	30	87	576	19.2
A131	HD08	黄岛区泉禄泰老年公寓	2005	租赁	中型	民非	民办	民营	综合	10	20	3	33	185	18	5 549	30.0
A132	HD09	黄岛区福康老年公寓	1995	租赁	小型	民非	民办	民营	自理	10	2	2	14	97	14	2 900	29.9
A133	HD10	黄岛区金鼎山老年公寓	2008	租赁	中型	民非	民办	民营	综合	35	58	59	152	210	72	4 346	20.7
A134	HD11	黄岛区安康敬老院	2011	公有	小型	事业	公办	公营	综合	7	5	4	16	110	15	2 480	22.5
A135	HD12	黄岛区辛安老年公寓	2014	公有	小型	民非	公办	民营	养护	19	17	13	49	82	60	2 380	29.0

序号		名称	建立年份/年	物业产权	建设类型	注册类型	兴办类型	运营类型	服务对象类型	自理老人/人	介助老人/人	介护老人/人	老人总数/人	床位数量/张	入住率/%	建筑面积/m²	床均建筑面积/m²
A136	HD13	黄岛区天兴园老年公寓	2005	租赁	小型	民非	民办	民营	助养	18	25	27	70	108	65	1 500	13.9
A137	HD14	黄岛区怡康敬老院	2014	公有	小型	事业	公办	公营	助养	37	5	4	46	100	46	3 600	36.0
A138	JM01	即墨市夕阳红老年公寓	2014	自有	大型	民非	民办	民营	综合	88	108	33	229	420	57	12 000	30.0
A139	JM02	即墨市裕康养老服务中心	2001	自有	中型	民非	民办	民营	综合	52	70	58	180	313	60	8 300	27.7
A140	JM03	即墨市白头山老年公寓	1999	租赁	中型	民非	民办	民营	自理	58	45	57	160	200	80	2 400	12.0
A141	JM04	即墨市馥康老年护养院	2008	租赁	小型	民非	民办	民营	养护	0	6	62	68	78	87	2 232	28.6
A142	JM05	即墨温馨家园老年公寓	2014	自有	小型	民非	民办	民营	综合	33	5	0	38	100	38	2 300	23.0
A143	JM06	即墨市新安家园老年公寓	2012	自有	中型	民非	民办	民营	自理	0	0	0	0	200	0	3 500	17.5
A144	JM07	即墨市墨香苑老年公寓	2003	自有	中型	民非	民办	民营	综合	112	30	0	142	300	47	11 600	38.7
A145	JM08	即墨市景盛源养老院	2005	自有	小型	民非	民办	民营	综合	0	0	0	0	68	0	7 065	103.9
A146	JM09	即墨市颐佳苑养老休养中心	1999	自有	小型	民非	民办	民营	助养	14	4	0	18	99	18	2 990	30.2
A147	JM10	即墨市社会福利中心	2008	自有	特大	事业	公办	民营	综合	23	0	0	23	1000	2	67 850	67.9
A148	JZ01	胶州市福寿长护老院	1985	租赁	小型	民非	民办	民营	自理	8	12	6	26	100	26	2 500	25.0
A149	JZ02	胶州市老来福老年公寓	1999	租赁	小型	民非	民办	民营	养护	3	9	4	16	130	12	3 800	29.2
A150	JZ03	胶州市福康老年公寓	1990	租赁	特大	民非	公办	民营	综合	17	55	23	95	512	19	6 515	12.7
A151	JZ04	胶州市社会福利中心	2009	公有	特大	事业	公办	民营	综合	5	2	3	10	900	1	28 609	31.8
A152	JZ05	胶州市颐康老年公寓	2011	自有	小型	民非	民办	民营	综合	13	22	10	45	100	45	3 000	30.0
A153	JZ06	胶州市华福润敬老院	2012	自有	中型	民非	民办	民营	养护	52	146	33	231	300	77	9 000	30.0
A154	JZ07	胶州市聚福老年人托养中心	2010	租赁	小型	民非	民办	民营	自理	15	42	36	93	100	93	3 000	30.0
A155	PD01	平度市康乐福老年公寓	1995	租赁	小型	民非	民办	民营	助养	32	16	41	89	96	93	2 280	23.8
A156	PD02	平度市夕阳红公寓	2003	公有	小型	事业	公办	公营	自理	59	0	18	77	100	77	3 000	30.0
A157	PD03	平度市康德园老年公寓	2009	租赁	小型	民非	民办	民营	养护	14	13	5	32	50	64	1 520	30.4
A158	PD04	平度市家乐福养老院	2012	租赁	小型	民非	民办	民营	自理	20	9	3	32	40	80	900	22.5

序号		名称	建立年份/年	物业产权	建设类型	注册类型	兴办类型	运营类型	服务对象类型	自理老人/人	介助老人/人	介护老人/人	老人总数/人	床位数量/张	入住率/%	建筑面积/m²	床均建筑面积/m²
A159	PD05	平度市东太老年公寓	2008	租赁	小型	民非	民办	民营	自理	10	15	25	50	60	83	1 800	30.0
A160	PD06	平度市福馨老年公寓	2011	自有	小型	民非	民办	民营	养护	41	0	2	43	120	36	5 000	41.7
A161	PD07	平度市如家养老院	2010	租赁	小型	民非	民办	民营	养护	12	29	18	59	136	43	4 154	30.5
A162	PD08	平度市中心敬老院	2013	公有	特大	事业	公办	民营	综合	183	79	68	330	536	62	16 080	30.0
A163	PD09	平度市言林养老院	1999	公有	特大	民非	公办	民营	综合	11	11	38	60	656	9	20 980	30.0
A164	PD10	平度市长寿养老院	2013	租赁	小型	民非	民办	民营	养护	1	2	18	21	37	57	1 120	30.3
A165	PD11	平度市安康养老院	2000	租赁	小型	民非	民办	民营	自理	15	6	15	36	55	65	1 632	29.7
A166	PD12	平度市金色现河老年公寓	2005	租赁	小型	民非	民办	民营	综合	41	16	6	63	70	90	1 709	24.4
A167	LX01	莱西市社会福利服务中心	1995	自有	小型	事业	公办	公营	综合	5	14	16	35	64	55	5 100	79.7
A168	LX02	莱西市社会福利中心	2008	自有	大型	事业	公办	公营	综合	11	7	0	18	400	5	7 756	19.4
A169	LX03	莱西市怡乐居养老服务中心	2011	租赁	特大	事业	公办	公营	综合	22	0	0	22	800	3	24 086	30.1
A170	LX04	莱西市馨家园老年中心	2014	自有	小型	民非	民办	民营	自理	6	8	43	57	72	79	1 860	25.8
A171	LX05	莱西市欣颐老年公寓	2005	租赁	小型	民非	公办	民营	自理	63	0	67	130	130	100	2 484	19.1
A172	LX06	莱西市欣颐爱心养老院	2014	租赁	中型	民非	民办	民营	养护	60	0	68	128	200	64	2 993	15.0
A173	LX07	莱西市康馨老年人服务中心	2014	租赁	中型	民非	民办	民营	综合	23	89	58	170	300	57	6 217	20.7
A174	LX08	莱西市后庄扶老年福利院	2001	自有	特大	民非	民办	民营	养护	76	0	0	76	510	15	15 873	31.1
A175	LX09	莱西市万家居养老服务中心	1999	租赁	小型	民非	民办	民营	自理	12	0	18	30	80	38	2 450	30.6
总计										4 854	4 326	5 984	15 164	30 626	49	810 453	26.5

附录 5-2　中心四区养老机构分布状况

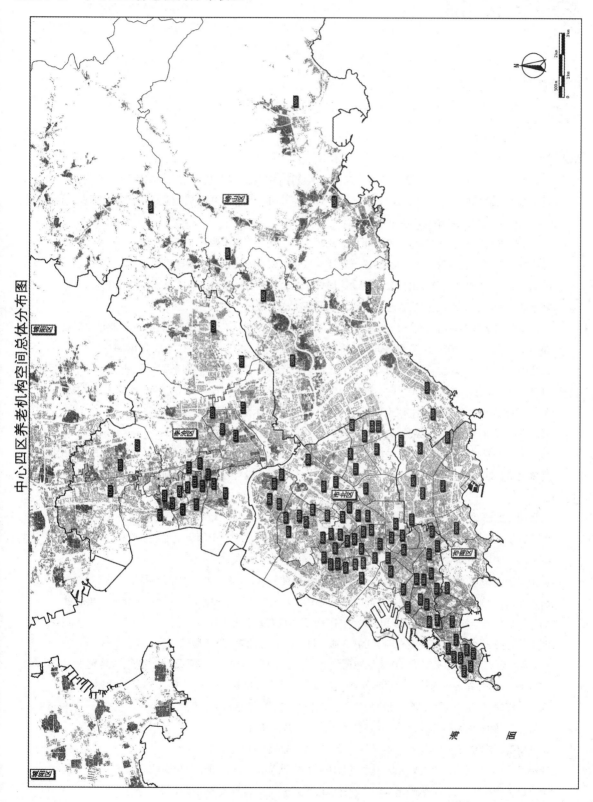

参考文献

学术著作

布克（BOOK）设计，2013. 老有所居：老年公寓设计 [M]. 武汉：华中科技大学出版社.

财团法人，高龄者住宅财团，2011. 老年住宅设计手册 [M]. 博洛尼精装研究院，中国建筑标准设计研究院，日本市浦设计，译. 北京：中国建筑工业出版社.

常怀生，2000. 环境心理学与室内设计 [M]. 北京：中国建筑工业出版社.

陈晓扬，郑彬，侯可明，等，2012. 建筑设计与自然通风 [M]. 北京：中国电力出版社.

陈喆，胡惠琴，2014. 老龄化社会建筑设计规划：社会养老与社区养老 [M]. 北京：机械工业出版社.

陈卓颐，2009. 实用养老机构管理 [M]. 天津：天津大学出版社.

东京工业大学塚本由晴研究室，2014. 窗·时间与街景的合奏 [M]. 蔡青雯，译. 台北：脸谱出版社.

菲希尔，莫伊泽，2009. 无障碍建筑设计手册 [M]. 鄢格，译. 沈阳：辽宁科学技术出版社.

费德森，吕德克，周博，等，2011. 全球老年住宅：建筑设计手册 [M]. 孙海霞，译. 北京：中信出版社.

凤凰空间·北京，2013. 夕阳无限：世界当代养老院与老年的公寓设计 [M]. 南京：江苏人民出版社.

盖尔，2002. 交往与空间 [M]. 何人可，译. 4 版. 北京：中国建筑工业出版社.

高宝真，黄南翼，2006. 老龄社会住宅设计 [M]. 北京：中国建筑工业出版社.

高迪国际出版有限公司，2013. 中国养老地产未来：国际老年公寓典范 [M]. 大连：大连理工大学出版社.

高桥仪平，2003. 无障碍建筑设计手册：为老年人和残疾人设计建筑 [M]. 陶新中，译. 北京：中国建筑工业出版社.

郭昊栩，2013. 岭南高校教学建筑使用后评价及设计模式研究 [M]. 北京：中国建筑工业出版社.

郭旭，王大春，2014. 养老设施建筑设计规范实施指南 [M]. 北京：中国建筑工业出版社.

郝大海，2015. 社会调查研究方法 [M]. 北京：中国人民大学出版社.

赫茨伯格，2003. 建筑学教程 1：设计原理 [M]. 仲德崑，译. 天津：天津大学出版社.

赫茨伯格，2003. 建筑学教程 2：空间与建筑师 [M]. 刘大馨，古红缨，译. 天津：天津大学出版社.

胡仁禄，马光，1995. 老年居住环境设计 [M]. 南京：东南大学出版社.

胡正凡，林玉莲，2012. 环境心理学 [M]. 3 版. 北京：中国建筑工业出版社.

霍姆斯－西德尔，戈德史密斯，2002. 无障碍设计：建筑设计师和建筑经理手册 [M]. 大连：大连理工大学出版社.

贾素平，2013. 养老机构管理运营实务 [M]. 天津：南开大学出版社.

江合（江崇光），2011. 养老不动产投资与管理 [M]. 北京：社会科学文献出版社.

蒋孟厚，1994. 无障碍建筑设计. 北京：中国建筑工业出版社.

拉斯姆森，2002. 建筑体验 [M]. 刘亚芬，译. 北京：知识产权出版.

李小云，2014. 城市老年友好社区规划策略研究 [M]. 北京：中国建筑工业出版社.

李志民，宋岭，2011. 无障碍建筑环境设计 [M]. 武汉：华中科技大学出版社.

刘满成，2014. 物联网环境下社区居家养老：内容与模式 [M]. 北京：经济科学出版社．

刘美霞，娄乃琳，李俊峰，2008. 老年住宅开发和经营模式 [M]. 北京：中国建筑工业出版社．

刘盛璜，1997. 人体工程学与室内设计 [M]. 北京：中国建筑工业出版社．

芦原义信，2006. 街道的美学 [M]. 尹培桐，译．天津：百花文艺出版社．

马库斯，弗朗西斯，2001. 人性场所：城市开放空间设计导则 [M]. 俞孔坚，王志芳，孙鹏，等译 .2 版．北京：北京科学技术出版社．

麦克哈格，2006. 设计结合自然 [M]. 芮经纬，译．天津：天津大学出版社．

每周住宅制作会，2014. 建筑设计的 470 个创意 & 发想 [M]. 吴乃慧，译．上海：上海科学技术出版社．

美国建筑师学会，2004. 老年公寓和养老院设计指南 [M]. 周文正，译．北京：中国建筑工业出版社．

民政部政策研究中心，2013. 我国养老服务准入研究 [M]. 北京：中国社会出版社．

莫斯塔第，2007. 老年人居住建筑：应对银发时代的住宅策略 [M]. 杨小东，钟声，译．北京：机械工业出版社．

聂梅生，阎青春，GORDON P A，2011. 中国绿色养老住区联合评估认定体系 [M]. 北京：中国建筑工业出版社．

珀金斯，霍格伦，等，2008. 老年居住建筑 [M]. 李菁，译．北京：中国建筑工业出版社．

日本建筑学会，2006. 建筑设计资料集成：福利·医疗篇 [M]. 天津：天津大学出版社．

日本建筑学会，2006. 建筑设计资料集成：福利·医疗篇 [M]. 天津：天津大学出版社．

日本建筑学会，2007. 建筑设计资料集成：人体·空间篇 [M]. 天津：天津大学出版社．

日本建筑学会，2005. 新版简明无障碍建筑设计资料集成 [M]. 杨一帆，张航，陈洪真，译．北京：中国建筑工业出版社．

田中直人，保志场国夫，2013. 无障碍环境设计：刺激五感的设计方法 [M]. 陈浩，陈燕，译．北京：中国建筑工业出版社．

田中直人，岩田三千子，2004. 标志环境通用设计：规划设计的 108 个视点 [M]. 北京：中国建筑工业出版社．

王江萍，2009. 老年人居住外环境规划与设计 [M]. 北京：中国电力出版社．

王笑梦，尹红力，马涛，2013. 日本老年人福利设施设计理论与案例精析 [M]. 北京：中国建筑工业出版社．

吴敏，2011. 基于需求与供给视角的机构养老服务发展现状研究 [M]. 北京：经济科学出版社．

吴玉韶，2013. 中国老龄事业发展报告：2013 [M]. 北京：社会科学文献出版社．

吴玉韶，2014. 中国老龄事业发展报告：2014 [M]. 北京：社会科学文献出版社．

吴玉韶，王莉莉，等，2015. 中国养老机构发展研究报告 [M]. 北京：华龄出版社．

奚志勇，2008. 中国养老 [M]. 上海：文汇出版社．

徐磊青，杨公侠，2002. 环境心理学 [M]. 上海：同济大学出版社．

徐云杰，2011. 社会调查设计与数据分析：从立题到发表 [M]. 重庆：重庆大学出版社．

亚历山大，2002. 住宅制造 [M]. 高灵英，等译．北京：知识产权出版社．

亚历山大，2002. 建筑的永恒之道 [M]. 赵冰，译．北京：知识产权出版社．

亚历山大，西尔沃斯坦，石川新，等，2002. 俄勒冈实验 [M]. 赵冰，刘小虎，译．北京：知识产权出版社．

亚历山大，伊希卡娃，西尔佛斯坦，等，2002. 建筑模式语言：城镇·建筑·构造 [M]. 王听度，周序鸿，译．北京：知识产权出版社．

野村欢，1990. 为残疾人及老年人的建筑安全设计 [M]. 北京：中国建筑工业出版社．

易开刚，等，2014. 现代化养老服务业的发展战略、模式与对策研究：以浙江省为例 [M]. 杭州：浙江工商大学出版社．

俞国良，王青兰，杨治良，2000. 环境心理学 [M]. 北京：人民教育出版社．

增田奏, 2010. 住宅设计解剖书 [M]. 张瑞娟, 译. 台北: 旗标出版股份有限公司.

张永刚, 谢后贤, 于大鹏, 2015. 国家智能化养老基地建设导则 [M]. 北京: 中国建筑工业出版社.

赵晓征, 2010. 养老设施及老年居住建筑: 国内外老年居住建筑导论 [M]. 北京: 中国建筑工业出版社.

郑秉文, 2012. 中国养老金发展报告: 2012[M]. 北京: 经济管理出版社.

中国房产信息集团, 克而瑞（中国）信息技术有限公司, 2011. 老年公寓操作图文全解 [M]. 北京: 中国物资出版社.

中国房地产业协会老年住区委员会, 中国百年建筑研究院, 2012. 社会力量参与老年住区建设的模式和相关标准 [M]. 北京: 中国城市出版社.

中山繁信, 长冲允, 2011. 上下的美学: 楼梯设计的 9 个法则 [M]. 蔡青雯, 译. 台北: 脸谱出版社.

周燕珉, 2012. 老人·家: 老年住宅改造设计集锦 [M]. 北京: 中国建筑工业出版社.

周燕珉, 程晓青, 林菊英, 等, 2011. 老年住宅 [M]. 北京: 中国建筑工业出版社.

周燕珉, 等, 2008. 住宅精细化设计 [M]. 北京: 中国建筑工业出版社.

朱雷, 2010. 空间操作: 现代建筑空间设计及教学研究的基础与反思 [M]. 南京: 东南大学出版社.

朱小雷, 2005. 建成环境主观评价方法研究 [M]. 南京: 东南大学出版社.

庄惟敏, 2000. 建筑策划导论 [M]. 北京: 中国水利水电出版社.

卒姆托, 2010. 建筑氛围 [M]. 张宇, 译. 北京: 中国建筑工业出版社.

ALEXANDER C, 1964. Notes on the synthesis of form [M]. Cambridge: Harvard University Press.

ALEXANDER C, 1977. A pattern language: towns · buildings · construction [M]. New York: Oxford University Press.

ALEXANDER C, 1979. The timeless way of building [M]. New York: Oxford University Press.

ALEXANDER C, 1981. The linz Café [M]. New York: Oxford University Press.

ALEXANDER C, 1985.The production of house[M]. New York: Oxford University Press.

ALEXANDER C, 1987.A new theory of urban design[M]. New York: Oxford University Press.

ALEXANDER C, 2004. The nature of order: an essay on the art of building and the nature of the universe [M]. Berkeley: Center for Environmental Structure.

CUMMING E, HENRY W E, 1961. Growing old: the process of disengagement[M].United States: Basic Books.

HARRIS D K, 1988. Dictionary of gerontology[M]. WesPort, CT: Greenwood Press.

HALL M R, HALL E T, 1975. The fourth dimension in architecture: the impact of building on behavior[M]. Santa Fe, New Mexico: Sunstone Press.

KINOSHITA Y, KIEFER C W, 1993. Refuge of the honored: social organization in a Japanese retirement community[M]. Berkeley: University of California Press.

KINSELLA K G, PHILLIPS D R, 2005.Global aging: the challenge of success[M].Washington DC: Population Reference Bureau.

LAWTON M P, 1990. Knowledge resources and gaps in housing for the aged [M]// Tilson D. Aging in place: supporting the frail elderly in residential environments. New York: Scott Foresman.

LAWTON M P, WINDLEY P G, Byerts T O, 1982. Aging and the environment: theoretical approaches[M]. New York: Springer.

MUMFORD L, 1956.For older people: not segregation but integration[M]. [S. l.]: F.W.Dodge Corp.

NII R, UMESAWA H, 2010. 医疗福利建筑室内设计 [M]. 陈浩, 陈燕, 译. 北京: 中国建筑工业出版社.

PASTALAN L A，1990.Aging in place：the role of housing and social supports[M]. New York：Haworth Press.

PASTALAN L A，1989.The Retirement community movement：contenporary issues[M]. New York：Haworth Press.

PREISER W F E，WHITE E T，RABINOWITZ H Z，1988. Post-occupancy evaluation[M]. New York：Routledge.

学位论文

陈慧宇，2005. 城市养老院建筑及环境设计探讨 [D]. 武汉：华中科技大学 .

陈向荣，2013. 我国新建综合性剧场使用后评价及设计模式研究 [D]. 广州：华南理工大学 .

迟文君，2008. 当代老年公寓建筑的适居性设计研究 [D]. 哈尔滨：哈尔滨工业大学 .

戴靓华，2015. 医养理念导向下的城市社区适老化设施营建体系与策略 [D]. 杭州：浙江大学 .

冯维波，2007. 城市游憩空间分析与整合研究 [D]. 重庆：重庆大学 .

傅哲，2007. 基于"使用后评价"方法的居住区户外环境研究：以北京市五个居住区为例 [D]. 北京：北京林业大学 .

苟中华，2008. 基于环境心理学的建成环境使用后评价模式研究 [D]. 杭州：浙江大学 .

顾志琦，2012. 养老设施的主入口公共空间设计 [D]. 北京：清华大学 .

郭洋，2011. 上海创意产业园建成环境的使用后评价研究 [D]. 上海：上海交通大学 .

贺佳，2008. 建成社区居家养老生活环境研究 [D]. 上海：同济大学 .

侯建丽，2014. 综合养老社区公共服务设施系统规划设计研究 [D]. 西安：西安建筑科技大学 .

胡隽，2006. 大城市综合公园使用状况评价研究 [D]. 长沙：湖南大学 .

胡雪莲，2013. 南京市老年公寓居住环境设计研究 [D]. 南京：南京林业大学 .

黄华实，2012. 既有住区适应老年人建筑更新改造设计研究 [D]. 长沙：湖南大学 .

黄翼，2014. 广州地区高校校园规划使用后评价及设计要素研究 [D]. 广州：华南理工大学 .

李铁丽，2011. 机构式养老院交往空间特性研究 [D]. 大连：大连理工大学 .

李巍，2014. 福利视野下的城市老年人居住对策研究 [D]. 天津：天津大学 .

梁思思，2006. 建筑策划中的预评价与使用后评估的研究 [D]. 北京：清华大学 .

林婧怡，2011. 老年护理机构的功能空间配置研究 [D]. 北京：清华大学 .

刘慧，2010. 北方机构养老设施空间构成模式 [D]. 大连：大连理工大学 .

刘丽，2010. 老年公寓户外环境设计研究 [D]. 呼和浩特：内蒙古师范大学 .

刘倩，2007. 老年社区及其居住环境研究 [D]. 武汉：华中科技大学 .

刘晓嫣，2010. 城市公园改造设计方法研究 [D]. 上海：上海交通大学 .

刘悦，2004. 适应老年人居住需求的卧室设计 [D]. 北京：清华大学 .

龙黎黎，2006. 基于老龄化社会的居住建筑室内环境设计研究 [D]. 武汉：华中科技大学 .

罗玉妮，2013. 老年社区户外交往空间环境设计策略研究 [D]. 合肥：安徽建筑大学 .

吕晓晨，2012. 北京地区养护型养老机构建筑设计研究 [D]. 北京：北京建筑工程学院 .

马冬梅，2008. 大型商场建成环境使用后评价的理论及应用研究 [D]. 太原：太原理工大学 .

闵盛勇，2009. 北京首都国际机场 T3 航站楼旅客区域使用后评价 [D]. 北京：北京建筑工程学院 .

邵素丽，2011. 西安休闲性城市广场空间使用后评价（POE）研究 [D]. 西安：西安建筑科技大学 .

史兴业，2011. 老年疗养院室内外空间一体化模式研究 [D]. 哈尔滨：哈尔滨工业大学 .

史永麟，2006. 杭州市中老年居住现状及其对未来老年居住模式的影响 [D]. 杭州：浙江大学 .

宋宁宁，2014. 北京市特大型养老院老年人的行为特征与空间需求研究 [D]. 北京：北方工业大学 .

王洪羿，2012. 养老建筑内部空间老年人的知觉体验研究 [D]. 大连：大连理工大学.

王倩，2005. 老年公寓交往空间设计探析 [D]. 成都：西南交通大学.

王任重，2012. 综合性医院住院环境使用后评价研究 [D]. 广州：华南理工大学.

吴非，2008. 老人医院护理单元的设计与研究 [D]. 大连：大连理工大学.

吴晓萍，2014. 我国大城市中心区域既有社区的养老设施优化研究 [D]. 杭州：浙江大学.

谢岱彬，2011. 使用后评价（POE）在住院环境优化中的改进与应用 [D]. 广州：华南理工大学.

谢珊，2016. 养老设施建筑外部空间环境精细化设计研究 [D]. 西安：西安建筑科技大学.

薛亮，2012. 养老设施中老年人交往障碍与公共空间关联性研究 [D]. 合肥：合肥工业大学.

于晓曦，2007. 建筑研究的社会调查方法 [D]. 天津：天津大学.

袁振华，2011. 基于城市社区养老模式下的小区老年公寓研究 [D]. 重庆：重庆大学.

张聪，2013. 深圳社区老年活动中心配置研究 [D]. 哈尔滨：哈尔滨工业大学.

张国祯，2006. 建构生态校园评估体系及指标权重 [D]. 上海：同济大学.

张辉，2004. 面向人口老龄化的现代住区建设 [D]. 重庆：重庆大学.

张为先，2012. 基于使用后评价的城市公园更新设计研究 [D]. 重庆：重庆大学.

张榆，2011. 城市区级老年人活动中心建筑设计研究 [D]. 西安：西安建筑科技大学.

赵子墨，2011. 基于 POE 评价方法的城市公共景观设计研究 [D]. 沈阳：沈阳建筑大学.

郑路路，2008. 基于 SD 法的建筑策划后评价 [D]. 天津：天津大学.

郑胜蓝，2010. 中国国家大剧院观众区域使用后评估 [D]. 北京：清华大学.

钟琳，2013. 养老设施公共洗浴空间设计研究 [D]. 北京：清华大学.

朱轶蕾，2006. 高校学生宿舍使用后评估及其设计研究 [D]. 天津：天津大学.

左亮，2008. 基于 SD 法的建筑功能策划预评价 [D]. 天津：天津大学.

BOSWELL D A, 2001. Elder-friendly plans and planners, effort to involve older citizens in the plan-making process[D]. New Orleans：University of New Orleans.

COLANGELI J A, 2010. Planning for age-friendly cities：towards a new model[D]. Waterloo：University of Waterloo.

学术期刊

蔡红，2003. 中国城市老年社区的空间与环境 [J]. 建筑师（4）：21-27.

常怀生，2001. 关注老年人居住质量 [J]. 新建筑（2）：15-17.

常怀生，李健红，2000.《老年人建筑设计规范》评介 [J]. 建筑学报（8）：36-37.

陈旸，康健，连菲，2016. 英国养老设施医养结合模式分析及经验借鉴 [J]. 建筑学报（11）：84-88.

邓小慧，鲍戈平，2006. 广州人民公园使用状况评价报告 [J]. 中国园林（5）：38-42.

董丽，范悦，苏媛，等，2015. 既有住区活力评价研究 [J]. 建筑学报（S1）：186-191.

范悦，程勇，2008. 可持续开放住宅的过去和现在 [J]. 建筑师（3）：90-94.

胡仁禄，1994. 城市老年居住建筑环境研究概要 [J]. 东南大学学报（6）：15-20.

胡仁禄，1995. 国外老年居住建筑发展概况 [J]. 世界建筑（3）：27-30.

胡仁禄，马光，2000. 构筑新世纪我国老龄居的探索 [J]. 建筑学报（8）：33-35.

胡四晓，2009. 美国老年居住建筑的设计和发展趋势介绍 [J]. 建筑学报（8）：27-31.

蒋朝晖，魏维，魏钢，等，2014. 老龄化社会背景下养老设施配置初探 [J]. 城市规划（12）：48-52.

开彦，张伟，1999. 老年人居住建筑设计导则 [J]. 住宅科技（3）：18-28.

李斌，2008. 环境行为学的环境行为理论及其拓展 [J]. 建筑学报（2）：30–33.

李斌，2012. 中国养老设施的发展现状、问题及对策 [J]. 时代建筑（6）：10–14.

李斌，黄力，2011. 养老设施类型体系及设计标准研究 [J]. 建筑学报（12）：81–86.

李斌，李庆丽，2010. 老年人特别护理福利院家庭化生活单元的构建 [J]. 建筑学报（3）：46–51.

李斌，李庆丽，2011. 养老设施空间结构与生活行为扩展的比较研究 [J]. 建筑学报（S1）：153–159.

李传成，2007. 高校新区大学生食堂设计及用后评价：基于行为理论的建筑设计及使用研究 [J]. 建筑学报（2）：88–91.

李佳婧，周燕珉，2015. 养老设施中辅助服务空间的设计 [J]. 城市建筑（1）：24–26.

李庆丽，李斌，2012. 养老设施内老年人的生活行为模式研究 [J]. 时代建筑（6）：30–36.

李小云，田银生，2011. 国内城市规划应对老龄化社会的相关研究综述 [J]. 城市规划（9）：52–59.

梁宝燕，魏春雨，2006. 高层建筑空中花园使用后评价研究：以长沙市亚大时代大厦为例 [J]. 南方建筑（11）：116–119.

林婧怡，周燕珉，2017. 我国老年建筑标准的发展现状与问题 [J]. 新建筑（1）：55–58.

陆伟，周博，刘慧，等，2010. 机构养老设施空间构成特征：以大连、沈阳市机构养老院为例 [J]. 建筑学报（S2）：81–85.

陆伟，周博，王时原，等，2011. 机构养老设施公共空间形态探索：以大连、沈阳市机构养老院为例（2）[J]. 建筑学报（S1）：160–164.

陆伟，周博，安丽，等，2015. 居住区老年人日常出行行为基本特征研究 [J]. 建筑学报（S1）：176–179.

吕慧，赵红红，林广思，2016. 居住区水景使用后评价（POE）及水景设计改进策略研究 [J]. 中国园林（11）：58–61.

潘卉，焦自云，孟庆春，2013. 从空间设计原则和细节谈老年居住建筑：赫曼·赫兹伯格的 De Drie Hoven "老年之家"作品解析 [J]. 华中建筑（5）：24–27.

全心，2013. 美国养老社区及老年公寓设计新趋势 [J]. 建筑学报（3）：81–85.

饶小军，1989. 国外环境设计评价实例介评 [J]. 新建筑（4）：30–36.

芮光晔，李睿，2015. 城市工业遗产改造使用后评价：以广州红专厂创意产业园区为例 [J]. 南方建筑（2）：118–123.

苏实，庄惟敏，2010. 建筑策划中的空间预测与空间评价研究意义 [J]. 建筑学报（4）：24–26.

王洪羿，周博，范悦，等，2012. 养老建筑内部空间知觉体验与游走路径研究：以北方地区城市、农村养老设施为例 [J]. 建筑学报（S1）：161–167.

卫大可，康健，2014. 英国日间照料养老设施的建设模式及启示 [J]. 建筑学报（5）：77–81.

卫大可，于戈，2011. 养老设施建筑设计的相关问题思考 [J]. 华中建筑（8）：204–205.

吴隽宇，2011. 广东增城绿道系统使用后评价（POE）研究 [J]. 中国园林（4）：39–43.

吴硕贤，2009. 建筑学的重要研究方向：使用后评价 [J]. 南方建筑（1）：4–7.

夏元通，2013. 城市养老设施规划布局影响因子研究：以昆明市中心城区养老设施规划研究为例 [J]. 华中建筑（6）：148–152.

徐磊青，2002. 平面与下沉广场比较：使用率和满意度研究 [J]. 新建筑（2）：53–55.

徐磊青，2003. 下沉广场用后评价研究 [J]. 同济大学学报（自然科学版）（12）：1405–1409.

徐磊青，2004. 城市开敞空间中使用者活动与期望研究：以上海城市中心区的广场与步行街为例 [J]. 城市规划汇刊（4）：78–83，96.

徐磊青，2006. 广场的空间认知与满意度研究 [J]. 同济大学学报（自然科学版）（2）：181–185.

徐磊青，言语，2016. 公共空间的公共性评估模型评述 [J]. 新建筑（1）：4–9.

徐磊青，杨公侠，1996. 上海居住环境评价研究 [J]. 同济大学学报（自然科学版）（5）：546–551.

徐怡珊，周典，玉镇珲，2011. 城市社区老年健康保障设施规划设计浅析：西安老年使用者实态调查 [J]. 城市规划（9）：68–73.

徐怡珊，周典，玉镇珲，2011. 基于"在宅养老"模式的城市社区老年健康保障设施规划设计研究 [J]. 建筑学报（2）：69–72.

杨静，赵家辉，2000. 人口老龄化与城市养老 [J]. 城市规划（2）：42.

尹朝晖，张红虎，吴硕贤，2007. 基本居住单元室内环境质量主观评价：以珠三角地区为例 [J]. 华中建筑（3）：161–164.

詹运洲，吴芳芳，2014. 老龄化背景下特大城市养老设施规划策略探索：以上海市为例 [J]. 城市规划学刊（6）：38–45.

张广群，石华，2015. 复合型养老社区规划设计研究：以泰康之家·燕园养老社区为例 [J]. 建筑学报（6）：32–36.

张菁，刘颖曦，2006. 日本长寿社会住宅发展 [J]. 建筑学报（10）：13–15.

张萍，杨申茂，朱继军，2013. 中、美、日三国住宅适老性设计比较 [J]. 建筑学报（3）：76–80.

周博，陆伟，刘慧，等，2009. 关于机构养老设施空间要素与行为类型关系的探讨：以大连市机构养老院为例 [J]. 建筑学报（S2）：20–23.

周博，范悦，陆伟，等，2011. 中日机构式养老院交往空间形态比较探讨 [J]. 建筑学报（S2）：164–167.

周博，陆伟，刘慧，等，2009. 大连家庭式养老院居住空间的基本特征 [J]. 建筑学报（S1）：69–73.

周博，陆伟，刘慧，等，2009. 关于养老机构空间要素与行为类型关系的探讨：以大连市机构养老院为例 [J]. 建筑学报（S2）：20–23.

周博，王洪羿，陆伟，等，2013. 中日养老建筑空间知觉体验特性比较研究 [J]. 建筑学报（S2）：66–71.

周博，王洪羿，陆伟，等，2016. 老年人住区的宜居空间构成模式探索 [J]. 建筑学报（S1）：95–98.

周博，王洪羿，陆伟，等，2016. 养老建筑公共浴室空间形态和老年人洗浴介护行为的交互关系研究 [J]. 建筑学报（2）：28–32.

周典，周若祁，2006. 构筑老龄化社会的居住环境体系 [J]. 建筑学报（10）：10–12.

周典，周若祁，2009. 构建"社区化"城市养老居住设施方法研究 [J]. 建筑学报（S1）：74–78.

周燕珉，2013. 我国养老地产开发模式的 15 个先锋设想 [J]. 居业（12）：82–87.

周燕珉，2015. 设计与运营：养老设施面临的挑战与机遇 [J]. 城市建筑（1）：3.

周燕珉，陈庆华，2003. 中国城市养老设施调研及设计建议 [J]. 住宅科技（11）：24–26，29.

周燕珉，陈星，2014. 养老设施调研分析及设计建议 [J]. 建筑学报（5）：65–69.

周燕珉，李广龙，2015. 打造生活化的养老设施：张家港市澳洋优居壹佰老年公寓设计分析 [J]. 建筑学报（6）：37–40.

周燕珉，林婧怡，2015. 国外老年建筑的发展历程与设计趋势 [J]. 世界建筑（11）：16–21.

周燕珉，刘佳燕，2013. 居住区户外环境的适老化设计 [J]. 建筑学报（3）：60–64.

周燕珉，秦岭，2015. 日本养老设施的设计经验总结 [J]. 世界建筑导报（3）：30–33.

周燕珉，张璟，林文洁，2010. 我国城市居家及社区养老居住模式探讨 [J]. 住宅产业（1）：22–26.

朱小雷，2002. 步行商业街环境和使用行为调查与多元统计分析：结合珠海莲花路步行街改造 [J]. 华中建筑

（6）：50–54.

朱小雷，2003. 大学校园环境的质化评价研究 [J]. 新建筑（6）：11–14.

朱小雷，2012. 广州西关公共生活空间的质性观察与模式初探 [J]. 南方建筑（1）：38–42.

朱小雷，吕萍，2013. 广州经济适用房卫生间使用后评价及设计研究 [J]. 南方建筑（3）：77–81.

朱小雷，吴硕贤，2002. 大学校园环境主观质量的多级模糊综合评价 [J]. 城市规划（10）：57–59，58–60.

朱小雷，吴硕贤，2002. 基于建成环境主观评价的设计决策分析：结合珠海莲花路商业步行街环境评价调查分析 [J]. 规划师（9）：71–74，88.

朱小雷，吴硕贤，2002. 使用后评价对建筑设计的影响及其对我国的意义 [J]. 建筑学报（5）：42–44.

邹广天，1999. 日本老年公寓的规划与设计 [J]. 世界建筑（4）：30–33.

邹广天，2011. 老有所居·老有适居 [J]. 城市建筑（1）：3.

ALLEN B，1996. An integrated approach to smart house technology for people with disabilities[J]. Medical Engineering and Physics，18（3）：203–206.

BERGE M，MATHISEN H M，2016. Perceived and measured indoor climate conditions in high–performance residential buildings[J]. Energy & Buildings，127（12）：112–117.

BONDE M，RAMIREZ J，2015. A post–occupancy evaluation of a green rated and conventional on–campus residence hall[J]. International Journal of Sustainable Built Environment，4（2）：400–408.

DONG J，GUO Y R，JIANG L Z，2014. The public space design based on the living needs of the elderly[J]. Applied Mechanics and Materials，584/585/586：796–800.

DONMEZ L，GOKKOCA Z，2003. Accident profile of older people in Antalya City Center，Turkey[J]. Archives of Gerontology and Geriatrics，37（2）：99–108.

GEORGE B，SEPHORAH L，2009. Users' perceptions of personal control of environmental conditions in sustainable buildings[J]. Architectural Science Review，52（2）：108–116.

GILLOTT M，HOLLAND R，RIFFAT S，2006. Post–occupancy evaluation of space use in a dwelling using RFID tracking[J]. Architectural Engineering and Design Management，2（4）：273–288.

KING D K，LITT J，HALE J，et al，2015. "The park a tree built"：evaluating how a park development project impacted where people play[J]. Urban Forestry & Urban Greening，14（2）：293–299.

KTTAGAWA H，DOI S，MIHOSHI A，2000. A study of establishment of resting facilities for elderly on walking space[J]. Infrastructure Planning Review（17）：981–987.

KONIS K，2013. Evaluating daylighting effectiveness and occupant visual comfort in a side–lit open–plan office building in San Francisco，California[J].Building and Environment，59（9）：662–677.

OTHMAN A R，FADZIL F，2015. Influence of outdoor space to the elderly well being in a typical care centre[J]. Procedia–Social and Behavioral Sciences，170（6）：320–329.

SOMMER R，1969. Personal space：the behavioral basis of design[J]. Architects：176.

TUREL H S，YIGIT E M，ALTUG I，2007. Evaluation of elderly people's requirements in public open spaces：a case study in Bornova District（Izmir，Turkey）[J]. Building and Environment，42（5）：2035–2045.

结　语

　　本书紧密围绕养老机构空间环境问题，基于老年人实际使用的动态化纵向空间认知视角，建立了结构完整、逻辑严密、可对主要评价结论进行内部检验的养老机构空间使用后评价体系，通过深入剖析青岛市养老机构空间环境的物质风貌特征、老年人对养老机构空间环境的主观使用态度和客观使用状况，归纳出存在于养老机构空间非设计层面和设计层面的核心问题，并结合问题的主要成因和具体表现提出了相应的优化策略建议，旨在为我国养老机构空间环境人文关怀缺失现状的改善提供一些助力。

　　伴随着我国社会养老需求的不断增加，养老机构的发展既迎来机遇又充满挑战。一方面，人口政策所带来的家庭人口结构变迁以及社会发展所带来的家庭生活方式剧变，使传统家庭养老方式无法满足养老需求，社会化养老成为必然趋势，因此，作为我国养老服务体系物质载体的核心环节，养老机构未来的发展前景无限；与此同时，随着我国经济实力稳步提升，老年人的可支配收入持续增长，他们将可以负担更好的养老生活，这也为养老机构带来了巨大的发展潜力。另一方面，我国目前还没有形成有效的养老机构空间设计方法体系，许多新近建设或正在建设的养老机构仍然沿袭着缺少人文关怀的设计方式，从而很容易造成空间环境割裂与效能实用性低下的局面，而随着我国老年人口的高速增长及其对于生活品质要求的不断提高，留给提高和改善养老机构空间环境品质的时间已经十分紧迫。如果我们不加以认真对待，那么我国养老机构将错过空间环境品质提升的窗口期，而继续陷入盲目建设，这样一来，不仅无法满足老年人的生活需要，还会浪费资源、破坏环境，造成大量的社会问题。

　　关于我国养老机构空间环境改善的展望，笔者有以下一些看法。

　　首先，在建筑设计层面，除了继续加强理念原则、策划运筹等方面的宏观层次研究以及器具部品、细节尺度等方面的微观层次研究，还应该着重加强养老机构空间结构组织、形式操作等方面的中观层次研究。

　　空间是建筑学最基本的问题，加强中观层次的研究，既有助于宏观层次研究的落实，又有助于微观层次研究的承托，从而更好地塑造养老机构环境。关于养老机构空间的具体设计方法，碎片化的阐释方式意义不大，我们更需要的是深入问题的本质，发掘普适的基本原理，建立有效的空间设计方法体系，这也是本书努力探寻养老机构空间系统中存在的核心问题和尝试构建养老机构空间设计模式语言的初衷。当然，笔者的知识水平和设计能力都十分有限，所提出的观点如果能够起到抛砖引玉的作用便很好了。

与此同时，加强中观层次的研究有助于提高养老机构相关法规的监督指导意义。研究中发现，一些养老机构的硬件建设很不错，基本符合设计规范标准的要求，相关监管部门对其评估的成绩也很好，许多"星级单位""示范单位"的标牌悬挂在醒目位置，但是这些养老机构中依然存在着明显的空间环境割裂与效能实用性低下的问题。这从侧面反映出，目前的养老机构相关建设和管理法规过于关注面积、尺寸、设备等硬性内容，而对养老机构空间的形制、效率等软性内容关注不够。如果通过中观层次的深入研究，得到有效的养老机构空间设计方法，并以相应的形式把它体现到养老机构相关法规当中，定会很好地提高其监督指导意义，从而促进养老机构空间环境的改善。

其次，在宏观政策层面，应该完善顶层设计，为养老产业的良性发展提供保障。虽然我国的养老需求巨大，社会各界十分看好养老产业的前景，众多企业和资本纷纷试水，但在热闹的表面之下，养老产业的实质性发展却比较缓慢，面临着建设、服务、运营欠缺等诸多方面的难题。近年来，国家密集出台了诸多利好政策，积极推动养老产业发展，但由于缺少有效的联动，政策的落地效果相对有限。因此，在国家的宏观层面，应完善养老相关政策的顶层设计，以增强各项政策的实际效力，为养老产业的发展提供有力的保障，进而营造良好的市场环境。这样一来，养老机构目前所普遍面临的经济紧张局面将会好转，从而有余力关注空间环境品质的提升，进一步地，良性的市场竞争环境也会迫使养老机构提升自身的空间环境品质。

最后，在文化建设层面，应该弘扬新时代精神，消解实用主义的功利思想。研究过程中有个问题一直困扰着笔者，那就是，抛开所有的外部客观因素，养老机构空间现存问题中的很大一部分是由实用主义的功利思想引起的，而这让人感到有些无能为力。我们的国家经历了漫长的困难时期，终于迎来近几十年的经济快速发展，但这也带来了社会的浮躁，加剧了实用主义的功利思想。中华民族的伟大复兴是不可阻挡的时代洪流，身处这一伟大的历史节点，我们每一个人都应该弘扬新时代精神，用心做事，止于至善。

图书在版编目（CIP）数据

养老机构空间评价与优化设计/侯可明著. —南京：
东南大学出版社，2020.7
（养老空间设计研究丛书）
ISBN 978-7-5641-9034-7

Ⅰ.①养… Ⅱ.①侯… Ⅲ.①养老院-建筑空间-建筑设计
Ⅳ.①TU246.2

中国版本图书馆CIP数据核字（2020）第136529号

养老机构空间评价与优化设计
Yanglao Jigou Kongjian Pingjia Yu Youhua Sheji

著　　者：侯可明
责任编辑：戴　丽　贺玮玮
责任印制：周荣虎

出版发行：东南大学出版社
社　　址：南京市四牌楼2号　　邮编：210096
网　　址：http://www.seupress.com
出 版 人：江建中

排　　版：南京布克文化发展有限公司
印　　刷：南京玉河印刷厂
开　　本：787 mm×1092 mm　　1/16　　印张：18　字数：350千字
版　　次：2020年7月第1版　2020年7月第1次印刷
书　　号：ISBN 978-7-5641-9034-7
定　　价：76.00元
经　　销：全国各地新华书店
发行热线：025-83790519　83791830